MOLECULAR SCIENCES

当代化学化工学术精品丛书·分子科学前沿

丛书编委会

国家出版基金项目
NATIONAL PUBLICATION FOUNDATION

"十三五"国家重点
出版物出版规划项目

当代化学化工学术精品丛书
分 子 科 学 前 沿
总主编 席振峰 张德清

Progress of Chemical Measurements

化学测量学进展

邵元华 毛兰群 主编

华东理工大学出版社
EAST CHINA UNIVERSITY OF SCIENCE AND TECHNOLOGY PRESS
·上海·

图书在版编目(CIP)数据

化学测量学进展 / 邵元华,毛兰群主编. —上海：
华东理工大学出版社,2022.7
ISBN 978－7－5628－6750－0

Ⅰ.①化… Ⅱ.①邵… ②毛… Ⅲ.①化学物质－
测量 Ⅳ.①TB99

中国版本图书馆 CIP 数据核字(2022)第 059465 号

内容提要

  化学测量学是在原分析化学的基础上发展起来的,是国家自然科学基金委员会化学科学部与时俱进地提出的新的支持领域,是对原分析化学的拓展。本书简单概括了北京分子科学国家研究中心这几十年来有关化学测量学相关研究的主要进展与研究成果。全书共分 8 章,详细介绍了化学测量学基础、基于分子光谱分析的化学测量学、基于电化学的化学测量学、微纳分离与分析、质谱分析、基于核磁共振波谱学的化学测量学、基于扫描探针显微镜的高分辨表面分析技术和大数据分析与化学测量学。

  本书可作为高等学校分析化学相关专业本科高年级学生、研究生的学习用书,以及教师、科技工作者和企业专业技术人员的参考书,尤其对从事化学测量学研究的科研人员将具有很好的指导意义。

项目统筹 / 马夫娇 韩 婷
责任编辑 / 韩 婷
责任校对 / 石 曼
装帧设计 / 周伟伟
出版发行 / 华东理工大学出版社有限公司
     地址:上海市梅陇路 130 号,200237
     电话:021－64250306
     网址:www.ecustpress.cn
     邮箱:zongbianban@ecustpress.cn
印 刷 / 上海雅昌艺术印刷有限公司
开 本 / 710 mm×1000 mm 1/16
印 张 / 16.5
字 数 / 372 千字
版 次 / 2022 年 7 月第 1 版
印 次 / 2022 年 7 月第 1 次
定 价 / 188.00 元

MOLECULAR SCIENCES

化学测量学进展

编委会

总序一

　　分子科学是化学科学的基础和核心,是与材料、生命、信息、环境、能源等密切交叉和相互渗透的中心科学。当前,分子科学一方面攻坚惰性化学键的选择性活化和精准转化、多层次分子的可控组装、功能体系的精准构筑等重大科学问题,催生新领域和新方向,推动物质科学的跨越发展;另一方面,通过发展物质和能量的绿色转化新方法不断创造新分子和新物质等,为解决卡脖子技术提供创新概念和关键技术,助力解决粮食、资源和环境问题,支撑碳达峰、碳中和国家战略,保障人民生命健康,在满足国家重大战略需求、推动产业变革的方面发挥源头发动机的作用。因此,持续加强对分子科学研究的支持,是建设创新型国家的重大战略需求,具有重大战略意义。

　　2017 年 11 月,科技部发布"关于批准组建北京分子科学等 6 个国家研究中心"的通知,依托北京大学和中国科学院化学研究所的北京分子科学国家研究中心就是其中之一。北京分子科学国家研究中心成立以来,围绕分子科学领域的重大科学问题,开展了系列创新性研究,在资源分子高效转化、低维碳材料、稀土功能分子、共轭分子材料与光电器件、可控组装软物质、活体分子探针与化学修饰等重要领域上形成了国际领先的集群优势,极大地推动了我国分子科学领域的发展。同时,该中心发挥基础研究的优势,积极面向国家重大战略需求,加强研究成果的转移转化,为相关产业变革提供了重要的支撑。

　　北京分子科学国家研究中心主任、北京大学席振峰院士和中国科学院化学研究所张德清研究员组织中心及兄弟高校、科研院所多位专家学者策划、撰写了"分子科学前沿丛书"。丛书紧密围绕分子体系的精准合成与制备、分子的可控组装、分子功能体系的构筑与应用三大领域方向,共 9 分册,其中"分子科学前沿"部分有 5 分册,"学科交叉前沿"部分有 4 分册。丛书系统总结了北京分子科学国家研究中心在分子科学前沿交叉领域取得的系列创新研究成果,内容系统、全面,代表了国内分子科学前沿交叉研究领域最高水平,具有很高的学术价值。丛书各分册负责人以严谨的治学精神梳理总结研究成果,积极总结和提炼科学规律,极大提升了丛书的学术水平和科学意义。该套丛书被列入"十三五"国家重点图书出版规划,并得到了国家出版基金的大力支持。

我相信,这套丛书的出版必将促进我国分子科学研究取得更多引领性原创研究成果。

包信和

中国科学院院士

中国科学技术大学

总序二

　　化学是创造新物质的科学,是自然科学的中心学科。作为化学科学发展的新形式与新阶段,分子科学是研究分子的结构、合成、转化与功能的科学。分子科学打破化学二级学科壁垒,促进化学学科内的融合发展,更加强调和促进与材料、生命、能源、环境等学科的深度交叉。

　　分子科学研究正处于世界科技发展的前沿。近二十年的诺贝尔化学奖既涵盖了催化合成、理论计算、实验表征等化学的核心内容,又涉及生命、能源、材料等领域中的分子科学问题。这充分说明作为传统的基础学科,化学正通过分子科学的形式,从深度上攻坚重大共性基础科学问题,从广度上不断催生新领域和新方向。

　　分子科学研究直接面向国家重大需求。分子科学通过创造新分子和新物质,为社会可持续发展提供新知识、新技术、新保障,在解决能源与资源的有效开发利用、环境保护与治理、生命健康、国防安全等一系列重大问题中发挥着不可替代的关键作用,助力实现碳达峰碳中和目标。多年来的实践表明,分子科学更是新材料的源泉,是信息技术的物质基础,是人类解决赖以生存的粮食和生活资源问题的重要学科之一,为根本解决环境问题提供方法和手段。

　　分子科学是我国基础研究的优势领域,而依托北京大学和中国科学院化学研究所的北京分子科学国家研究中心(下文简称"中心")是我国分子科学研究的中坚力量。近年来,中心围绕分子科学领域的重大科学问题,开展基础性、前瞻性、多学科交叉融合的创新研究,组织和承担了一批国家重要科研任务,面向分子科学国际前沿,取得了一批具有原创性意义的研究成果,创新引领作用凸显。

　　北京分子科学国家研究中心主任、北京大学席振峰院士和中国科学院化学研究所张德清研究员组织编写了这套"分子科学前沿丛书"。丛书紧密围绕分子体系的精准合成与制备、分子的可控组装、分子功能体系的构筑与应用三大领域方向,立足分子科学及其学科交叉前沿,包括 9 个分册:《物质结构与分子动态学研究进展》《分子合成与组装前沿》《无机稀土功能材料进展》《高分子科学前沿》《纳米碳材料前沿》《化学生物学前沿》《有机固体功能材料前沿与进展》《环境放射化学前沿》《化学测量学进展》。该套丛书梳理总结了北京分子科学国家研究中心自成立以来取得的重大创新研究成果,阐述了分子科学及其交叉领域的发展趋势,是国内第一套系统总结分子科学领域最新进展的专业丛书。

该套丛书依托高水平的编写团队,成员均为国内分子科学领域各专业方向上的一流专家,他们以严谨的治学精神,对研究成果进行了系统整理、归纳与总结,保证了编写质量和内容水平。相信该套丛书将对我国分子科学和相关领域的发展起到积极的推动作用,成为分子科学及相关领域的广大科技工作者和学生获取相关知识的重要参考书。

得益于参与丛书编写工作的所有同仁和华东理工大学出版社的共同努力,这套丛书被列入"十三五"国家重点图书出版规划,并得到了国家出版基金的大力支持。正是有了大家在各自专业领域中的倾情奉献和互相配合,才使得这套高水准的学术专著能够顺利出版问世。在此,我向广大读者推荐这套前沿精品著作"分子科学前沿丛书"。

中国科学院院士

上海交通大学/中国科学院上海有机化学研究所

丛书前言

作为化学科学的核心,分子科学是研究分子的结构、合成、转化与功能的科学,是化学科学发展的新形式与新阶段。可以说,20世纪末期化学的主旋律是在分子层次上展开的,化学也开启了以分子科学为核心的发展时代。分子科学为物质科学、生命科学、材料科学等提供了研究对象、理论基础和研究方法,与其他学科密切交叉、相互渗透,极大地促进了其他学科领域的发展。分子科学同时具有显著的应用特征,在满足国家重大需求、推动产业变革等方面发挥源头发动机的作用。分子科学创造的功能分子是新一代材料、信息、能源的物质基础,在航空、航天等领域关键核心技术中不可或缺;分子科学发展高效、绿色物质转化方法,助力解决粮食、资源和环境问题,支撑碳达峰、碳中和国家战略;分子科学为生命过程调控、疾病诊疗提供关键技术和工具,保障人民生命健康。当前,分子科学研究呈现出精准化、多尺度、功能化、绿色化、新范式等特点,从深度上攻坚重大科学问题,从广度上催生新领域和新方向,孕育着推动物质科学跨越发展的重大机遇。

北京大学和中国科学院化学研究所均是我国化学科学研究的优势单位,共同为我国化学事业的发展做出过重要贡献,双方研究领域互补性强,具有多年合作交流的历史渊源,校园和研究所园区仅一墙之隔,具备"天时、地利、人和"的独特合作优势。本世纪初,双方前瞻性、战略性地将研究聚焦于分子科学这一前沿领域,共同筹建了北京分子科学国家实验室。在此基础上,2017年11月科技部批准双方组建北京分子科学国家研究中心。该中心瞄准分子科学前沿交叉领域的重大科学问题,汇聚了众多分子科学研究的杰出和优秀人才,充分发挥综合性和多学科的优势,不断优化校所合作机制,取得了一批创新研究成果,并有力促进了材料、能源、健康、环境等相关领域关键核心技术中的重大科学问题突破和新兴产业发展。

基于上述研究背景,我们组织中心及兄弟高校、科研院所多位专家学者撰写了"分子科学前沿丛书"。丛书从分子体系的合成与制备、分子体系的可控组装和分子体系的功能与应用三个方面,梳理总结中心取得的研究成果,分析分子科学相关领域的发展趋势,计划出版 9 个分册,包括《物质结构与分子动态学研究进展》《分子合成与组装前沿》《无机稀土功能材料进展》《高分子科学前沿》《纳米碳材料前沿》《化学生物学前沿》《有机固体功能材料前沿与进展》《环境放射化学前沿》《化学测量学进展》。我们希望该套丛书的出版将有力促进我国分子科学领域和相关交叉领域的发展,充分体现北京分子科学国家研究中心在科学理论和知识传播方面的国家功能。

本套丛书是"十三五"国家重点图书出版规划项目"当代化学化工学术精品丛书"的系列之一。丛书既涵盖分子科学领域的基本原理、方法和技术,也总结了分子科学领域的最新研究进展和成果,具有系统性、引领性、前沿性等特点,希望能为分子科学及相关领域的广大科技工作者和学生,以及企业界和政府管理部门提供参考,有力推动我国分子科学及相关交叉领域的发展。

最后,我们衷心感谢积极支持并参加本套丛书编审工作的专家学者、华东理工大学出版社各级领导和编辑,正是大家的认真负责、无私奉献保证了丛书的顺利出版。由于时间、水平等因素限制,丛书难免存在诸多不足,恳请广大读者批评指正!

北京分子科学国家研究中心

序

　　由邵元华、毛兰群两位教授主编的《化学测量学进展》一书即将出版，在此表示祝贺。该书的出版填补了我国在化学测量学方面的空白。

　　2017年国家自然科学基金委员会化学科学部根据国内外学科发展的趋势，在原有的分析化学学科的基础上，提出了新的资助领域——化学测量学。化学测量学旨在发展化学相关的测量策略、原理、方法与技术，研制各类分析仪器、装置和相关软件，研制各类检测试剂，以精准获取物质组成、分布、结构与性质的时空变化规律。该资助领域的提出是对于原有分析化学的拓展，使许多与测量学相关的专业人员可以申请该领域的项目。

　　为了体现国家研究中心的引领作用，并进一步推动我国分子科学研究更好更快地发展，北京分子科学国家研究中心协同华东理工大学出版社出版"分子科学前沿丛书"。本书是该丛书的分册之一，由北京大学邵元华教授和中国科学院化学所毛兰群研究员共同主编，邀请了北京分子科学国家研究中心分析与环境科学研究部学术骨干及部分中心外老师参与撰写。本书主要总结了北京分子科学国家研究中心在化学测量学中一些分支的研究进展，同时介绍了相应分支的基本原理，展望了未来化学测量学可能的发展方向。

　　感谢各位专家在百忙中参与该书的撰写。希望本书的出版能够展现北京分子科学国家研究中心在化学测量学方面的研究概貌，也能进一步促进我国在化学测量学方面的发展。

中国科学院院士

万立骏

2021 年 11 月 16 日

前言

　　化学测量可以有不同的含义。本书将其定义为利用各种科学分支的相关原理及最新进展来测量化学体系信息的一门学问。它能深入分子、原子层次，去测量物质的性质、数量、结构及与此相关的功能等信息。化学测量研究涉及诸多方面，其基本路线应该是：挖掘测量所依据的理论和原理，构造测量的方法和装置，解决实际测量的问题并作反馈和改进。

　　化学测量学是在原分析化学的基础上发展起来的，是国家自然科学基金委员会化学科学部与时俱进地提出的新的支持领域，是对原分析化学的拓展。其方法学研究大致包括两大内容：一是直接开发理论以发展出测量新方法，二是通过应用来拓展或革新方法。

　　化学测量学的作用和前途，与教育有莫大的关系。如何把这门学识、功用以及它对社会、对国计民生、对国际交往和国家安全所产生的影响，告之天下，晓以利害，也是一门学问。可惜用功者少，关心者弱。本书或许算是一个开始，一种前瞻。

　　本书简单概括了北京分子科学国家研究中心这几十年来有关化学测量学相关研究的主要进展与研究成果。为了较全面地概括化学测量学及全书的整体性，我们也邀请了中心以外的学者参与了本书部分章节的撰写。

　　本书包括化学测量学基础（由陈义、邵元华撰写）、基于分子光谱分析的化学测量学（由马会民、赵美萍负责）、基于电化学的化学测量学（由毛兰群、邵元华负责）、微纳分离与分析（由吴海臣、黄岩谊负责）、质谱分析（由聂宗秀、刘小云负责）、基于核磁共振波谱学的化学测量学（由金长文、夏斌负责）、基于扫描探针显微镜的高分辨表面分析技术（由吴凯负责）和大数据分析与化学测量学（由南开大学邵学广负责）等八章。感谢万立骏院士为本书撰写序。

由于化学测量学是一门交叉学科,目前还没有系统的、串联各个部分的基础知识总结。因此以下各章节均或多或少地介绍了其所基于的测量原理及方法与技术,但主要是介绍北京分子科学国家研究中心在该领域的研究进展与成果。期望在不远的将来,中国的有志青年学者能够总结和归纳出化学测量学的基本理论。

本书作为一种尝试,目的之一是抛砖引玉。由于撰写时间仓促、涉及人员较多,难免存在疏漏与不足之处,欢迎同行随时批评指正。

邵元华　毛兰群

2021 年 6 月

目 录

CONTENTS

Chapter 3

第 3 章
基于电化学的化学
测量学

毛兰群[1]，于萍[1]，李美仙[2]，周恒
辉[2]，邵元华[2]

[1] 中国科学院化学研究所，北京
分子科学国家研究中心

[2] 北京大学化学与分子工程学院，
北京分子科学国家研究中心

Chapter 4

第 4 章
微纳分离与分析

郭振鹏[1]，陈义[1]，郭秉元[1]，吴海
臣[1]，庞玉宏[2]，黄岩谊[2]，康
力[2]，白玉[2]，刘虎威[2]，黄嫣
嫣[1]，赵睿[1]

[1] 中国科学院化学研究所，北京
分子科学国家研究中心

[2] 北京大学化学与分子工程学院，
北京分子科学国家研究中心

Chapter 5

第 5 章
质谱分析

刘小云[1]，聂宗秀[2]
[1] 北京大学基础医学院
[2] 中国科学院化学研究所，北京
分子科学国家研究中心

Chapter 6

第 6 章
基于核磁共振波
谱学的化学测量学

夏斌，金长文

北京大学化学与分子工程学院，
北京分子科学国家研究中心

Chapter 7

第 7 章
基于扫描探针显微
镜的高分辨表面
分析技术

周雄[1]，程方[2]，黄恺[3]，王永
锋[4]，邵翔[5]，吴凯[1]

[1] 北京大学化学与分子工程学院，
北京分子科学国家研究中心
[2] 南京邮电大学材料科学与工程
学院，有机电子与信息显示国
家重点实验室培育基地
[3] 广东以色列理工学院化学系
[4] 北京大学电子系，纳米器件物
理与化学教育部重点实验室
[5] 中国科学技术大学化学物理系

Chapter 8

第 8 章
大数据分析与化学测量学

邵学广
南开大学化学学院

Chapter 1

第1章

化学测量学基础

1.1 化学测量学基础

陈义[1]，邵元华[2]

[1] 中国科学院化学研究所，北京分子科学国家研究中心
[2] 北京大学化学与分子工程学院，北京分子科学国家研究中心

1.1 化学测量学基础

化学测量可以有不同的含义。本书将其定义为利用各种科学分支的相关原理及最新进展来测量化学体系信息的一门学问。它能深入分子、原子层次,去测量物质的性质、数量、结构及与此相关的功能等信息。化学测量研究涉及诸多方面,其基本路线应该是:挖掘测量所依据的理论和原理,构造测量的方法和装置,解决实际测量的问题并作反馈和改进。

化学测量学显然是在原分析化学的基础上发展起来的,是国家自然科学基金委员会化学科学部与时俱进地提出的新的支持领域,是对原分析化学的拓展。现在许多其他的化学领域或其他学科的研究人员均可在该领域申请项目。*nature methods* 上曾发表社论强调测量学(metrology)的重要性[1]。每个学科均有其测量学,例如化学测量学(chemical metrology)、生物测量学(biological metrology)、光学测量学(optical metrology)等,在此我们认为化学测量学的英文为 chemical measurements 可能更合适。测量学起源于对测量单位的定义,该领域至今仍是测量学的重要组成部分。对于标准单位的重要性,人们在大约公元 800 年已经认识到。直到 18 世纪末法国大革命前,长度和重量单位的标准化才成为国家行为。1857 年 5 月 20 日由 17 个国家在巴黎签署了《米制公约》,建立了国际计量局(Bureau Internation des Poids et Measures,BIPM)。BIPM 初始的目的是在全球范围内督促实施米和千克,后来其职权范围扩展到其他单位。BIPM 现在已有成员国为 59 个,他们定义了国际单位制(SI),包括 7 个基本单位:米、千克、秒、安培、摩尔、开尔文和坎德拉,以及许多衍生出来的单位。2018年 11 月 16 日,在第 26 届国际计量大会上,各成员国表决一致通过了关于修订国际单位制的决议,改用各种常数定义基本单位。例如,用统一的光速常数作为基准来定义长度,用普朗克常数作为基准来定义千克。

测量学的主要目的是为各个学科和社会提供可靠的测量数据。如何测量和准确地记录,使人们得出的结论尽可能地与真实情况相接近,这是测量学需要研究和探索的。当然,各种测量学之间也并非完全独立的,存在相互覆盖和交叉的情况。例如,生物测量学中用到很多化学原理;化学测量学中用到许多数学及物理原理和技术等。测量学的一个重要探索是如何定义一次测量的不确定性。对于物理或化学的测量,已建立了一套较完整的不确定性分析规程(误差等统计学的应用)。对于生物实验,由于有太多变量,一些是不可控的,甚至是未知的,都会影响测量结果,因此将上述不确定性分析直接拿来用是不可取的。不确定性原理的分析起码可以为生物学家们提供对于一个测量其可信的启发性的评价。近年的一项研究表明,在 CNS 上发表的肿瘤相关的研究论文,近 90%无法重复,说明了生物研究的复杂性,也间接地解释了为什么在过去 20 多年间,全球研发药物的成功率在下降,即大部分上市新药的效果不理想。例如,有研究发现,美国新上市的 72 种癌症药物,在长达 12 年的时间里,平均只延长了患者 2 个月的寿命。

在测量学中另外一个概念是可追溯性,即一个可追溯的测量与具有不间断的、有文件可循的标准物质相关。这样可确保测量的可比性。在测量各种物理、化学参数,特别是在进行生物样品的测量中,标准物质极其重要。它们不仅为化学测量方法和技术的可靠性奠定基础,也为实验室之间操作规范的比较提供基准。例如,采用已知组分的蛋白质与蛋白质配合物,可以帮助人们判断一种质谱测量流程的可靠性。美国国家标准与技术研究院(National Institute of Standards and Technology,NIST)较早地发布了 5 个染色体组作为标准物质,供全球实验室及公司在 DNA 测序中采用,确保了DNA 测序的质量。其他组学可能也需要这样的标准。

一个典型的化学测量过程通常由如下 7 个步骤组成:(1)选择方法;(2)取样;(3)样品制备;(4)消除干扰;(5)校正和测量浓度;(6)计算结果;(7)估算结果的可靠性[2]。过去人们一直非常重视发展测量方法学与新技术,重视如何选择方法与技术进行样品的测定,而不重视其他 5 个方面。这是因为样品取样与预处理既费时费力,又很难发表具有高影响因子的论文。但随着样品复杂程度不断增加,海量数据的不断积累,对于化学测量学提出了许多新的挑战,目前可喜的是对于其他 5 个方面的研究正逐步得到加强,已引起广泛关注。通常对于所发展的测量方法有如下的质量控制指标:(1)线性范围;(2)准确度;(3)精密度;(4)灵敏度;(5)检出限。另外,一种好的方法还应该具备普适性和可靠性。当然能够像血糖仪一样商品化是最佳方法或技术。化学测量的质量评价是对分析结果是否可取做出判断,可分为实验室内和实验室间的质量评价。具体的方法包括质量控制图、对照分析、双样品法、熟练实验及实验室认证等。实验室认证在中国称为计量认证,是计量行政主管部门对向社会提供公正数据的技术机构,从事计量鉴定或测试的实际能力、可靠性和公正性所进行的考核和证明。经认证合格的实验室,由国家认证机构发给有一定期限的证书,证明该实验室有为社会提供公正数据的能力和资格。在证书规定的范围内提供的数据可用于贸易出证、产品质量评定、成果鉴定等需要公正数据的场合,并且具有法律效力。

现代化学测量的源头性创新,就在于理论与原理的挖掘,旨在发现更高层次(抑或更为简单)的测量理论和原理。在科学不断发展的今天,从各种已知的理论中,挖掘测量新理论,或将隐蔽理论转化为显性方程,是一项需要功底但十分有效的策略。化学策略原创研究,并非一定都是"天外飞仙"。将熟视无睹的理论和方法转变成经济、有效的测量新方法,再物化为实用的测量工具(如仪器、软件和特定的试剂等),是我国工作者可以脚踏实地展开的一类研究。目前的测量理论立足于公认的时空观,其直接的理论源头非数学和物理莫属,顺次是化学以及测量所需的工程机械制造学、计算机与软件(特别是人工智能)控制等,其下游或反馈理论来自各应用领域,如生物、医学、药物、环境、材料、食品安全等。需要注意的是,现有的时空观正在发生不显眼的渐变。有人断定时间只是人类的一种感觉或不过是不可逆过程的一种展示,并非客观宇宙之必需的维度,故牛顿的时空独立或爱因斯坦与物质关联的时空观,可能会被新的时空观所代替,量子时空观实际上否认了明确的时空关系或因果关系:时空并非物质存在的场所,相反,很可能是量子纠缠的一种表象。若果真如此,则化学测量学的理论必将发生天翻地覆的变化,且让我们拭目以待。

化学测量的方法学研究大致包括两大内容:一是直接开发理论以发展出测量新方法,二是通过应用来拓展或革新方法。前者从理论发现、原理挖掘,到测量方法的构建和实施装置的设计、研制和性能提升等,是一种长线研究,需要"风雨不动安如山"的研究心态和生存环境;后者涉及测量方法应用中的技术、技巧、问题及其解决方案的更新或改善,还包括应用领域的拓展、收缩或重新界定,它排斥急功近利的心态,要以深度开发利用和一丝不苟的工匠精神待之,方可见成效。应用研究做到极致,也可能导致全新化学测量理论的发现和原创性新方法的发现和发展。注重应用研究及其反馈,是深度开发利用现行方法、做强我国化学测量研究的重大契机。

化学测量学中理论和原理的开发研究,绝无排他性,凡能指导或解决分子水平或其相应尺度物质测量的新、旧理论,都在可研究之列。测量方法的创新发展,不但不会排斥学科外的知识,相反会更多地借助其他学科的理论、原理和技术,来发展自己。改良或提升已有方法的性能,也需要借助相邻学科的理论、原理和技术。目前比较明确的基础理论除了大家熟知的数学(如数理统计等)、物理(如电磁学、光学、力学、量子力学等)、化学、生物(如生物识别、免疫反应、酶催化反应等)之外,还有工程机械制造、计算机、计量学等众多门类,其中化学计量学、化学反应理论和化学合成属于本领域的专业基础理论,其他皆为相邻学科。居而无邻,鸡犬无声,必孤独而终,遑论发展。

现代化学测量学的发展离不开新工具即现代测量仪器的研制。仪器研制包括硬件设计与制造、软件设计与开发、整机调试与应用反馈等过程,非一日之功可以成事。就现阶段而言,测量仪器的研制还包括针对复杂体系的样品预处理研究等内容。测量仪器研发是一项系统工程,离不开机械制造和计算机控制等工程学研究,是一门跨学科、综合性的研究型学问,非单一部门可以独立地高质量地完成,要有海纳百川的胸怀。化学测量学的仪器研究,事实上已成为一个产业或产业链,其开发、研制、销售,带动或拉动着邻近产业的发展,有强大但不为人所知、所感的辐射带动效应。先进的测量仪器更有其国家安全和军事价值,许多高精尖的测量仪器、测量系统或关键部件,常常也是重要的"卡脖子"或管控商品。

方法应用研究旨在解决实际问题,并因此提升化学测量学存在的价值,以获得继续发展的机会或拓展其生存的空间。化学测量学的应用研究,涉及诸多领域。首先是方法学的检验和直接应用对象的挖掘;其次是应用领域的拓展;再次是通过方法应用发现新的挑战或新的可开发的理论、原理等,由此反馈并进一步促进化学测量方法的完善、提升乃至飞跃。一个新方法一旦建立,大量的化学测量学应用研究便会接踵而至。新方法的应用,究其本质,乃是一种二次开发和完善的研究过程。只有经受实际测量问题的长期检验,一种测量方法才能过得硬、立得住、展得开。即"千淘万漉虽辛苦,吹尽狂沙始到金"(唐·刘禹锡《杂曲歌辞·浪淘沙》)。

化学测量学发展的前景好坏取决于其所建立的方法和所构造的工具能否应用于和解决科学研究以及工农业生产中的问题。事实上,从科学研究到工农业生产乃至国家安全,化学测量学的影子无处不在。没有化学测量学,化学合成产物便无法表征,创新制备的材料便不知其组成、结构和性能,药物生产的配方和质量便无法检验和测控,钢铁的品质与性能便无法管控,武器系统的安全便无法测试和保障,海关监控就无从谈起,法医也就失去了在分子层次做鉴定的能力。凡此种种,不一而足。化学测量学乃万法之源,是科学研究的"先行官",是国民经济的"火车头",是国家安全的"秘密武器",是国际贸易和国家关系的"定海神针"。大凡发达国家,其化学测量学也一定处于领先地位。这样,这些发达国家可以构建各种技术门槛、设置技术壁垒,便能在各种谈判中占据优势地位,成为主动方。这其实并不是什么秘密,只不过我们常常视而不见,或有意无意地予以忽略。化学测量学本性又过于低调,其重要性并不为或不易被一般人所感知。"非灾变不显(现)其本色"。只有等到什么地方出了问题,我们才会感知其重要性,但已悔之晚矣。

参考文献

[1]　Editorial. Better research through metrology [J]. Nature Methods,2018,15(6):395.
[2]　李克安.分析化学教程[M].北京:北京大学出版社,2005.

MOLECULAR SCIENCES

Chapter 2

基于分子光谱分析的化学测量学

万琼琼[1]，赵美萍[2]，马会民[1]

[1] 中国科学院化学研究所，北京分子科学国家研究中心
[2] 北京大学化学与分子工程学院，北京分子科学国家研究中心

2.1 绪论

光谱分析是研究光与物质相互作用的学科,是一门主要涉及物理与化学的重要交叉学科。鉴于此特点,光谱分析不仅是化学测量学中的核心内容之一,也是化学、物理学中的重要分支,并广泛应用于环境、生命、材料、信息等其他诸多领域,成为人们观察与认识客观世界的最重要的手段之一。

光谱分析有着悠久的历史。最早可追溯到公元 1 世纪古罗马,盖乌斯·普林尼·塞孔都斯[Gaius Plinius Secundus,公元 23(或 24)—79]用橡子的提取物(没食子酸,化学名为 3,4,5 -三羟基苯甲酸)显色检验铁。1565 年,西班牙医生和植物学家莫纳德斯(N.B. Monardes)曾观察到,浸泡在紫檀木制作的木杯中的水可发出神奇的蓝光(这种光后来被称作荧光,其主要荧光组分是 matlaline),并指出此现象可用于鉴别紫檀木的真伪。这是最早的关于荧光现象及其分析应用的记录资料[1,2]。1666 年,牛顿利用三棱镜观察到太阳光的色散现象,把通过圆孔的白光分散为彩色光带,于 1672 年在 *Philosophical Transaction* 杂志上发表了题为"A new theory about light and colours"的研究成果,并首次提出了术语"spectrum"(光谱)。其后一直到 1802 年,沃拉斯顿(W.H. Wollaston)与 1814 年夫琅禾费(J. Fraunhofer)利用狭缝代替圆孔先后观察到了光谱暗线[3]。夫琅禾费进一步结合衍射光栅,对太阳光谱中 576 条狭窄的"夫琅禾费暗线"进行分类,并对其中的主要光谱线用阿拉伯字母 A,B,C,…,H 标记,这些光谱暗线的解释也成为此后 45 年的一个重要问题;到 1859 年,基尔霍夫(G.R. Kirchhoff)给出了合理的解释,认为是来自太阳的光被大气中存在的化学物质以特定波长吸收所导致的。其中夫琅禾费标记的双黄线 D 的谱线是钠的吸收峰,因为波长与将钠盐放入本生灯中燃烧产生的光谱相同。通过系统的研究,基尔霍夫能够将所有的"夫琅禾费暗线"与不同的元素(如 Fe 与 Ca)相对应起来。这一早期成就证明了利用光谱能够远距离地识别具有不同光谱特征的原子和分子。这种光谱分析已被开发并应用于识别和监测天体物理源(如星际云、大气层)中、在高速公路上飞驰而过的汽车尾气中的分子[4]。

根据研究对象的不同,光谱分析主要分为分子光谱分析和原子光谱分析,它们是根据物质的光谱特征来鉴别及确定其化学组成和相对含量的方法。常用的方法有:紫外-可见吸收光谱法、红外吸收光谱法、荧光光谱法、原子吸收光谱法、原子发射光谱法等。由于光谱学是量子力学的实际应用,所以本章将从量子力学的基本概念出发,简要介绍常见的分子光谱的基本原理、分析应用范围,并结合新的研究成果,重点描述基于不同光学(显色、荧/磷光)探针的分子光谱分析与应用,以及该领域目前面临的挑战,以展望其未来的发展趋势。对于原子光谱分析,本章基本不予讨论。

2.2 光谱分析的基本原理

光谱在电磁辐射领域被定义为一系列按波长或频率顺序排列的辐射能。光谱的解释需要建立在能级、跃迁概率等基础知识上;光谱方法的选择主要取决于研究对象的能量范围(表2-1)。

表2-1 光谱的分区[2]

光谱区域	波长范围	光子能量	主要量子跃迁类型	主要光谱分析方法
γ射线	<0.01 nm	>124 keV	核能级跃迁	γ射线光谱、穆斯堡尔谱
X射线	0.01~10 nm	124 keV~124 eV	内层电子能级跃迁	X射线光谱分析
远紫外	10~200 nm	124~6.2 eV	外层电子能级跃迁	真空紫外光谱分析
紫外	200~400 nm	6.2~3.1 eV	外层电子能级跃迁	紫外光谱、原子光谱分析
可见光	400~700 nm	3.1~1.7 eV	外层电子能级跃迁	比色法/吸收光谱、荧光光谱、磷光光谱、化学发光法
近红外 (近红外Ⅰ) (近红外Ⅱ)	0.7~1.4 μm (0.7~0.9 μm) (1~1.4 μm)	1.7~0.89 eV	分子振动-转动能级跃迁	近红外光谱分析、近红外荧光成像
中红外	1.4~50 μm	0.89 eV~24.8 meV	分子振动-转动能级跃迁	红外光谱分析
远红外	50~1 000 μm	24.8~1.24 meV	分子振动-转动能级跃迁	红外光谱分析
微波	0.001~1 m	1.24 meV~1.24 μeV	分子转动、电子自旋能级跃迁	微波谱、顺磁共振光谱分析
无线电波	>1 m	<1.24 μeV	核自旋磁能级跃迁	核磁共振波谱分析

19世纪末,人们用经典物理学来解释黑体辐射实验的时候,出现了著名的"紫外灾难"。在1900年,马克斯·普朗克提出革命性的观点,物质辐射(或吸收)的能量不是连续的,并且内能的变化只有通过在两个不同能量状态的能级之间跳跃而产生。这种

量子化理论后来被广泛应用到其他形式的物质能量解释方面。

分子在空间中有不同类型的能量,例如,自身围绕重心旋转产生的旋转能量,从平衡位置开始的周期性位移产生的振动能量,分子还具备电子能(源于与每个原子或键相联系的电子在不断地运动)等。早期的化学或物理学家就已知悉原子或分子的电子能态,且电子可以在几个分散能级之一存在,不同的能级可以定量计算。分子的旋转、振动或其他能量可以用同样的方法进行量子化,一个特定的分子可以存在于不同的旋转、振动等能级中,并且可以在限定的能量条件下在不同能级间跳跃[5]。

考虑一个体系的两种能量状态,例如分子的两种转动能量状态 E_1 和 E_2(图 2-1),下标 1、2 是量子数,用来区分不同的能级。如果提供适当的能量,E_1 和 E_2 之间可以发生能量转换,吸收或释放出能量 $\Delta E = E_2 - E_1$。普朗克定义这种以电磁辐射形式吸收或释放的能量的辐射频率 ν 为 $\Delta E / h$(单位为 Hz),即 $\Delta E = h\nu$(单位为 J),h 是普朗克常数(6.626×10^{-34} J·s)。

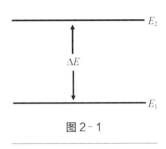

图 2-1

如果在处于能量状态 E_1 的分子上照射一束频率为 ν 的光(单色光辐射),分子将吸收能量并跃迁到能量状态 E_2;测量光辐射的检测器显示在光与分子相互作用后光的强度减弱了。如果选用一束频率范围广的白光,检测器表明只有特定频率 $\nu = \Delta E / h$ 的光被吸收,而所有其他频率的光都没有变化。吸收强度随着波长的变化而变化的光谱,称作吸收光谱[5]。

处于能量状态 E_2 的分子在回到较低能量状态 E_1 时会释放出辐射能。检测器检测到的辐射能频率为 $\nu = \Delta E / h$,这样得到的是发射光谱,发射的光强度随着波长的变化而变化,并与吸收光谱相对应。

光常用波长(λ,单位为 nm)、频率(ν)和光速(c)三个基本参量来描述,其关系为 $\lambda = c / \nu$。光在真空中的传播速度为 3×10^8 m/s;光的传播速度随介质不同而异,并与介质的折射率为反比关系。

用光谱法测量能量状态转换过程中吸收或发射的各种辐射特性时,经常使用频率、波长或波数等作能量单位。能量范围 ΔE 可以用 J(焦耳)、eV(电子伏特)、cm^{-1}(波数)或 Hz(频率)来表示,并可根据关系式 $\Delta E = h\nu$ 与 $\lambda = c / \nu$ 进行换算,如表 2-2 所示[4,6]。

表 2-2　不同能量单位的转换因子

单位	J	eV	cm^{-1}	Hz
1 J	1	$6.241\,46 \times 10^{18}$	$5.003\,417 \times 10^{22}$	$1.509\,16 \times 10^{33}$
1 eV	$1.602\,19 \times 10^{-19}$	1	$8.605\,45 \times 10^{3}$	$2.417\,96 \times 10^{14}$
1 cm^{-1}	$1.986\,48 \times 10^{-23}$	$1.239\,853 \times 10^{-4}$	1	$2.997\,925 \times 10^{10}$
1 Hz	$6.626\,2 \times 10^{-19}$	$4.135\,71 \times 10^{-15}$	$3.335\,64 \times 10^{-11}$	1

2.3　光谱分类

物质的光谱一般分为连续光谱、线状光谱和带状光谱三类。

1. 连续光谱

连续光谱指光辐射强度随频率变化呈连续分布的光谱。不管测量仪器的分辨率有多高,都不能分解开。这些光谱可以由加热到白炽的物体产生,如炽热的固体、液体或高温高压气体产生的连续光谱。

2. 线状光谱

线状光谱又称原子光谱,指当原子从较高能级向较低能级跃迁时,辐射出波长单一的光波,其波长可达几百埃[①]。这些线可以分为不同的系列,并经常重叠;随着波长的减小,每个系列的线间距减小。这些线条显示了进一步的结构,称为精细结构和超精细结构。单原子气体或金属蒸气所发出的光波均为线状光谱。属于这类分析方法的有原子发射光谱法(atomic emission spectrometry, AES)、原子吸收光谱法(atomic absorption spectrometry, AAS)、原子荧光光谱法(atomic fluoresence spectrometry,AFS)以及 X 射线荧光光谱法(X-ray fluorescence spectrometry,XFS)等。

3. 带状光谱

带状光谱是由分子产生的光谱,也称分子光谱,指分子从一种能态改变到另一种

---

① 1 埃($\overset{\circ}{A}$) = 10^{-10} 米(m)。

能态时的吸收或发射光谱(可包括从远紫外到远红外,直至微波区域)。分子光谱与分子绕轴的转动、分子中原子在平衡位置的振动和分子内电子的跃迁相对应,可分为纯转动光谱带、振动-转动光谱带和电子光谱带。带状光谱的名称源自在可见光区、在低光谱分辨率下,以连续带的形式出现的各种色彩条纹。当使用高分辨率的光谱仪器测量时,可观察到带状谱图包含大量的离散线。在分子中,电子态的能量比振动态的能量大 50～100 倍,而振动态的能量又比转动态的能量大 50～100 倍。因此在分子的电子态之间的跃迁中,总是伴随着振动和转动跃迁的产生,因而许多光谱线就密集在一起而形成分子光谱。属于这类分析方法的有紫外可见(ultraviolet-visible,UV-vis)分光光度法(比色/显色法)、红外光谱法(infrared spectrometry,IR)、分子荧光光谱法、分子磷光光谱法以及拉曼(Raman)光谱法等。

2.4 常见分子光谱分析方法

根据前述,分子光谱分析是基于光与物质分子作用时,分子发生了量子化的能级跃迁,测量由此产生的吸收或发射的光谱的波长和强度等而进行分析的方法。本节简要概述常见分子光谱分析方法:紫外可见分光光度法(比色/显色法)、红外光谱法、拉曼光谱法、分子荧光光谱法与分子磷光光谱法,并结合研究经历,重点介绍基于小分子光学(显色、荧光/磷光)探针的分子光谱分析(包括核酸荧光探针和纳米光学探针)方面的一些新研究进展。

2.4.1 紫外可见分光光度法

紫外可见分光光度法是典型的吸收光谱法,在 190～800 nm 波长内测定物质的吸光度等,其可用于各种物质的鉴别、检测以及定量测定研究。检测仪器为紫外可见分光光度计。

由表 2-1 可知,分子的紫外可见吸收光谱是由价电子能级跃迁产生的。通常电子能级间隔为 1～20 eV,这一能量恰好落于紫外与可见光区(200～800 nm)。每一个电子能级之间的跃迁,都伴随分子的振动和转动能级的变化,因此,电子跃迁的吸收线就变成了内含分子振动和转动精细结构的较宽的谱带。

紫外可见光谱主要反映了分子中某些基团的信息。有机化合物分子中与紫外可见吸收光谱有关的价电子有三种：形成单键的σ电子、形成双键的π电子和分子中未成键的孤对电子（n电子）。当分子吸收一定能量的光时，这些电子就会跃迁到较高的能级，此时电子所占的轨道称为反键轨道。有机化合物最主要的电子跃迁类型有以下3种：（1）成键轨道与反键轨道之间的跃迁（即σ→σ*，π→π*）；（2）非键电子激发到反键轨道（即n→σ*，n→π*），其中各种跃迁所需能量大小为σ→σ*＞n→σ*＞π→π*＞n→π*；（3）电荷迁移跃迁，即在光能激发下，导致电荷从化合物的一部分迁移至另一部分。金属配合物的主要电子跃迁类型有以下3种：（1）配位体围绕的金属离子 d - d 电子跃迁和 f - f 电子跃迁；（2）配合物的电荷迁移跃迁（包括：配位体→金属的电荷转移；金属→配位体的电荷转移；金属→金属间的电荷转移）；（3）金属离子微扰的配位体内电子跃迁。图2 - 2为常见电子跃迁所处的波长范围及强度[7]。饱和碳氢化合物的σ→σ*跃迁一般发生在真空紫外区，而在近紫外无吸收。例如，乙烷的最大吸收波长在135 nm。

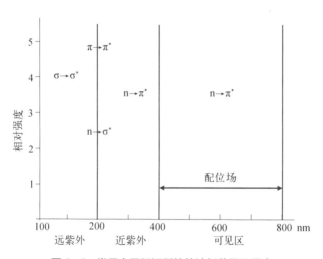

图2 - 2　常见电子跃迁所处的波长范围及强度

紫外可见吸收光谱的定性分析主要通过吸收波长的位置与强度进行，其定量分析则是基于朗伯-比尔(Lambert - Beer)定律：

$$A = -\lg T = -\lg(I_t/I_0) = \varepsilon bc \qquad (2 - 1)$$

式中，A 为吸光度；T 为透射率；I_t 为透射光强度；I_0 为入射光强度；b 为光程，cm；

c 为分析物浓度，mol/L；ε 为摩尔吸光系数，L/(mol·cm)，与物质的性质、入射光波长、温度、溶剂等因素有关。朗伯-比尔定律表明：当一束单色光通过含有吸光物质的溶液后，溶液的吸光度与吸光物质的浓度及溶液的厚度成正比。在同一波长处，溶液中不同组分的吸收行为互不相干，且吸光度具有加和性。在吸收光谱法中，光源、样品、检测器一般在同一直线上。通常，吸光度在 $0.2\sim0.8$ 时测量较为准确；吸收光谱法重复性好、准确度高，相对误差为 $2\%\sim5\%$，较适用于微量物质的定量测定（微摩尔浓度水平）以及标准方法的制定[2]。图 2-3 是甲酚紫染料及其衍生物的紫外可见吸收光谱图。

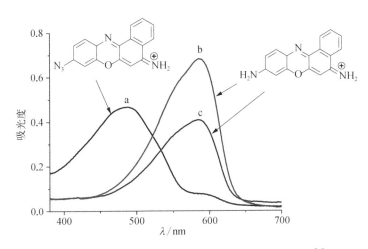

图 2-3　甲酚紫染料及其衍生物的紫外可见吸收光谱图[8]

曲线 a：叠氮化的甲酚紫（25 μmol/L）吸收光谱（最大吸收波长 λ_{max} = 488 nm）；曲线 b 和 c：浓度分别为 25 μmol/L 和 15 μmol/L 的甲酚紫吸收光谱（最大吸收波长 λ_{max} = 588 nm）。介质均为 60 mmol/L 的磷酸盐缓冲溶液（pH = 7.4）

待测物本身在紫外可见光区没有强吸收，或在紫外光区虽有吸收但为了避免干扰或提高灵敏度，可加入适当的显色剂，使反应产物的最大吸收移至可见光区，这种测定方法称为比色法。将待测组分转变成有色化合物的反应叫显色反应，与待测组分形成有色化合物的试剂称为显色剂或比色探针。显色剂一般分为无机显色剂和有机显色剂两大类。常用的无机显色剂有硫氰酸盐、钼酸盐、过氧化氢、卤素离子等。有机显色剂的种类和数量繁多，在反应的灵敏性和选择性方面一般优于无机显色剂，常见的有机显色剂有偶氮类、三氮烯类、苯基荧光酮类、卟啉类、环状低聚物类、水溶性高分子类等。

显色试剂在 20 世纪一直是分子光谱分析的前沿领域,其发展为各种金属离子的快速检测提供了有效的手段。例如,偶氮胂 I 可用于稀土元素、钙等检测;高分子显色剂壳聚糖缩 7-(对甲酰基苯偶氮)-8-羟基喹啉-5-磺酸、聚乙烯醇缩 3-(对甲酰基苯偶氮)-4,5-二羟基-2,7-萘二磺酸、聚 2-丙烯胺缩 5-(对甲酰基苯偶氮)-8-氨基喹啉可用于不同样品中铁、镁与铜[9,10]的测定等。

2.4.2　红外光谱法

红外光谱法又称红外分光光度分析法,是分子吸收光谱的一种,主要应用于分子结构的表征与分析。由于各个物质的含量也将反映在红外吸收光谱上,可根据峰位置、吸收强度进行定量分析。

红外光的辐射能量为 1.7 eV～1.24 meV,此辐射不足以引起分子中电子能级的跃迁,但可以被分子吸收,从而引起振动和转动能级的跃迁。在红外光谱区实际所测得的谱图是分子的振动运动与转动运动的加和表现,故红外光谱亦称为振转光谱。按红外光波长不同,往往将红外吸收光谱划分为三个区域(表 2-1)。红外光谱主要用红外光谱仪进行分析,有些傅里叶变换红外光谱仪可实现近红外、中红外及远红外等多种分析模式。

在 n 个原子组成的分子中,非线性分子具有 $3n-6$ 种基本振动状态,而线性分子则有 $3n-5$ 种。在振动过程中,虽然不改变极性分子中正负电荷的电荷量,却改变正负电荷中心间的距离,导致分子偶极矩的变化。分子中不同的振动状态与不同的振动频率相对应,因而形成不同的振动能级。能级间的能量差与红外光子的能量相当。当一束连续波长的红外光透过极性分子时,某一波长的红外光的频率若与分子中某一基团的振动频率相同,即发生共振。这时,光子的能量通过分子偶极矩的变化传递给分子,导致分子对这一频率的光子的吸收,从振动基态激发到振动激发态,产生振动能级的跃迁。因此物质分子吸收红外光发生振动和转动能级跃迁,必须满足以下两个条件:(1)红外辐射光具有的能量等于分子振动能级的能量差 ΔE;(2)分子振动时必须伴随偶极矩的变化(具有偶极矩变化的分子振动是红外活性振动,否则为非红外活性振动)。例如,对称原子组成的分子 H_2、O_2、N_2 等振动不会改变偶极矩,自然也就不会产生红外吸收,对这类分子进行分析时,使用拉曼光谱分析会更有效。

红外吸收光谱多用透过率 $T(\%)$ 与波数 σ 表示(图 2-4)。双原子分子振动频率 $\nu(\mathrm{Hz})$ 的计算公式为 $\nu = \dfrac{1}{2\pi}\sqrt{\dfrac{k}{\mu}}$。用波数 $\sigma(\mathrm{cm}^{-1})$ 作单位时,即

$$\sigma = \frac{1}{2\pi c}\sqrt{\frac{k}{\mu}} \tag{2-2}$$

式中,k 为化学键力常数,$\mathrm{dyn/cm}$;μ 为折合质量,g,$\mu = \dfrac{m_1 m_2}{m_1 + m_2}$,其中 m_1、m_2 分别为两原子质量;c 为光速。若化学键力常数 k 单位使用 $\mathrm{N \cdot cm^{-1}}$,折合质量 μ 采用原子质量单位 $m = 1.65 \times 10^{-24}$ g,则上式可简化为 $\sigma = 1\,307\sqrt{\dfrac{k}{\mu}}$。

现在红外光谱法所沿用的有关分子结构与特征频率的规律,不是通过数学模型计算导出的,而是在大量实验数据的基础上加以归纳和总结出来的。目前有大量的标准红外光谱图(如 Sadtler 标准红外光谱集)可供查阅。红外光谱法的主要特点是特征性强、测定速度快、不破坏试样、样品用量少、操作简便、分析灵敏度较高,能分析各种状态的试样;然而,该方法对样品的纯度要求高($>98\%$),且定量分析误差较大。关于红外光谱的详细解析在此不作详述,仅附部分官能团的特征频率供参考(表 2-3)[3]。图 2-4 为己酸的红外光谱图,实际化合物解析时需要考虑诱导效应、共轭效应和偶极场效应等内部因素的影响,同时还需要考虑溶剂、测试条件等外部因素的影响。

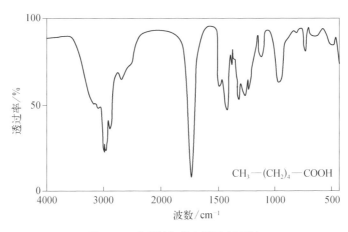

图 2-4 典型的红外光谱图(己酸)

表 2-3　部分官能团的特征伸缩频率

官能团	波数/cm^{-1}	官能团	波数/cm^{-1}
—OH	3 600	C=O	1 750～1 600
—NH$_2$	3 400	C=C	1 650
≡CH	3 300	C=N	1 600
苯环—H	3 060	—C—C— —C—N— —C—O—	1 200～1 000
=CH$_2$	3 030		
—CH$_3$	2 970(不对称伸缩) 2 870(对称伸缩) 1 460(不对称变形) 1 375(对称变形)	C=S	1 100
—CH$_2$—	2 930(不对称伸缩) 2 860(对称伸缩) 1 470(变形)	—C—F	1 050
—SH	2 580	—C—Br	725
—C≡N	2 250	—C—Cl	650
—C≡C—	2 220	—C—I	550

2.4.3　拉曼光谱法

拉曼光谱是一种散射光谱。1928 年,印度物理学家拉曼(C.V. Raman)首次观察到了拉曼散射效应,即当光穿过透明介质被分子散射的光发生了频率的改变,这一现象称为拉曼散射。拉曼光谱分析法可以获得分子振动、转动方面的信息,因此,适用于物质鉴定以及分子结构分析。在一定条件或状态下,不同的分子拥有独一无二的分子结构,使得拉曼光谱成为物质鉴定的"指纹"。此外,拉曼信号强度正比于样品的浓度,所以也可以作定量分析。相应的分析仪器主要是拉曼光谱仪和拉曼显微镜。

拉曼散射的发生也可以用辐射的量子理论来解释[3]。一束具有能量($h\nu$)的光子与分子发生碰撞,如果碰撞是弹性的,光子与分子之间不发生能量交换,光子只改变运动方向而不改变频率 ν,这种散射叫弹性散射(亦称瑞利散射,Rayleigh scattering)。只有一小部分光子在与分子相互作用时能够交换能量,从而改变了光子的频率,称为非弹性散射(拉曼散射)。分子只有根据量子定律才能获得或失去一定的能量,例如,它的能量变化 ΔE,即分子的振动或/和旋转能量的变化。如果分子获得能量 ΔE,散射光子的能量为 $h\nu - \Delta E$,散射光子频率为 $\nu - \Delta E / h$;相反地,如果分子失去能量 ΔE,散射光子的频率为 $\nu + \Delta E / h$。测得的比入射频率低的散射线称为斯托克斯线(Stokes line),高于入射频率的散射线称为反斯托克斯线(anti-Stokes line)(图 2 - 5)。斯托克斯线与反斯托克斯线统称为拉曼谱线,且前者强度通常大于后者。斯托克斯线、反斯托克斯线与入射辐射间的频率差 $(\Delta E / h)$ 称为拉曼位移(Raman shift)。

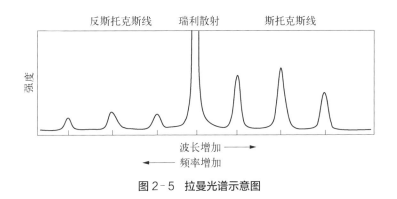

图 2 - 5　拉曼光谱示意图

拉曼效应的经典理论虽然并不完全充分,但值得考虑,因为它引出了对光谱形式基本概念的理解——分子的极化率。当一个分子被置于静电场中时,它会受到某种扭曲,带正电荷的原子核被吸引到电场的负极,电子被吸引到正极。带电中心的分离使分子中产生诱导电偶极矩,从而使分子极化。诱导偶极子的大小可用 μ 表示,即

$$\mu = \alpha E \tag{2 - 3}$$

式中,E 为所加电场;α 为极化率(单位电场强度所感应的电偶极矩)。

μ 既取决于电场 E 的大小,也取决于分子被扭曲的容易程度。为了使拉曼激活,分子的跃迁或振动必须引起分子极化率组分的某些变化。若振动未引起分子极化率的改变,无诱导偶极矩,则没有产生拉曼散射,只有瑞利散射。

拉曼谱带的退偏度(ρ)是拉曼光谱的重要参数。激光具有线偏振性,将偏振器放在垂直于激光电矢量的方向上,并分别测定垂直于和平行于入射光方向的散射光谱线强度

（分别用 $I_\perp$ 和 $I_{/\!/}$ 表示），那么两种方向上的谱线强度比称为退偏度。ρ 的表达式为

$$\rho = I_\perp / I_{/\!/} \qquad\qquad (2-4)$$

设定入射光为平面偏振光时的退偏度为 ρ_p，入射光为自然光时的退偏度为 ρ_n，对于非全对称振动，$\rho_p = 6/7$，$\rho_n = 3/4$；若 $0 \leqslant \rho_p < 3/4$，$0 \leqslant \rho_n < 6/7$，该谱带是偏振的，即分子的振动含有非对称振动成分较多。

拉曼光谱被广泛应用于化学、生物以及材料等研究领域。利用拉曼光谱法的偏振特性，可以对顺反异构体进行鉴定。在高聚物的研究中，拉曼光谱还可以提供关于碳链或环的结构信息。在确定异构体（单体异构、位置异构、几何异构和空间异构等）的研究中，拉曼光谱也可以发挥其独特作用。同时，拉曼光谱还是研究生物大分子的有力手段。由于水的拉曼光谱很弱，谱图简单，故拉曼光谱可以在接近自然状态、活性状态下来研究生物大分子的结构及其变化。另外，拉曼光谱广泛应用于表面薄膜（如金刚石、SiO_2 等）的分析与鉴定。

2.4.4 分子荧光光谱法与分子磷光光谱法

荧光和磷光是两种重要的光致发光形式。光致发光是指物质吸收光子（或电磁波）后，从激发态自发辐射出光子（或电磁波）的过程。荧光与磷光的区分主要根据荧光寿命。磷光的寿命通常比荧光长，但也有例外，有些长寿命的荧光体（如二价铕盐）和短寿命的磷光体（如硫化锌），其持续时间相当（数百纳秒）。与白炽光相比，光致发光不需要很高的温度，而且通常不会产生明显的热量，是冷发光的一种。

前已述及，荧光现象发现得很早，但其合理的解释却较晚，并经历了较长时间。在1819 年，克拉克（E.D. Clarke）发现了达勒姆萤石晶体（氟化钙）具有特殊的双色性，反射光的颜色为深蓝色，而透射光的颜色却是强烈的翠绿色，这些观察促进了对荧光概念的发展。1822 年，法国矿物学家沃克兰（R.J. Haüy）也观察到了萤石晶体的双色性，并认为这是一种光的散射现象。1833 年，布儒斯特（D. Brewster）描述了叶绿素美丽的红色荧光，当用一束光穿过叶子的绿色酒精提取物（主要是叶绿素溶液）时，从侧面可以观察到红色，他认为这与萤石中观测到的现象类似，是一种光的散射。1845 年，赫歇尔（J. Herschel）制备了硫酸奎宁溶液，看起来完全透明和无色的溶液，在某些特定的光线照射下，却会呈现出一种极其鲜艳美丽的天蓝色，他提出不同的解释，认为这是一种

光的色散现象。直到 1852 年,斯托克斯(G.G. Stokes)在观察奎宁和叶绿素的荧光发射时发现,它们的发射波长要比入射光的波长更长(此后演变成了"斯托克斯位移"),第一次阐明这种现象是物质吸收了光后重新发出不同波长的光,并于次年首次定义其为荧光(fluorescence)[1]。然而,需要指出的是,在斯托克斯发表荧光论文的十年前,法国物理学家贝克勒尔(E. Becquerel)在研究硫化钙时就已提出了发射光的波长比入射光的波长长。斯托克斯实验和贝克勒尔实验的区别在于奎宁是荧光,而硫化钙是磷光,但这两种物质都与光致发光有关。由此可见,理论的发展也是逐渐增长和逐步完善的过程。

荧光与磷光的产生过程包括分子的激发和去活化两个阶段。在物质吸收了一定频率的辐射能之后,分子中的电子由原来的基态跃迁至激发态的不同振动能级,这一过程称为激发。大多数分子在室温下处于基态的最低振动能级。通常分子里的价电子数目是偶数,若一半的自旋方向正好和另一半的自旋相反,价电子自旋量子数的总和为零,即 $S=0$,自旋的多重态 $M=2S+1=1$,这类分子我们称它处于单重态,用 S 表示。有些物质的分子正向自旋和反向自旋电子数不等,两者相差为 2,$S=1$,$M=3$,我们称这类分子处于三重态,用 T 表示。基态分子和激发态分子都有单重态和三重态两类。单重态的电子基态(S_0)的分子被激发时,容易跃迁到单重态的电子激发态(S_1,S_2,…),而不易跃迁到三重态的电子激发态(T_1,T_2,…),后一种为电子自旋不允许的禁止跃迁。同样,$T_0 \rightarrow T_1$ 或 $T_1 \rightarrow T_0$ 容易,$T_1 \rightarrow S_0$ 或 $S_1 \rightarrow T_0$ 难。荧光与磷光所涉及的分子,其基态都处于单重态,具有最低的电子能[11,12]。

处于激发态的分子不稳定,它可能通过辐射跃迁和非辐射跃迁的衰变过程而返回基态,也可能经由分子间的作用过程而失活。辐射跃迁的衰变过程伴随着光子的发射,即产生荧光或磷光。非辐射跃迁的衰变过程包括振动弛豫、内转换和系间跨越,这些衰变过程导致激发能转换为热能传递给介质。振动弛豫是指分子将多余的振动能量传递给介质而衰变到同一电子态的最低振动能级的过程;内转换指相同多重态的两个电子态间的非辐射跃迁过程(如 $S_2 \rightsquigarrow S_1$,$T_2 \rightsquigarrow T_1$);系间跨越则指不同多重态的两个电子态间的非辐射跃迁过程(如 $S_1 \rightsquigarrow T_1$,$T_1 \rightsquigarrow S_0$)。图 2-6 为分子内发生的激发过程、辐射跃迁和非辐射跃迁衰变过程的示意图。

假如分子被激发到 S_2 以上的某个电子激发单重态的不同振动能级上,处于这种激发态的分子很快(约 $10^{-14} \sim 10^{-12}$ s)发生振动弛豫而衰变到该电子态的最低振动能级,然后又经由内转换及振动弛豫而衰变到 S_1 态的最低振动能级。接着,有如下几种衰变

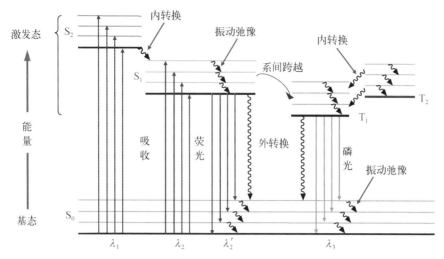

图 2-6　分子内发生的激发过程、辐射跃迁和非辐射跃迁衰变过程的示意图

到基态的途径：(1) $S_1 \rightarrow S_0$ 的辐射跃迁而发射荧光；(2) $S_1 \rightsquigarrow S_0$ 外转换；(3) $S_1 \rightsquigarrow T_1$ 系间跨越。而处于 T_1 态的最低振动能级的分子,则可能发生 $T_1 \rightsquigarrow S_0$ 的辐射跃迁,从而发射磷光,也可发生 $T_1 \rightsquigarrow S_0$ 的系间跨越或外转换。

　　按分子激发态的类型分类时,由第一电子激发单重态所产生的辐射跃迁而伴随的发光现象称为荧光;由最低的电子激发三重态发生的辐射跃迁所伴随的发光现象则称为磷光。既然荧光是一种光致发光现象,那么,由于分子对光的选择性吸收,不同波长的入射光便具有不同的激发能或频率。如果固定荧光的发射波长(即测定波长)而不断改变激发光(即入射光)的波长,并记录相应的荧光强度,所得到的荧光强度对激发波长的谱图称为荧光的激发光谱(简称激发光谱)。如果使激发光的波长和强度保持不变,而不断改变荧光的测定波长(即发射波长)并记录相应的荧光强度,所得到的荧光强度对发射波长的谱图则称为荧光的发射光谱(简称发射光谱)。

　　荧光的激发光谱和发射光谱具有如下特征：① 发射光谱的形状通常与激发波长无关,但其强度与激发波长有关;② 激发光谱和发射光谱的轮廓呈镜像关系;③ 发射峰位总是大于激发峰位,这种峰位之间的波长差称为斯托克斯位移(Stokes shift)。斯托克斯位移的存在说明激发态分子在返回到基态之前经历了振动弛豫、内转换等过程而消耗了部分激发能。图 2-7 为苊的苯溶液和奎宁的稀硫酸溶液的激发光谱和发射光谱,可以看出,它们的激发光谱和发射光谱之间大致存在着镜像对称的关系。

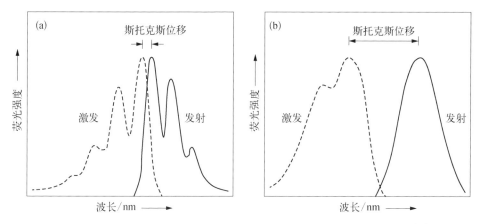

图2-7 苊的苯溶液（a）和奎宁的稀硫酸溶液（b）的激发光谱和发射光谱[11]

荧光既然是物质在吸收光子之后所发射的辐射,因而溶液的荧光强度(I_f)与该溶液吸收的光强度(I_n)及物质的荧光量子产率(Φ)有关,即

$$I_f = \Phi I_n \qquad (2-5)$$

荧光量子产率 Φ 的定义是:荧光物质所发射的荧光的光子数与其所吸收的激发光的光子数之比值。而吸收的光强度等于入射光的光强度(I_0)减去透射的光强度(I_t),即

$$I_f = \Phi(I_0 - I_t) = \Phi I_0(1 - I_t/I_0) \qquad (2-6)$$

由朗伯-比尔定律可知: $A = -\lg(I_t/I_0) = \varepsilon bc$, 即 $I_t/I_0 = 10^{-\varepsilon bc} = e^{-abc}$ (a 为待定数),于是 $I_f = \Phi I_0(1 - e^{-abc})$。 而 e^{-abc} 可表示为

$$e^{-abc} = 1 - abc + (abc)^2/2! - (abc)^3/3! + (abc)^4/4! + \cdots \qquad (2-7)$$

当 abc 非常小($\ll 0.05$)时, $e^{-abc} \approx 1 - abc$,代入上述相关方程式之后,可得:

$$I_f = \Phi I_0 abc \qquad (2-8)$$

又由 $10^{-\varepsilon bc} = e^{-abc}$ 得: $\lg(10^{-\varepsilon bc}) = \lg(e^{-abc})$, 即 $a = \varepsilon / \lg e = \varepsilon / \lg 2.718 = 2.303\varepsilon$;当与摩尔吸光系数 ε 关联时,则有:

$$I_f = 2.303 \Phi I_0 \varepsilon bc \qquad (2-9)$$

式(2-9)即荧光定量分析的依据和公式。可以看出,在一定的波长及强度的激发光照射下,当某种荧光物质的浓度足够低使得其对激发光的吸光度很小时,所测溶液

的荧光强度才与该荧光物质的浓度成正比。如果 $\varepsilon bc \geqslant 0.05$ 时,则荧光强度和溶液的浓度不一定呈线性关系,此时应考虑幂级数中的二次方甚至三次方项。

荧光光谱分析具有很高的灵敏度,通常比吸收光谱分析高两个数量级,适用于痕量物质的测定(纳摩尔浓度水平),相对误差为 5%~10%。与吸收光谱法不同,荧光分析中激发光源、检测器通常彼此垂直,不在同一直线上。荧光分析在测试中需要考虑多种因素的影响,如荧光探针本身的特性、仪器与环境等因素[2]。

荧光光谱法由于其具备高灵敏度、高时空分辨率等优势,且在许多情况下克服了放射性示踪剂所造成的环境污染与费用高的问题,近年来已成为化学、环境、材料、生物、医学、物理学等众多学科领域,特别是生命科学领域中最重要的研究与分析工具之一,并广泛应用于医学诊断、流式细胞术、法医鉴定和遗传分析、安全标志、防伪检测(防伪文件、钞票、艺术品)等方面。而且,荧光光谱分析在细胞和分子成像方面的应用更是取得了显著的发展,如荧光成像可以揭示细胞内分子的分布与变化,甚至可以达到单分子检测水平。

2.5　光学探针与传感分析

众所周知,除了分析仪器外,分析试剂也是分子光谱分析赖于发展的两大类物质基础之一,因此,也一直受到人们的关注。自身具有光学性质的化合物可以直接进行分子光谱分析。然而,更多的有机物质、无机物质,以及生物活性分子等因其不具有或仅表现较弱的光学响应而无法分析。对此,可以让被测物质与某种分析试剂发生相互作用,再利用两者的相互作用所引起的吸光、荧光等光信号的呈现或改变来进行分析与测定。这种具有光信号响应的分析试剂或检测试剂,可称为光学探针。显然,光学探针主要包括吸光(显色或比色)、荧光及发光分析试剂,其是现代分子光谱分析的核心内容之一。在以往,显色试剂、荧光试剂、发光试剂通常可分别论述。目前,依据该领域的不断演变和快速发展,我们可以具体地定义:光学探针是指与目标物质(或环境因素)发生相互作用或反应(包括配位、包合和基团反应等)并引起光学(吸光、荧光或发光)性质的变化,利用这些光信号的变化从而可对目标物质进行分析与测定的一类分析试剂[2,9,10,13-15]。需要指出的是,在具体的研究中,可采用荧光探针、显色或比色探针;然而,因为大多数探针不仅产生荧光变化,而且会有颜色的改变,所以在通常情况下推荐使用更广泛含义的术语——光学探针,显得更为简明和全面。光学探针的英文为 spectroscopic probe(也有用 optical probe 的)。对于"光学",本书采用 spectroscopic 而非 optical,是因为前者更符合分析化学的分光色彩[1-6],而后者更适合物理学范畴;对于"探针",目前应用较多的是 probe,其他不同的习惯用法有 dye,indicator,reagent,label,chemosensor,sensor[该术语不具有"器件(device)"特征,因而有些人不建议使用]等,它们的含义本质上是相似的。

传感分析(sensing analysis)这一概念目前比较模糊,这可能是多学科不断交叉与发展的结果。从最宽泛的定义来看,传感分析是一种分析检测技术,是利用一种传感装置或体系检测其周围环境中的事件或变化,进而提供相应的输出信号与信息[2]。

目前,基于光学探针的传感分析主要涉及紫外、可见和近红外光谱区域的200~1 400 nm的光。根据上述定义,光学传感分析的原理是:利用光学探针与周围的分析物或环境因素产生相互作用并伴有光信号(如波长、强度、寿命等)的变化而进行分析,如图2-8所示。这种光信号变化传到信号变换与放大器上,再经计算机数据处理与显示,进而获取需要的信息。如何使光学探针与分析物产生专一性的、信号强的、快速的,且最好是可逆的光信号响应(这实际上是选择性、灵敏度以及速度等问题)便成为该领域的一个关键课题。

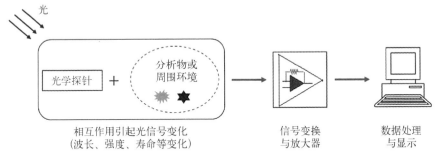

图2-8 基于光学探针的传感分析原理

性能优良的光学探针是构建光学传感与活体成像分析方法的物质基础,同时也是促进相关仪器发展的重要因素。表2-4和表2-5列出了该领域中的喹啉、荧光素、罗丹明等一些重要荧光体(fluorophore)或荧色体(fluorochrome),以及第一台分光光度计、荧光仪、共聚焦荧光显微镜等相关里程碑研究或事件[1-15]。可以看出,与其他许多研究领域不同(诺贝尔奖仅光顾一次),光学探针与传感分析领域可以数次获得诺贝尔奖。因此,这是一个有前途的方向。若有更优异的光学探针或超高分辨率仪器出现,相信诺贝尔奖将会再次造访这个领域[2]。

表 2-4　光学探针的部分重要荧光体的出现

年份	科学家	贡献	结构
1845	John Herschel	制备硫酸奎宁溶液,第一个荧光母体喹啉	
1856	William Henry Perkin	首次人工合成了非天然的化学染料苯胺紫(mauveine)	
1861	C. Mene	合成第一个偶氮染料对氨基偶氮苯(现用于生物染色)	
1868	F. Göppelstöder	用桑色素(morin)荧光测定铝离子(最早的荧光定量分析工作)	
1869	Carl Graebe & Carl Liebermann	首次人工合成天然染料茜素(alizarin)	
1871	Adolf von Baeyer	首次合成非天然荧光染料荧光素(fluorescein),获 1905 年诺贝尔化学奖	

年份	科 学 家	贡　　献	结　　构
1877	B. Radziszewski	洛芬碱(lophine)在碱性介质中氧化可产生绿色的化学发光现象	
1887	Maurice Ceresole	合成了罗丹明 B (rhodamine B)	
1902	Aloys Josef Schmitz	合成了鲁米诺(luminol)	
1959	S. B. Savvin	合成了偶氮胂Ⅲ (arsenazo Ⅲ)	
1968	A. Treibs 和 F. H. Kreuzer	合成了氟硼二吡咯 (BODIPY)	
1985	G. Grynkiewicz，M. Poenie 和 R. Y. Tsien	提出了第一个比率型荧光探针(fura - 2)	fura-2

年份	科　学　家	贡　　献	结　　构
2008	Osamu Shimomura, Roger Y. Tsien 和 Martin Chalfie	先后发现和改造绿色荧光蛋白(大分子光学探针),获 2008 年诺贝尔化学奖	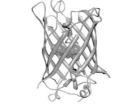

表 2-5　光学仪器的出现

年份	科　学　家	贡　　献
1860	Robert Bunsen 和 Gustav Kirchhoff	共同发明了第一代光度计(在电子光敏元件出现之前,通常借助肉眼观察与估计)
1928	Eric Jette 和 Willian West	共同发明世界上第一台光电荧光计
1978	Christoph Cremer 和 Thomas Cremer	共同研制出第一台实用的共聚焦激光扫描显微镜
2014	Eric Betzig, William Moerner 和 Stefan Hell	利用不同的光学探针或改造激发光源等,先后发展出超分辨荧光显微技术,获 2014 年诺贝尔化学奖

2.5.1　光学探针的结构特征与设计策略

光学探针通常由光学基团(信号响应单元)、识别基团(反应或标记单元)和桥联键三部分组成,前两者通过适当的桥联键而连接在一起(在某些情况下,光学基团和识别基团两者直接集成为一体而无须桥联键)。其中,反应或标记单元决定对不同分析物的选择性,而信号响应单元则起着将反应信息转变为光信号的作用。因此,在进行光学探针设计时,不仅要考虑反应或标记单元对分析物的反应选择性,使之尽可能地高,而且还必须考虑信号响应单元的特性,使目标物质尽可能大地改变其光学响应,以获得高的灵敏度。图 2-9 为光学探针的结构特征、响应原理及具体示例[2,13-15]。

光学探针的光信号响应有多种模式。常见的有:(1)光信号强度改变,包括猝灭型和打开型两种,打开型也称增强型;(2)波长与强度改变,如荧光共振能量转移、比率型探针;(3)寿命、各向异性改变等。不同响应模式可用不同的光物理过程(光诱导电子转移、电荷转移、能量转移等)进行解释[2,13-15]。

这些响应模式都有各自的特点。例如,猝灭型探针是基于光信号由强变弱而进行

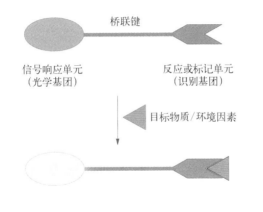
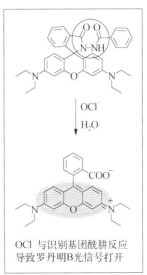

信号响应单元
（光学基团）

桥联键

反应或标记单元
（识别基团）

目标物质/环境因素

与目标物质/环境因素发生相互作用，改变了探针的
分子结构或电荷分布，并引起光学（颜色、荧光或发光）
性质的变化，从而对目标物质进行分析与测定

OCl^- 与识别基团酰肼反应
导致罗丹明B光信号打开

图 2-9　光学探针的结构特征、响应原理及具体示例

分析；由于其具有高的背景信号，故在分析检测领域（特别是在低浓度分析物检测时）优势不明显。打开型探针是基于光信号从无到有或由弱变强而进行分析，由于其具有低的背景光信号，因而通常具有高的检测灵敏度；然而，这种基于荧光强度变化的检测易受探针浓度、测试环境、光程长度等因素的影响，因此当用于生物体系如细胞时，其比较适用于痕量物质的灵敏与定性分析，而不适用于定量测定。比率型荧光探针是基于两个波长处的荧光强度比值进行检测，可以较好地消除上述多种因素的干扰，故比较适用于分析物的准确定量测定；不过，比率型探针由于产生波长的漂移，所以整个检测体系同样具有高的背景荧光，其检测灵敏度通常低于打开型探针，且分析操作较麻烦。鉴于此，在实际应用中根据具体的需要选择合适的探针则是关键[2,13-15]。

　　根据研究目的与分析对象的不同，马会民等[2,14,15]系统地归纳并阐明了光学探针常用的设计策略（图 2-10），主要包括两大类：一类是基于不同的化学反应，另一类是基于合适的物理环境因素（如极性、黏度、温度、压力等）。前者主要利用如下 5 种化学反应：质

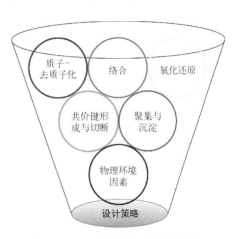

图 2-10　光学探针常用的设计策略

子-去质子化反应、络合反应、氧化还原反应、共价键的形成与切断,以及聚集与沉淀反应。

(1) 质子-去质子化反应

此类反应主要是借助—OH、—COOH、—NH$_2$ 等基团对酸度的敏感性而用于 pH 光学探针等的设计。pH 探针通常可提供的精确测量范围仅为两个 pH 单位,即 pKa± 1。若需要 pH 响应范围宽的探针,一个有效措施是将多个质子敏感的电负性原子(如 N 或/和 O)设置在荧光体的不同而差别又不大的电子环境中,以产生近似线性的 pH 响应。另外,质子敏感的电负性原子也是金属离子的配位原子,通常会引起络合作用而产生干扰。因此,电负性原子的设置应尽量避免提供适当的立体空穴或 5 -元环络合物、6 -元环络合物形成的环境。

(2) 络合反应

络合反应常用于金属离子等光学探针的设计。这类探针通常具有反应速度快、反应可逆的优点,甚适于分析物浓度的动态变化监测。须指出的是,溶液 pH 可改变电负性配位原子的质子化状态和配位能力,从而影响探针的性能,因此,缓冲溶液的使用一般必不可少。络合型探针的设计关键是如何借助分子识别、主-客体超分子作用、空间体积匹配等因素,构筑高选择性的配位识别单元。常用的手段有:设计与金属离子体积相匹配的空穴或环,如冠醚等;构筑便于 5 -元环络合物、6 -元环络合物的形成环境;软硬酸碱原理的运用,如向荧光体中引入软碱原子 S 用于软酸 Hg^{2+} 的检测等。

(3) 氧化还原反应

氧化还原反应主要用于氧化还原性物质(如活性氧物种)光学探针的设计,也可用于金属离子、蛋白酶、小分子等物质的探针构建。其中,活性氧物种的特点是浓度低、寿命短、氧化性相近;因此,对探针的要求是灵敏度高、捕获快、选择性好。这通常需要借助特殊的化学反应才能实现。

(4) 共价键的形成与切断

此类反应可用于各种无机物、有机物或生物活性物质的光学探针的设计。其中,共价键的形成很早就广泛用于色谱衍生和生物分子的标记,近年注重利用亲电/亲核加成等偶联反应、分析物诱导分子内环化、亲电/亲核取代等特殊的反应来发展无须色谱分离的高选择性光学探针;共价键的切断主要是借助多米诺分解、诱导水解与消除、氧化切割等作用来设计蛋白酶、金属离子、活性氧等物种的光学探针。与络合型探针相比,这类探针通常具有更高的灵敏度和选择性,但反应速度较慢,且可逆性较差,所以通常不适于分析物浓度的动态变化监测。

（5）聚集与沉淀反应

此类反应主要是利用物质在反应前后溶解度的改变来设计探针,其光信号响应机理与黏度敏度的光学探针类似,即可用局部黏度的变化影响分子内旋转与非辐射去活过程来解释。这种聚集与沉淀反应曾广泛用于蛋白酶的聚集型或固态型光学探针的设计[16,17],例如,1992 年 R.P. Haugland 等报道了碱性磷酸酶的沉淀型或聚集型荧光探针。这类探针也可称为聚集增强型或聚集诱导发光探针。当其用于细胞等生物体系时,这类聚集型或固态探针可能出现分布不均甚至沉淀现象,从而导致分析测量的重复性欠佳,此为其缺点之一。此外,这类探针对黏度十分敏感,若用于测定其他物质,则其固有的黏度干扰与影响通常难以消除,此为其另一个突出的缺点。

除上述常用的光学探针设计策略之外,还可借助超分子、体积匹配、共轭结构可变等作用来设计光学探针。特别是利用共轭结构可变的措施,可发展出分析性能较易预测的优良光学探针。另外,相关研究人员还广泛结合各种光物理过程扰动原理(光诱导电子转移、电荷转移、能量转移等)来设计光学探针。

上述这些设计策略虽然很宽泛,但它们有助于在整体或宏观上了解光学探针的本质。显然,这些策略适用于小分子、大分子、纳米等各类光学探针的设计,对基于其他(如电化学)信号响应原理的探针制备也具有重要借鉴或指导作用[2]。

不同的研究目的对光学探针有着不同的要求。在通常情况下,由于光学探针的最终目的是用于分析和检测,因此,其最重要的评价标准是新探针是否具有优良的分析性能。这需要从三方面着手,即灵敏度、选择性和实用性[2]。

（1）灵敏度取决于分析物与光学探针作用后对光学信号响应的改变程度。理想的探针是其本身无光学响应,与分析物作用后则产生强的光学信号。然而,许多探针含有光学基团,本身具有背景信号峰,这就需要设计识别基团或合适的桥联键,使探针与分析物作用后其波长与强度同时或分别产生变化。对此,使用光学响应强的基团,如吸光响应的偶氮基、荧光响应的罗丹明母体和化学发光响应的邻苯二甲酰肼等,将有助于提高波长发生变化探针的分析灵敏度。

（2）选择性的需求分两种,一是分类或分组型的光学探针,其选择性主要取决于标记或识别基团,这对色谱衍生极为重要(如丹磺酰氯中的活性氯标记各种氨基酸);二是检测单一物质的专属性光学探针,它往往需要利用特殊的化学反应,或通过合理地引入辅助基团,或利用体积匹配因素、静电/氢键作用以及实验条件的优化等才能实现。

（3）实用性则包括探针易于合成、制备,与分析物的反应快速、可逆且易于操作(用于生物体系时最好能在水介质中进行)等。

2.5.2 光学探针的分类

光学探针有多种分类法。例如,可以根据响应原理、分析对象、结构特征等进行分类,各有特点。采用不同的角度分类,是为了为便于记忆和选用。

按响应原理分类。光学探针主要有显色探针(也叫比色探针)和发光探针两大类。根据上述光学传感分析原理,发光探针还包括荧光探针、磷光探针、化学发光探针等。

按分析对象分类。光学探针主要有检测离子的探针、检测小分子的探针、检测大分子(蛋白质、核酸等)的探针、环境敏感光学探针、亚细胞器光学探针等。

按结构特征分类。光学探针主要有小分子光学探针、大分子光学探针和纳米光学探针三类。下文将简要介绍这三类光学探针,特别是小分子光学探针的研究进展,以展望基于光学探针的分子光谱分析的发展前景。

1. 小分子光学探针[2]

这类探针可根据结构特点进一步细分为偶氮类、多环芳烃类、三苯甲烷类、氧杂蒽类、香豆素类、卟啉类、BODIPY 类、1,8-萘酰亚胺类、联吡啶及邻菲罗啉类、花菁类、螺吡喃类、方酸菁类等。

（1）偶氮(diazo)类。此类光学探针含有—N＝N—基团,具有很深的颜色,每个 N 原子上都有一对孤对电子,可形成顺、反异构体。偶氮化合物的—N＝N—双键超快的构象变化等会导致荧光猝灭,因此,该类化合物通常用作显色剂(比色探针)而不是荧光探针。例如,代表性显色剂偶氮胂Ⅲ(**1**)。

1

（2）多环芳烃(polycyclic aromatic)类。此类探针涉及萘、蒽、菲、芘等衍生物。因它们毒性大,故其应用受到一定限制。值得一提的是,蒽的 9-位和/或 10-位引入强供电子基团,可捕获单线氧形成内过氧化物,从而可发展成单线氧的光学探针。李晓花等[18]在蒽的 9-位引入强供电子基团——四硫富瓦烯,发展了高灵敏检测单线态氧的

化学发光探针 **2**(图 2-11)。四硫富瓦烯单元激活的蒽可快速捕获$^1O_2$并产生不稳定的内过氧化物,后者自动分解产生的化学能将蒽核激发继而通过辐射失活产生强的化学发光。四硫富瓦烯单元在这一过程中会被氧化为阳离子,不仅可以促进反应的进行,而且可以进一步增强化学发光的强度。

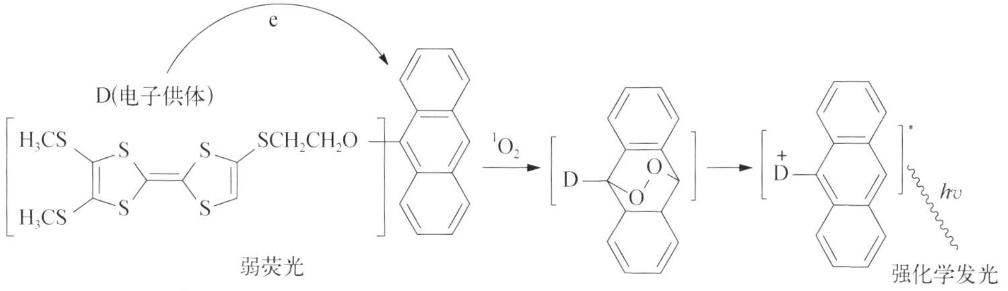

图 2-11 化学发光探针 2 检测单线态氧的原理

(3) 三苯甲烷(也叫三芳甲烷,triarylmethane)类。此类光学探针包括荧光酮(**3**)、二甲酚橙(**4**)、结晶紫(**5**)、荧光素(**6**)、罗丹明(**7**)等母体的多种衍生物,其光学性能优良,并广泛用于各种物质的分析。例如,荧光酮(**3**)类试剂与有机溶剂或表面活性剂配合使用,是测定一系列高价金属离子(锗、钼、钨、钛、锆、钽等)的重要显色剂;结晶紫

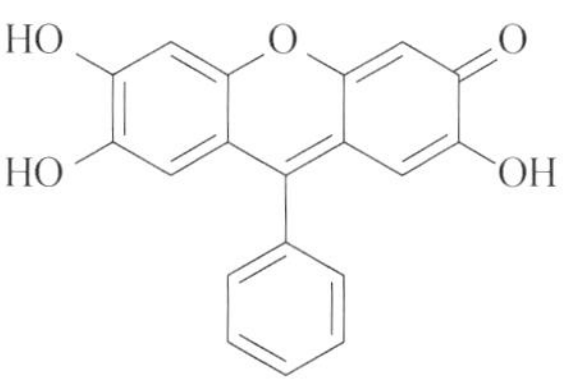

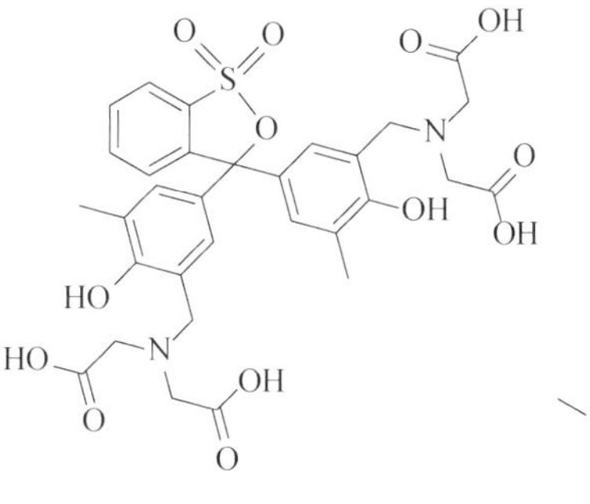

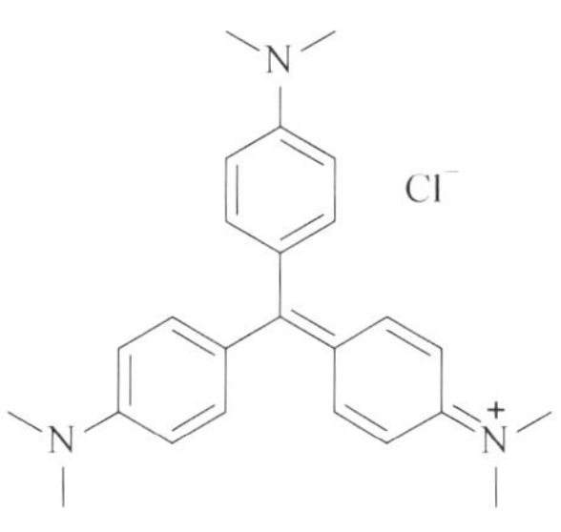

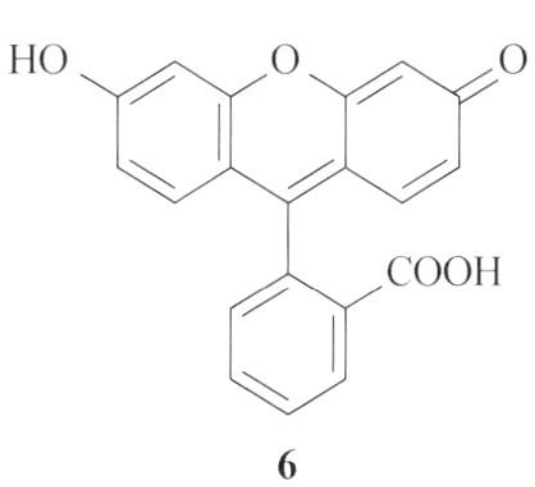

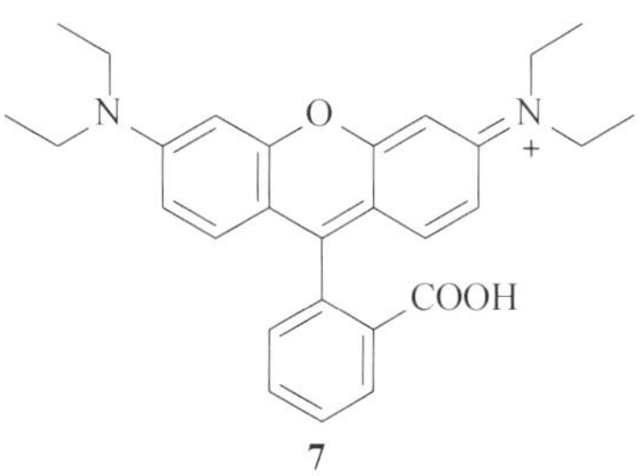

（5）常用于生物组织学或革兰氏染色；荧光素（**6**）、罗丹明（**7**）的结构还是优良的荧光母体，人们以其为平台，特别是借助其母体中五元环的开、关作用，通过设置不同的识别基团，发展了一系列性能更为优越的新型光学探针。

史文和马会民利用 Hg^{2+} 的高亲硫性，合成了光学探针罗丹明 B 硫内酯（**8**）（图 2-12）。该探针本身没有荧光，与 $HgCl_2$ 反应后，水解成罗丹明 B，实现了在水溶液中对 Hg^{2+} 的快速、高灵敏度检测[19]。另外，通过将荧光素、罗丹明结构中的氧桥置换为硅、硒桥，可获得具有近红外分析波长的光学探针。

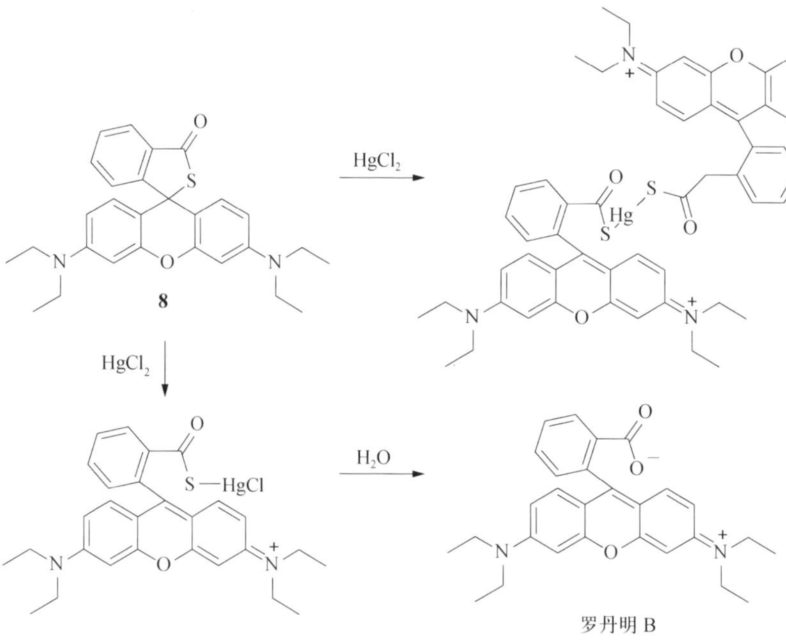

图 2-12　罗丹明 B 硫内酯 8 检测汞离子的原理

（4）氧杂蒽（xanthene）类。氧杂蒽（**9**）也称咕吨，其衍生物主要包括试卤灵（**10**）、甲酚紫（**11**）等；部分三苯甲烷类探针同时也具有氧杂蒽结构的特点，如荧光素、罗丹明母体等。它们一般具有量子产率高、分析波长长、生物兼容性好等优点，是发展打开型或比率型光学探针的重要荧光母体。

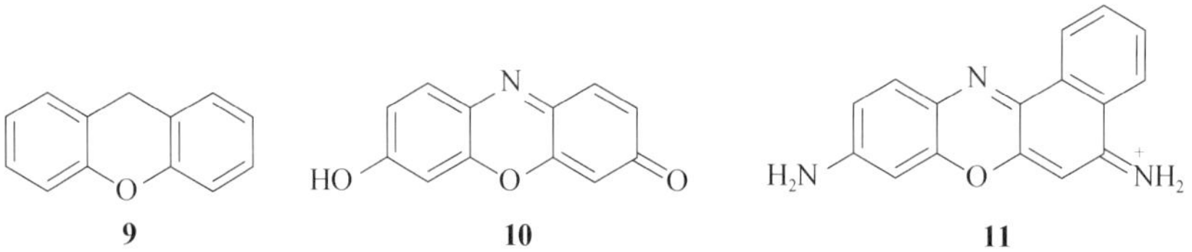

以生物体内的气体信号分子一氧化氮(NO)与硫化氢(H_2S)探针的设计与检测为例来说明。已知 NO 是细胞内一种活性氧物种,它主要是由一氧化氮合成酶以 L - 精氨酸为原料合成的。目前,检测 NO 的荧光探针主要有三类:第一类是以邻苯二胺为识别基团;第二类涉及过渡金属配合物;第三类则是依赖 NO 与硒形成 Se—N 键。其中,邻苯二胺类探针易受其他物种干扰,过渡金属配合物类探针则对生物体毒害性较大。马会民等[2]利用 Se 和 NO 的反应,提出了一种新的 NO 检测探针(**12**)。该探针具有罗丹明内硒酯的螺环结构,本身没有荧光。然而,探针与 NO 反应后,生成了一个具有 Se—N 键结构的中间体,再进一步水解释放出罗丹明荧光母体,导致荧光增强(图 2 - 13)。该探针很大程度上克服了上述邻苯二胺类及过渡金属配合物类 NO 探针的缺点,并可应用于活细胞内 NO 的检测。

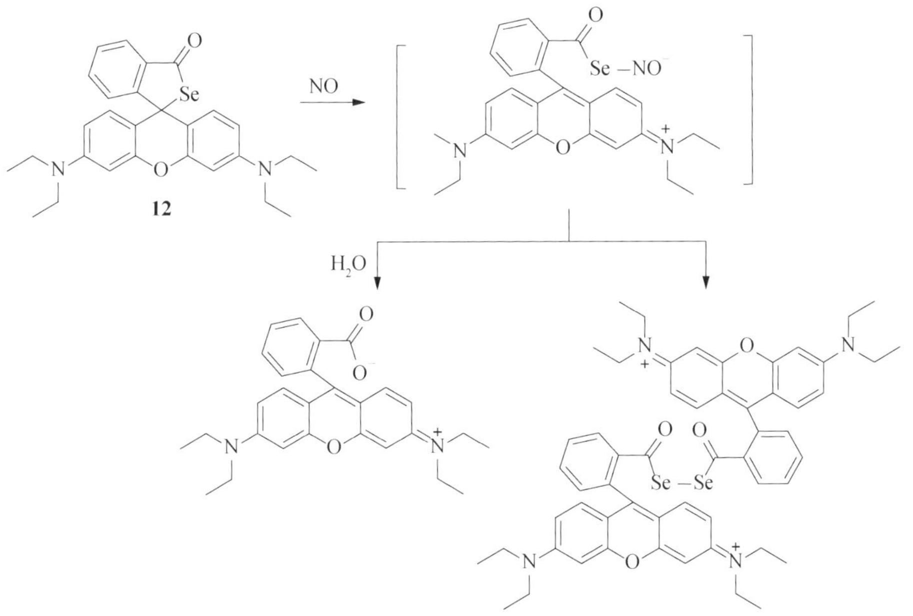

图 2 - 13 探针 12 检测 NO 的原理

H_2S 是继 CO、NO 之后的第三类气体信号分子,在细胞内部的氧化还原反应以及与疾病相关的信号传导过程中起着重要的作用。万琼琼等[8]利用 H_2S 对叠氮基团的还原反应,在甲酚紫荧光母体上引入叠氮基,并借助探针反应时从吸电子叠氮基到供电子胺基的转变(图 2 - 14),提出了一种新的长波长比率型 H_2S 光学探针(**13**)。该探针本身在 566 nm 处有强烈荧光,当与 NaHS(H_2S 供体)作用时,发射波长红移至

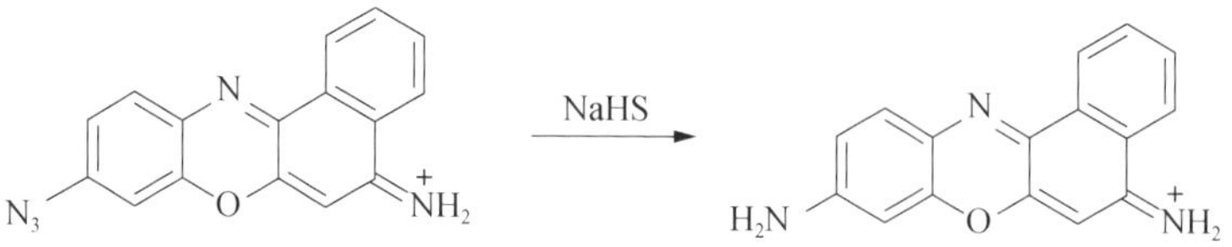

13 甲酚紫

图 2-14 探针 13 检测 H_2S 的原理

620 nm处，从而实现了 H_2S 的比率荧光检测。该探针可用于细胞与斑马鱼活体的 H_2S 检测。

（5）香豆素类。这类光学探针具有较强的荧光和较大的斯托克斯位移，且对 pH 敏感，可用于 pH 检测。然而，在实际工作中，香豆素荧光体（**14**）由于分析波长较短（$\lambda_{ex/em}=360/450$ nm），容易受到生物体系自发荧光的干扰，其直接应用逐渐变少，反而较常用作荧光供体发展荧光共振能量转移（fluorescence resonance energy transfer，FRET）等比率型光学探针。如用香豆素与罗丹明母体构建的探针 **15** 可实现 Cu^{2+} 的比率型荧光检测。另外，陈巍等[20]将香豆素与 rhodol 染料母体相连，并分别引入对 H_2S 和 H_2S_n 特异性识别基团叠氮基与苯基-2-(苯甲酰硫代)苯酸盐，构建了多功能探针 **16**，实现了用一个探针对 H_2S 和 H_2S_n 的检测与区分。

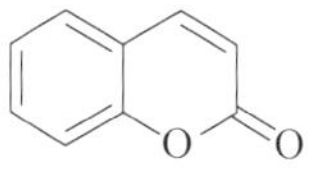

14

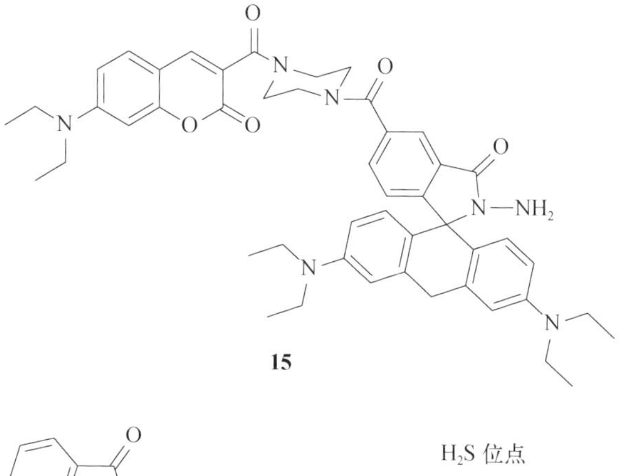

15

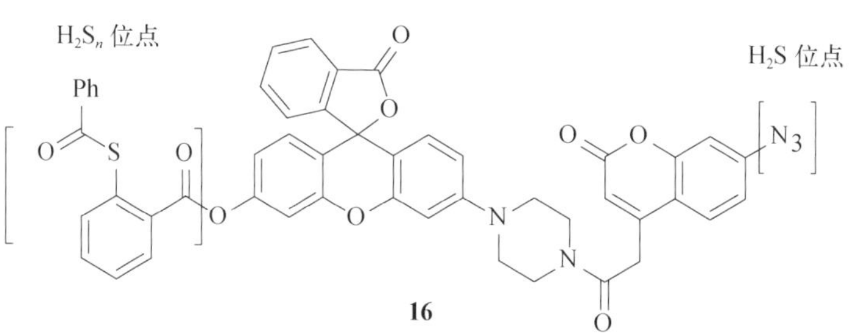

16

(6) 卟啉类。这是一类大环化合物,其母体结构为卟吩(**17**),周围可以连接不同取代基,并可与许多金属离子按 1∶1 结合形成金属卟啉,如血红蛋白的铁卟啉、叶绿素的镁卟啉、维生素 B$_{12}$ 的钴卟啉等。卟啉类化合物一般微溶于水,呈蓝紫色,其 Soret 吸收带位于 400～450 nm,半峰宽窄,摩尔吸光系数很高[可达 10^6 L/(mol·cm)水平],是灵敏度最高的一类显色剂,并具有强荧光,在分子识别、光传感分析中获得了广泛应用。此类化合物在不同条件下可形成一维的 J 型(端对端排列)和 H 型(面对面排列)二聚体,并引起 Soret 带漂移。卟啉类光学探针的缺点是其与分析物的反应速度较慢,通常需要加热或添加催化剂等。Kotani 等[21]将两分子吖啶盐与卟啉相连合成了光学探针 **18**。该探针本身荧光背景很低,几乎没有荧光,但当其与超氧阴离子(超氧化钾的 18-冠醚-6)反应时,卟啉母体的荧光显著增强,因此该探针可用于超氧阴离子的传感分析。

R= 3,5-二异戊氧基苯基

17　　　　　　　　　　　　　　**18**

(7) BODIPY 类。BODIPY(核心骨架 **19**)类光学探针具有摩尔吸光系数和荧光量子产率高、荧光半峰宽窄、光稳定性好、对溶剂极性和 pH 不敏感等优点,适于作荧光标记探针。在 BODIPY 中心骨架上引入强的吸电子基,或在 3,5-位置上通过 Knoevenagel 缩合反应引入推电子基的芳香结构、扩大共轭体系,均可导致分析波长向长波长移动(红移,red shift)。BODIPY 类光学探针的缺点是斯托克斯位移小,这一性质可用于 homo-FRET(也称 donor-donor FRET;常规的 FRET 叫 hetero-FRET,即 donor-acceptor FRET)研究。陈素明等[22]将强的猝灭基团二茂铁引入 BODIPY 荧光母体中,发展了一种用于高灵敏度检测痕量水的荧光探针 **20**。在该探针分子中,电子从富电子基团二茂铁转移到 BODIPY 结构上,从而导致 BODIPY 的荧光猝灭;当在自然光和水存在条件下,二茂铁的结构被破坏,探针荧光打开(图 2-15)。这一反应过程还伴随着显著的溶液颜色变化。其对水的检测限低至 0.001%,在痕量水的快速可视化检测以及定量分析中具有重要的应用前景。

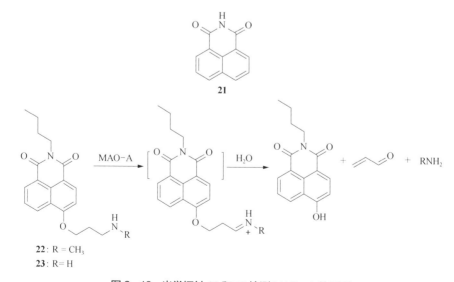

19

20

图 2‑15　光学探针 **20** 检测 H₂O 的原理

（8）1,8‑萘酰亚胺（1,8‑naphthalimide）类。此类光学探针（核心骨架 **21**）通常为吸‑供电子共轭体系，其荧光性质易受取代基影响。例如，萘环上若有给电子基团，则可产生强荧光；若引入吸电子基团，则不显示荧光。萘酰亚胺 4‑位上含有氨基或羟基的母体，常用于发展打开型或比率型光学探针，并具有良好的稳定性、细胞与组织穿透性。该类探针的缺点是分析波长一般小于 600 nm。吴晓峰等[23]将单胺氧化酶（monoamine oxidase，MAO）的识别基团丙胺引入 1,8‑萘酰亚胺的荧光母体结构中，发展了特异性检测单胺氧化酶 A（MAO‑A）的比率型探针 **22** 和 **23**（图 2‑16）。这些

21

22: R = CH₃
23: R = H

图 2‑16　光学探针 **22** 和 **23** 检测 MAO‑A 的原理

探针的发射波长为 454 nm;当与 MAO－A 相互作用时,发射波长红移至 550 nm;值得注意的是,MAO－B 对探针不产生响应。这些探针可用于海拉细胞与 NIH－3T3 细胞中 MAO－A 的选择性比率型荧光成像分析。

(9) 联吡啶(dipyridyl,24)及邻菲罗啉(phenanthroline,25)类。此类光学探针均为氮杂环化合物,是高选择性检测 Fe(Ⅱ)、Cu(Ⅱ)等离子的经典显色剂,迄今仍广泛使用;其缺点是水溶性较差,通常需使用有机溶剂。近十年,这类氮杂环衍生物与一些金属离子如钌(Ⅱ)、铕(Ⅲ)等络合可构建化学发光、长寿命(毫秒级)发光探针,有力推动了时间分辨技术的发展。

24　　　　　　　**25**

(10) 花菁(cyanine;核心骨架 26)类。此类探针是以次甲基链(—CH＝CH—)连接两个氮原子所构成的共轭分子,通常带有正电荷,具有很深的颜色和高的摩尔吸光系数,是目前发展近红外光学探针最常用的荧光母体,其分析波长大多在 600～800 nm。此类探针最大的缺点是稳定性差、量子产率低(约 0.1 水平)和易发生聚集,故其应用有时受到限制。近年,人们发现花菁的分解或降解产物半花菁表现出较高的稳定性,且仍具有近红外分析波长,因此其受到新的重视。例如,万琼琼等[24]将溶酶体的靶向基团吗啉引入到稳定的半花菁骨架中,发展了靶向溶酶体的近红外比率型 pH 探针 **27**。该探针表现出良好的稳定性和溶酶体靶向能力,且对 pH 变化响应灵敏、迅速,已成功应用于活细胞溶酶体 pH 随温度变化的实时检测中,并揭示了热休克可导致溶酶体的 pH 升高,且该升高在短期内是不可逆的。

$n=1,2,\cdots$

26　　　　　　　　　　**27**

(11) 螺吡喃(spiropyran)类。此类探针分子中的吲哚环和苯并吡喃环通过中心处的螺碳原子(sp³ 杂化)相连接(**28**),因而两个环相互正交、构不成共轭,形成无色的闭环体;在紫外光(＜400 nm)照射或金属离子等作用下,螺环处的 C—O 键发生异裂,继而电子排布和分子结构发生显著变化,使两个芳环单元变为平面共轭结构,形成有色的半花菁类开环体,在 $500 \sim 600$ nm 出现强的吸收峰。再在可见光、加热,或去金属离子等条件下,发生可逆闭环,又恢复为原来的结构而消色。如图 2-17 所示,这种可逆的结构异构化行为,使螺吡喃成为一种重要的有机光致变色化合物,并广泛用于光开关探针的设计与制备。类似的化合物还有螺硫吡喃等。

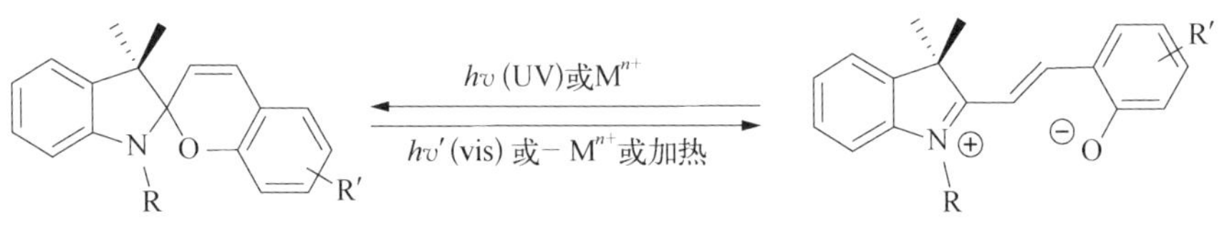

图 2-17 螺吡喃衍生物可逆开-闭环反应

(12) 方酸菁(squaraine)类。此类光学探针大多由方酸(29)衍生而来,分为对称型方酸菁和不对称型方酸菁,有很深的颜色,适于作光敏剂。它们具有独特的芳香四元环体系,是一类强荧光有机染料,光稳定性和量子产率高,分析波长主要分布在红色和近红外区域($600 \sim 700$ nm),并表现出双光子吸收。其缺点是水溶性欠佳,在水环境中易聚集;引入磺酸基是最常用的改进试剂水溶性的方法。方酸菁的聚集猝灭效应,可进一步发展成功能性的荧光探针。例如,Grande 等[25]发展了聚集双亲类的方酸菁类荧光探针(30),探针聚集后没有荧光,在与 G-四面体作用时,形成三明治结构,荧光打开,该探针可用于高灵敏度鉴定 G-四面体复合物。Sreejith 等[26]也报道了一种 π 键衍生的方酸菁类探针 31(图 2-18),该探针在 800 nm 处有发射峰,但脂肪链的硫醇引入可导致 800 nm 的发射峰逐渐减弱,并伴随在 595 nm 处出现新峰,据此建立了检测血样中的小分子氨基硫醇类物质(如半胱氨酸与高半胱氨酸)的方法。

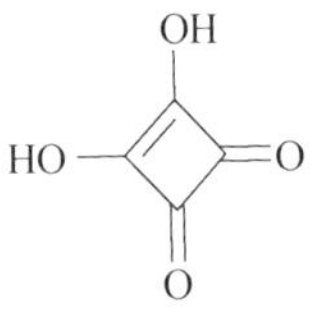

29 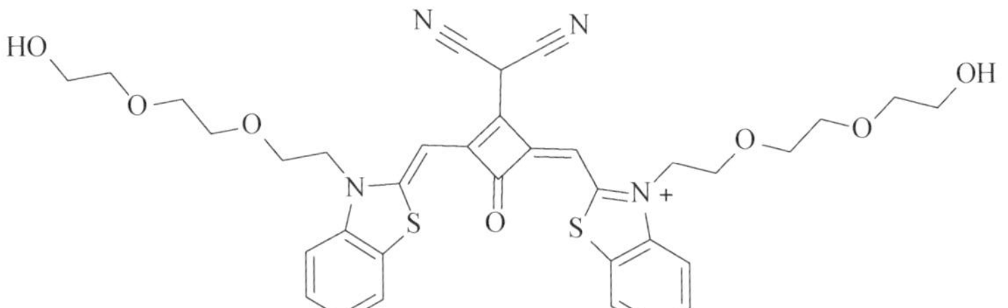   30

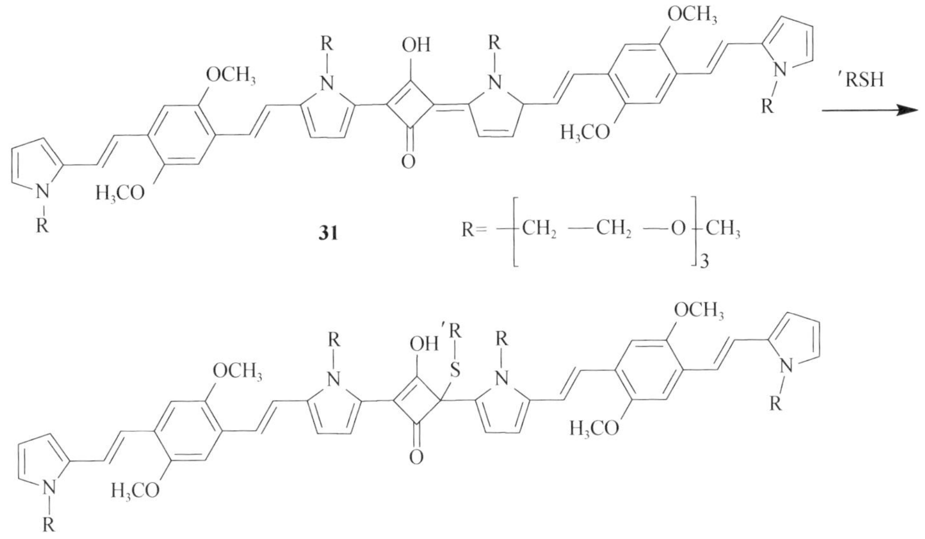

图 2-18 光学探针 31 检测硫醇的原理

2. 大分子光学探针

常见的大分子光学探针有水溶性高分子显色剂/荧光试剂、荧光共轭聚合物、核酸荧光探针、荧光蛋白等[27]。

(1) 水溶性高分子显色剂/荧光试剂(water-soluble polymeric chromogenic reagent/fluorescence reagent)。此类光学探针最早于 1989 年由中国科学院化学研究所梁树权实验室提出。其设计思想是[2],将光学基团赋予水溶性高分子,并利用高分子链的增效作用,使所制得的试剂兼具显色和增效等多种功能。据此,将不同的光学基团分别与主链非共轭的聚乙烯醇、聚 2-丙烯胺、壳聚糖等进行连接,制得了相应的高分子光学探针,并用于铝、镁、铟、铜、铁、氢离子的测定,获得了比相应小分子更好的效果。

(2) 荧光共轭聚合物(fluorescent conjugated polymers)。此类探针主要是指主链为共轭结构并具有荧光性质的高分子化合物,目前已用于各种蛋白酶和 DNA 的检测。

上述两类高分子光学探针的缺点是提纯、表征较为困难,且久置易变质。

(3) 核酸荧光探针。该类探针包括分子信标、核酸适配体等。分子信标是由 20~30 个碱基组成并具有发夹结构的单链 DNA 分子,由于分子内氢键的作用,标记在两端的荧光基团和猝灭基团相互靠近,并通过 FRET 等作用导致荧光猝灭。当存在目标链时,分子内氢键被破坏,形成更稳定的双链结构,荧光基团与猝灭基团分开,导致荧光信号变化。这种探针广泛应用于目标核酸链的检测、细胞原位成像以及实时荧光聚合酶链式反应(polymerase chain reaction,PCR)。近年来发展的链置换检测方法也是通过核酸的杂交来诱导荧光信号变化。末端分别标记荧光基团和猝灭基团的两条单链 DNA 杂交在一起,其中一条 DNA 略长出几个碱基。待测目标核酸链首先与该突出序列部分相结合,在反应动力学和热力学的共同作用下,逐渐将标有猝灭基团的单链取代,从而导致荧光基团的分离,产生荧光信号的变化。

核酸适配体(aptamer)是利用体外筛选技术(systematic evolution of ligands by exponential enrichment,SELEX)从随机寡核苷酸文库中筛选获得的对目标物质具有高特异性与亲和力的一段寡核苷酸片段。核酸适配体在识别其目标物的过程中,常有构象变化发生,可以用 FRET 来表征,从而可开发针对这些目标物的荧光探针。

DNA 作为多种核酸酶的底物,在核酸酶的作用下磷酸二酯键会发生断裂。核酸链断裂能导致标记在核酸上的荧光基团与猝灭基团发生分离,从而产生光信号变化。这类探针已经用于多种核酸酶活性的检测和抑制剂的筛选,包括聚合酶、单链结合蛋白、连接酶、多聚核苷酸激酶、限制性内切酶等[28]。将探针与切割酶等联用,还可建立信号放大体系,提高 DNA 检测的灵敏度。为了避免非目标核酸酶水解探针造成假阳性信号,可对核酸链中酶作用位点以外的辅助区域进行化学修饰保护,例如将磷酸骨架进行硫磷酰化等。赵美萍等[29] 开发了对脱碱基核酸内切酶 APE1 特异性响应的核酸荧光探针(图 2-19)。该探针为含脱碱基位点的发夹结构,在空位 3′侧的第四个碱基上标记荧光基团,5′侧的第五个碱基上标记猝灭基团,荧光基团和猝灭基团之间发生共振能量转移,荧光保持猝灭状态。当探针遇到目标酶 APE1 时,APE1 切割空位 5′侧的磷酸二酯键,荧光基团与猝灭基团分离,荧光得到恢复。由于空位 5′侧的四个碱基对和 3′侧的三个碱基对是 APE1 识别的主要底物区域,在该区域设计了一个由连续两错配及一个空位形成的特殊内环结构,对 APE1 响应灵敏,且能有效抑制 DNase Ⅰ 的非特异性作用。此外,还对探针其他

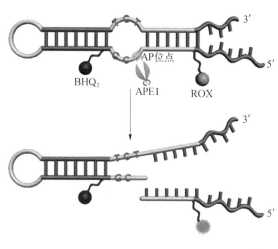

图 2-19 对 APE1 特异性响应的核酸荧光探针[29]

部分的磷酸骨架进行了硫磷酰化保护,防止核酸外切酶和非特异性内切酶水解产生假阳性信号。探针末端设计为散口式,有利于酶切后带有荧光基团的小片段与底物迅速分离产生荧光信号。该探针对 APE1 有很好的选择性,线性范围为 6 pg/mL ~ 1.2 ng/mL,最低检测限为 3 pg/mL,可以直接对血清和其他生物样品中的 APE1 进行定量检测。相比其他检测核酸酶的方法,这类功能特异性荧光探针有诸多优势,如快速简单、灵敏度高、特异性强、污染小、可以连续实时监测等。

核酸荧光探针在检测基因突变方面也发挥了重要的作用。赵美萍等[30]在研究 λ - 核酸外切酶与不同双链 DNA 的相互作用时,发现了一种新的疏水作用介导的结合模型。利用这一结合模式下 λ-核酸外切酶对底物 5′末端结构变化的敏感响应性质,他们设计了一种将 FAM 荧光基团标记在 5′末端、猝灭基团标记在 3′末端、同时将 5′末端紧邻的两个碱基设计成与目标基因片段错配而其他碱基与待测突变链完全匹配的单链荧光探针。该探针可以与突变链结合,并被 λ-核酸外切酶水解释放出荧光信号,同时启动信号放大反应,从而达到很高的灵敏度。而探针与野生链的杂交产物中由于存在错配,几乎不被 λ-核酸外切酶水解,背景信号很低。该探针对突变链的最低检测限可达 0.02%,成功实现了肿瘤患者血清中 EGFR L858R、EGFR 19del、EGFR T790M、EGFR G719S、KRAS G13D 等突变的定量检测。该方法简单、易行,测试成本低于二代测序和液滴数字 PCR 等,在高通量临床检测方面有重要的应用价值。

(4) 荧光蛋白(fluorescent protein)。最早出现的是绿色荧光蛋白(green fluorescent protein, GFP),它是由日本的下村修(Osamu Shimomura)等在 1962 年从水母中发现的,后来,马丁·查尔菲(Martin Charfie)、钱永健(Roger Y. Tsien)等也先后对绿色荧光蛋白进行研究与改造,三人一同获得了 2008 年诺贝尔化学奖。GFP 是由 238 个氨基酸组成的单体蛋白质,分子量约为 27kD。在氧气存在下,GFP 分子内的三肽 Ser65 - Tyr66 - Gly67 经过自身催化环化、氧化,形成了对羟基苯亚甲基咪唑环酮生色团而发光,且荧光稳定、抗光漂白能力强。然而,GFP 的分析波长小于 500 nm,对生物体的穿透性能力有限。对此,俄罗斯科学家 Chudakov 等研制出了穿透性强的深红色荧光蛋白,显著提高了活体、组织成像的质量[31]。在普通的实验室中,如何通过活细胞等方便地表达出性能优良的荧光蛋白,仍是该类探针获得更广泛应用的瓶颈问题。

3. 纳米光学探针

纳米光学探针种类多样,包括金属纳米簇、半导体量子点、碳纳米管和碳量子点

（包括石墨烯量子点）、荧光纳米颗粒、稀土（上转换）以及导电高分子等。

金属纳米簇一般由几个到几百个金属原子组成，是一种新型的纳米发光材料。其粒径通常小于 5 nm，尺寸接近电子费米波长，具有离散的电子状态并表现出出色的分子特性，包括强的自由电子量子限域效应和尺寸依赖性荧光。金属纳米簇具有光致发光的特性，主要来源于配体-金属的电荷转移和配体-金属-金属电荷转移。金属纳米簇的双光子激发特性在光学探针领域具有发展潜力，金属纳米颗粒优良的局域表面等离子体共振（localized surface plasmon resonace，LSPR），作为比色与光散射探针得到了广泛应用。金属纳米材料具有高散射效率，例如粒径为 60 nm 的金纳米颗粒与 2.7×10^5 个荧光素分子发光的能力相当[32]。当金纳米颗粒的粒径大于 40 nm 时，使用配有卤钨灯光源的普通暗场显微镜就可以实现单颗粒水平的成像，并且能获得多维度的信息。自 van Duyne 创立了单颗粒暗场散射光谱的理论与方法以来[33]，基于 LSPR 特性的单颗粒金属纳米暗场散射成像研究得到了快速发展，其分析应用也得到了长足的进步，并出现了基于单颗粒金属纳米暗场散射成像计数的分析方法。例如，李娜等[34-36]对不同形貌的金纳米颗粒暗场计数的可行性进行了初步研究，建立了一系列基于暗场散射成像单颗粒金纳米计数的核酸与蛋白质检测方法，无须目标物或信号放大即可实现对目标物高灵敏度、高选择性的检测。

荧光纳米颗粒、碳纳米管和碳量子点的特点是信号稳定、发光效率高、生物相容性好、制备成本低，在生物传感以及成像分析中均得到了广泛应用。荧光纳/微米颗粒表面或内部可标记或封装数千个有机荧光小分子，与单个荧光分子相比，荧光纳/微米颗粒具有非常高的成像亮度，甚适于荧光显微成像计数。另外荧光纳/微米颗粒具有丰富的编码元素，为多目标物的高灵敏度同时测定提供了基础。基于荧光纳/微米颗粒发展的悬浮阵列技术，是 20 世纪 90 年代中期以来影响最深远的生物分子高通量多目标物检测技术[37]，广泛应用于基因检测、细胞因子检测、蛋白质分析以及药物开发、临床诊断、疾病筛查等研究。单颗粒计数方法克服了编码探针发光强度不同产生的信号偏差，在多目标物的同时检测中具有方法学和灵敏度优势。李娜等[38,39]开展了基于荧光纳米颗粒的荧光显微成像计数方法的探索，构建了基于发光颜色编码的多目标物定量方法，并实现了高灵敏的多目标单链 DNA、多目标微 RNA（miRNA）以及低丰度单碱基突变检测。这些研究表明纳米单颗粒显微成像计数方法在高灵敏度、多目标物检测方面具有发展潜力。

量子点的特点是尺寸较小，且其尺寸和荧光发射波长在 300～2 400 nm 内可调，可实现一元激发、多元发射,光化学稳定性好。然而,高毒性是量子点探针在生物体内应用的致命缺点。含有稀土元素的上转换发光纳米材料是一种在近红外光激发下能发出可见光的特殊材料,可通过多光子机制把长波辐射转换成短波辐射。这种近红外激发具有较强的组织穿透能力、对生物组织损伤小、背景荧光的干扰低,在生物与医学成像上有重要的应用前景。

与有机光学探针相比,纳米光学探针的优点主要是化学与光稳定性高、波长范围可调性强,尤其是较容易制备出具有近红外Ⅱ区特性的纳米光学探针,因此,纳米光学探针受到人们的广泛关注;其缺点是信号重复性较差(主要由尺寸、表面修饰/性质、或在样品如细胞中分布的非均一性等问题所致),且不适于尺寸较小的亚细胞器研究。

2.6 展望

综上所述,光学探针与传感分析在长期的发展过程中不断取得进步,尤其是近 30 年,该领域迎来了爆炸式的发展,许多重大问题在一定程度上得到了解决。然而,随着人类社会需求以及科学的快速发展,该领域仍面临着许多新的困难与新的挑战。例如,许多现有有机荧光染料的光稳定性、量子产率仍不够高;单分子、单颗粒与单细胞实时、原位成像技术和方法研究仍不理想;在一些实际应用(如较大的活体动物)中,许多光学探针除存在灵敏度与选择性问题外,时空分辨率、对样品穿透能力(即使是近红外Ⅱ区探针)仍显不足,等等。可以预期,光学探针与传感分析的发展方式仍是螺旋上升模式,即旧的探针因性能满足不了新的需求,将不断被性能更优越的光学探针所更新替代,新的科学需求在召唤新型探针的问世;在光学分析仪器方面,人们将期盼更高分辨能力的分析仪器出现。此外,针对上述问题,未来的研究方向可能主要有:借助现代科学新成就,研究新的光学传感与检测机理,开发高性能的荧光染料与发光材料,发展高灵敏度、高特异性、高稳定性的新型光学探针与原位成像方法,以实现复杂体系中分析物的精准分析;选择拟研究与检测的样品基质做背景,全面评价光学传感体系的分析性能,测试多种实际样品,并通过各种方法(如基于声学/放射信号的测量方法)相互验证等,减少假阳性信号,夯实光学探针的实用性;同时,与物理、人工智能、生物以及医学等领域加强沟通与合作,研制更高分辨能力的光学分析仪器。总之,随着性能优良的光学探针与卓越的光学分析仪器问世,并随着其投入更多领域的研究与实际应用中,人们将发现更多的新现象,获得更多的新知识,从而使光学探针与传感分析更好地服务于人类社会。

致谢:本章的一些新的研究进展主要得到北京分子科学国家研究中心、国家自然科学基金等资助,特此致谢。

参考文献

［1］ Valeur B，Berberan-Santos M N. A brief history of fluorescence and phosphorescence before the emergence of quantum theory［J］. Journal of Chemical Education，2011，88 (6)：731‐738.

［2］ 马会民.光学探针与传感分析［M］.北京：化学工业出版社,2020.

［3］ Miller F A. The history of spectroscopy as illustrated on stamps［J］. Applied Spectroscopy, 1983，37(3)：219‐225.

［4］ Brown J M. Molecular Spectroscopy［M］. Oxford：Oxford University Press, 1998.

［5］ Banwell C N，McCash E M. Fundamentals of molecular spectroscopy［M］. 4th edn. New York：McGraw-Hill Book Company，1994.

［6］ Jain V K. Introduction to Atomic and Molecular Spectroscopy［M］. Oxford：Alpha Science International Ltd., 2007.

［7］ 柯以侃,董慧茹.分析化学手册 第三分册光谱分析［M］.2 版.北京：化学工业出版社,1998.

［8］ Wan Q Q，Song Y C，Li Z，et al. *In vivo* monitoring of hydrogen sulfide using a cresyl violet-based ratiometric fluorescence probe［J］. Chemical Communications, 2013，49(5)：502‐504.

［9］ 马会民,余席茂,陈观铨,等.测定细胞内游离钙的有机显色剂和荧光试剂［J］.化学通报,1993,11：37‐42.

［10］ 马会民,梁树权.光学分析试剂［J］.化学通报,1999,10：29‐33.

［11］ 许金钩,王尊本.荧光分析法［M］.3 版.北京：科学出版社,2007.

［12］ 张华山等.分子探针与检测试剂［M］.北京：科学出版社,2002.

［13］ 姚建年.高速发展的中国化学(1982‐2012)［M］.北京：科学出版社,2012.

［14］ Li X H，Gao X H，Shi W，et al. Design strategies for water-soluble small molecular chromogenic and fluorogenic probes［J］. Chemical Reviews, 2014，114(1)：590‐659.

［15］ Zhou J，Ma H M. Design principles of spectroscopic probes for biological applications［J］. Chemical Science, 2016，7(10)：6309‐6315.

［16］ Prost M，Canaple L，Samarut J，et al. Tagging live cells that express specific peptidase activity with solid-state fluorescence［J］. Chembiochem, 2014,15(10)：1413‐1417, and references therein.

［17］ Würthner F. Aggregation-induced emission （AIE）：A historical perspective ［J］.

Angewandte Chemie International Edition，2020，59(34)：14192 – 14196，and references therein.

[18] Li X H，Zhang G X，Ma H M，et al. 4，5 - Dimethylthio - 4′-[2 -(9 - anthryloxy) ethylthio] tetra-thiafulvalene，a highly selective and sensitive chemiluminescence probe for singlet oxygen[J]. Journal of the American Chemical Society，2004，126 (37)：11543 –11548.

[19] Shi W，Ma H M. Rhodamine B thiolactone：A simple chemosensor for Hg^{2+} in aqueous media[J]. Chemical Communications，2008(16)：1856 – 1858.

[20] Chen W，Pacheco A，Takano Y，et al. A single fluorescent probe to visualize hydrogen sulfide and hydrogen polysulfides with different fluorescence signals[J]. Angewandte Chemie International Edition，2016，55(34)：9993 – 9996.

[21] Kotani H，Ohkubo K，Crossley M J，et al. An efficient fluorescence sensor for superoxide with an acridinium ion-linked porphyrin triad[J]. Journal of the American Chemical Society，2011，133(29)：11092 – 11095.

[22] Chen S M，Chen W，Shi W，et al. Spectroscopic response of ferrocene derivatives bearing a BODIPY moiety to water：A new dissociation reaction[J]. Chemistry — A European Journal，2012，18(3)：925 – 930.

[23] Wu X F，Li L H，Shi W，et al. Sensitive and selective ratiometric fluorescence probes for detection of intracellular endogenous monoamine oxidase A[J]. Analytical Chemistry，2016，88(2)：1440 – 1446.

[24] Wan Q Q，Chen S M，Shi W，et al. Lysosomal pH rise during heat shock monitored by a lysosome-targeting near-infrared ratiometric fluorescent probe[J]. Angewandte Chemie International Edition，2014，53(41)：10916 – 10920.

[25] Grande V，Doria F，Freccero M，et al. An aggregating amphiphilic squaraine：A light-up probe that discriminates parallel G-quadruplexes[J]. Angewandte Chemie International Edition，2017，56(26)：7520 – 7524.

[26] Sreejith S，Divya K P，Ajayaghosh A. A near-infrared squaraine dye as a latent ratiometric fluorophore for the detection of aminothiol content in blood plasma[J]. Angewandte Chemie International Edition，2008，120(41)：8001 – 8005.

[27] 汪尔康.生命分析化学[M].北京：科学出版社，2006.

[28] Su X，Xiao X J，Zhang C，et al. Nucleic acid fluorescent probes for biological sensing [J]. Applied Spectroscopy，2012，66(11)：1249 – 1262.

[29] Fang S M，Chen L，Zhao M P. Unimolecular chemically modified DNA fluorescent probe for one-step quantitative measurement of the activity of human apurinic/ apyrimidinic endonuclease 1 in biological samples[J]. Analytical Chemistry，2015，87 (24)：11952 – 11956.

[30] Wu T B，Chen W，Yang Z Y，et al. DNA terminal structure-mediated enzymatic reaction for ultra-sensitive discrimination of single nucleotide variations in circulating cell-free DNA[J]. Nucleic Acids Research，2018，46(4)：e24.

[31] Chudakov D M，Matz M V，Lukyanov S，et al. Fluorescent proteins and their applications in imaging living cells and tissues[J]. Physiological Reviews，2010，90(3)：

1103 - 1163.

[32] Liu M M, Chao J, Deng S H, et al. Dark-field microscopy in imaging of plasmon resonant nanoparticles[J]. Colloids and Surfaces B, Biointerfaces, 2014, 124: 111 - 117.

[33] Jensen T R, Malinsky M D, Haynes C L, et al. Nanosphere lithography: tunable localized surface plasmon resonance spectra of silver nanoparticles[J]. The Journal of Physical Chemistry B, 2000, 104(45): 10549 - 10556.

[34] Xu X, Chen Y, Wei H J, et al. Counting bacteria using functionalized gold nanoparticles as the light-scattering reporter[J]. Analytical Chemistry, 2012, 84(22): 9721 - 9728.

[35] Li T, Xu X, Zhang G Q, et al. Nonamplification sandwich assay platform for sensitive nucleic acid detection based on AuNPs enumeration with the dark-field microscope[J]. Analytical Chemistry, 2016, 88(8): 4188 - 4191.

[36] Xu X, Li T, Xu Z X, et al. Automatic enumeration of gold nanomaterials at the single-particle level[J]. Analytical Chemistry, 2015, 87(5): 2576 - 2581.

[37] Lam K S, Salmon S E, Hersh E M, et al. A new type of synthetic peptide library for identifying ligand-binding activity[J]. Nature, 1991, 354 (6348): 434.

[38] Pei X J, Lai T C, Tao G Y, et al. Ultraspecific multiplexed detection of low-abundance single-nucleotide variants by combining a masking tactic with fluorescent nanoparticle counting[J]. Analytical Chemistry, 2018, 90(6): 4226 - 4233.

[39] Pei X J, Yin H Y, Lai T C, et al. Multiplexed detection of attomoles of nucleic acids using fluorescent nanoparticle counting platform[J]. Analytical Chemistry, 2018, 90(2): 1376 - 1383.

Chapter 3

基于电化学的
化学测量学

毛兰群[1]，于萍[1]，李美仙[2]，周恒辉[2]，邵元华[2]

[1] 中国科学院化学研究所，北京分子科学国家研究中心
[2] 北京大学化学与分子工程学院，北京分子科学国家研究中心

3.1 绪论

电化学分析或电分析化学是分析化学的重要组成部分,同时也是电化学的重要组成部分,其是主要研究电的作用和化学作用相互关系的化学分支。它在化学领域颇具特色,是一个跨学科的典范(分析化学与物理化学)。目前国内外的状况是电分析化学研究更侧重于在生命与环境科学中的应用,而物理电化学更侧重于与能源科学(电催化和各种电池)、表界面科学相结合。

与其他化学测量方法相比较,电化学方法最突出的优势是响应快、仪器简单、易小型化。由于电化学信号产生的场所——工作电极是整个测量电路的一部分,电信号不需要转换即可直接输入测量电路,仪器测量简单且响应时间快。随着半导体工业持续高速发展和电极制备技术的完善,电子元器件和电极的价格日益降低,尺寸逐步微型化,导致电化学检测仪成本低廉,便携式、手持式仪器已屡见不鲜。特别是纳米尺寸电极与精确定位仪器的出现,使细胞内电化学检测成为现实。在一些对灵敏度要求不太高的应用领域,基于电化学方法的检测仪器得到了普遍推广。目前,以玻璃电极为代表的电势型电化学传感器已广泛地应用于科学研究、临床检验、环境监测、工农业生产过程中 pH 的测量,甚至出现在中小学教学实验室。用于人体血液中葡萄糖浓度检测的手持式电流型传感器血糖仪,为糖尿病患者的自我监护提供了一个极为方便的工具,其 2018 年在全世界的销售额高达 80 多亿美元,成为电化学生物传感器最成功的商业典范之一。

从 20 世纪 60 年代开始,几乎每十年电分析化学都有 1～2 个比较集中的研究方向,包括 60 年代的极谱学及各种电化学技术、70 年代的波谱电化学与固体电极、80 年代的超微电极与化学修饰电极、90 年代的生物电化学和 21 世纪开始的纳米电化学。近年来,"三单一成像"(单分子、单颗粒和单细胞检测与成像分析)已成为电分析化学探讨的主题。

目前,国内外电分析化学发展的特点是采用各种电化学技术,并结合纳米材料和纳米技术以及其他分析测量技术,探讨生命过程中各种分子识别过程的机理与信号的提取,各种分子(生物活性分子、环境污染分子等)的动态、实时、时间与空间分辨的监控与检测;同时基于在这些研究过程中所认识和探讨的一些基本规律(如生物分子相互作用、分子识别、放大策略等),发展新型电化学传感器与电化学测量方法和技术,拓展其在生命体系、临床检测和环境监控中的应用。

然而,自从 1989 年 Bard 等提出并发展了扫描电化学显微镜(scanning electrochemical microscopy,SECM)后,近 20 年来电分析化学在仪器创新方面并没有革命性的进展。基本的电化学仪器已经可以国产化,但高端仪器(如阻抗谱仪、SECM 等)虽然在国内已研制成功,但主要仍然靠进口。如何将高端电分析化学仪器国产化,并发展具有自己知识产权的新型电化学仪器、装备和实用的传感器,将是今后我国在该领域值得重视和发展的。当然国际上的发展趋势是将电化学与其他技术联用,例如,陶农建等已成功地将电化学与表面等离子体共振(surface plasmon resonance,SPR)结合起来,用于快速成像分析检测[1];田中群等发展的 Shiners 技术极大地拓展了表面增强拉曼散射法(surface enhanced Raman scattering,SERS)的应用范围[2]。

　　本章主要介绍北京分子科学国家研究中心基于电化学的化学测量学方面所做的一些工作,主要包括脑化学活体电化学分析主要进展、软界面电分析化学主要进展、电化学传感。

3.2　脑化学活体电化学分析主要进展

　　作为高级神经中枢,大脑是运动、感觉、情感、记忆、思维等生命活动的中心。因此,脑科学的研究对于理解和认识神经元的功能、揭示大脑活动的本质具有极其重要的意义。神经元是大脑中枢神经系统的基本组成单元,人脑包含大约 1 000 多亿个神经元,每一个神经元都有接收和处理信息的功能,保证大脑实现其生理功能。一般而言,脑神经活动过程中的信号传递可描述为神经元兴奋时,迅速产生可沿神经纤维传播的动作电位,实现兴奋在神经纤维上的传递;当电信号传播至轴突时,突触前膜囊泡内的神经递质被释放至突触间隙,并与突触后膜的特异性受体结合,激活突触后神经元,从而完成神经元之间的信号传导。这一过程中不同神经递质介导不同神经元之间的信号传递,进而实现脑神经的功能。例如,乙酰胆碱能神经元主要负责或参与学习记忆、觉醒和情绪等相关的神经过程;多巴胺能神经元与运动功能的控制有关,也可调节情感和认知等功能;谷氨酸能神经元介导快速兴奋性突触传递等过程。此外,神经系统信息传递也需要众多其他神经化学物质的共同参与。这些神经化学物质包括神经调质(如抗坏血酸等)、能量物质(如葡萄糖、乳酸、ATP 等)、离子(如氢离子、钾离子、钠离子、钙离子、氯离子等)以及过氧化氢、硫化氢、一氧化氮等。由神经化学物质编织的脑化学网络构成了大脑功能的物质基础,为大脑正常运转提供了保障。而神经化学物质的任何代谢异常,都将造成神经系统的紊乱,甚至会导致神经元死亡并引发神经退行性疾病(如帕金森症、阿尔兹海默症、亨廷顿症等)。因此,建立和发展新的分析化学原理和方法,在活体层次实现脑化学的动态精准监测,将极大推动人类对于脑功能和脑疾病分子机制的探索和认识。

近年来,脑化学已成为涉及分析化学、化学生物学、神经科学、物理和材料科学等多学科交叉的前沿研究领域之一。一般说来,脑神经化学分析可以从以下四个层次展开:突触体水平、细胞水平、脑切片水平、活体动物水平。其中突触体、细胞和脑切片研究需要将待检测脑区或细胞从脑中分离出来,进而开展不同程度的神经化学过程的研究和探索,因此无法最大限度地保持和还原脑内真实的神经连接。而活体动物水平的研究不仅能够保持大脑结构和功能的完整性,而且也能够与动物的行为学密切关联,所以非常适合神经生理和病理过程分子机制的研究。目前,在活体层次开展神经化学的研究可分为非侵入式和侵入式两大类。非侵入式方法包括各种成像方法,如双光子成像、磁共振成像(magnetic resonance imaging,MRI)、功能磁共振成像(functional magnetic resonance imaging,fMRI)、磁共振波谱(magnetic resonance spectroscopy,MRS)、正电子发射断层显像(positron emission tomography,PET)、单光子发射计算机断层显像(single photon emission computed tomography,SPECT)和荧光成像等。侵入式方法则主要包括微电极伏安法、脑内微透析技术、微穿刺技术、脑片推挽灌流等。非侵入式方法具有无损的优势,但是目前这些方法主要侧重于结构成像,可分析的神经化学物质种类少且时空分辨率不高,而且设备昂贵也限制了该技术在实际研究中的应用。侵入式方法能够准确获取化学物质的信息,具有较好的化学特异性和时空分辨率,且所需仪器设备简单,更容易为生理学家所接受。其中,以活体植入微电极或微透析探针发展起来的电化学分析方法因其具有高时空分辨率、可实现活体、原位、实时以及多组分同时分析等优点,在神经分析化学的研究中备受关注。目前活体电化学分析主要分为活体原位电化学分析、微透析活体取样-样品分离-电化学检测、微透析活体取样-在线电化学检测三种方法。其中,活体原位电化学分析和微透析活体取样-在线电化学检测,由于无须样品分离,时空分辨率较高且活体实验结果可实现自身对照等优点,在活体分析中具有独特的应用价值。相关研究成果可以参照近年发表的综述文章和有关专著。

本节将重点总结近几年来通过调控电极/脑界面电子转移和离子传输开展脑神经

活体电化学分析的研究进展,其中可以分为调控电子转移和离子传输两个部分。

3.2.1 调控电极/脑界面电子转移的活体电化学分析研究进展

活体原位电化学分析是直接将功能化的微电极植入脑内,实现对于神经化学物质的实时动态分析,如图3-1所示。1973年,Adams等首次将微型碳糊电极植入大鼠脑中进行活体电化学研究,得到了活体脑内的第一张循环伏安图,标志着活体原位脑神经电化学分析的诞生。迄今为止,我们已经通过合理设计电极/脑界面,结合微电极技术,发展了一系列应用于脑神经系统中重要生理活性分子的活体原位电化学分析原理和方法。例如,利用碳纳米管修饰的电极,率先实现了维生素C的选择性活体原位电化学分析;使用电沉积的方法将铂纳米颗粒沉积到垂直生长碳纳米管的碳纤维电极上,实现了大鼠海马脑区在全脑缺血-再灌注时氧气浓度变化的活体原位分析;针对脑内的部分离子,以碳纤维电极为基底电极,以氢离子敏感膜为识别元件,设计并制备了微型化的pH固态离子选择性电极,实时监测了大鼠杏仁核脑区pH的变化。为了提高电位稳定性,以空心碳纳米球作为转导层,构建了固态Ca^{2+}选择性电极,实现了传播性抑制(spreading depolarization,SD)过程中细胞外Ca^{2+}浓度的活体原位测定。

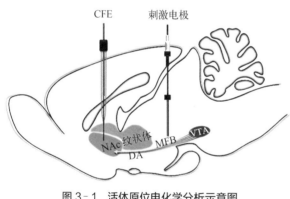

图3-1 活体原位电化学分析示意图

近年来,北京分子科学国家研究中心在活体原位电化学分析方面取得的进展可概括为以下几个方面。

1. 电极校正及抗污染

脑内化学环境复杂,进行原位电化学分析的微电极在植入脑组织后通常会存在蛋白质在电极表面的吸附,降低电极灵敏度,进而使得电极的校正变得困难。同时,电极的植入也会引起生命体的免疫反应。因此,发展有效的电极校正方法和最大限度地降低蛋白质在电极上的吸附,以保证测定结果的真实性和减轻组织的炎症反应,已经成为活体原位电化学分析中亟待解决的关键问题。针对蛋白质在电极表面吸附而引起的电极校正问题，我们提出了在校正液中加入一定含量牛血清白蛋白（bovine serum albumin，BSA）的电极前校正新方法，克服了传统电极后校正之不足。在进行活体原位电化学分析前，所使用的电极需在含有 BSA 的溶液中浸泡处理，使得部分 BSA 吸附于电极的表面，进而避免电极入脑后脑内蛋白质在电极表面的进一步吸附。该方法不仅解决了电极活体原位检测前后校正不一致的问题，也提高了电极在活体分析过程中的稳定性，为活体原位电化学分析奠定了重要的基础。但是，使用 BSA 预处理电极的策略会不可避免地影响物种在电极表面的传质，进而降低检测的灵敏度和延长响应时间。为了解决这一问题，我们利用两性离子磷酸胆碱功能化的乙烯二氧噻吩（zwitterionic phosphorylcholine，EDOT - PC），通过电聚合的方式，在碳纤维电极表面形成一层具有类细胞膜结构的薄膜（PEDOT - PC）[3]，如图 3 - 2 所示。实验结果表明，

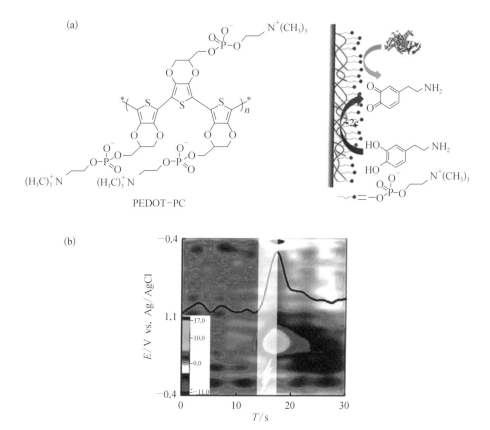

图 3-2 （a）导电聚合物的结构式及其用于电极/溶液界面设计的示意图；
　　　　（b）电极用于大鼠大脑内多巴胺的刺激释放的快速伏安结果

PEDOT - PC 修饰电极的灵敏度仍保持了活体前电极灵敏度的 92.8% ± 6.8%。而未修饰的碳纤维电极灵敏度则具有明显的下降（31.0% ± 4%）。该电极能够更精准地记录电刺激引起的大鼠伏隔核脑区多巴胺的释放。

2. 脑内维生素 C 的活体分析

迄今为止，活体原位检测的电极通常采用尺寸较小、电化学活性较高、机械强度较大的碳纤维电极。为了实现维生素 C 的高选择性和高稳定性活体分析，电极表面的预处理或化学修饰是非常必要的。我们前期的研究发现，利用碳纳米管修饰电极，可以降低维生素 C 的电化学氧化过电位，进而实现其选择性活体分析。但是，如何将碳纳米管固定于碳纤维电极的表面，将是实现这一方法在生理学研究中应用的关键环节。针对这一问题，我们最近发展了一种可控且重现性高的电泳沉积方法，成功地将单壁碳纳米管沉积于碳纤维电极的表面，如图 3-3(a) 所示。在电场的作用下，单壁碳纳米

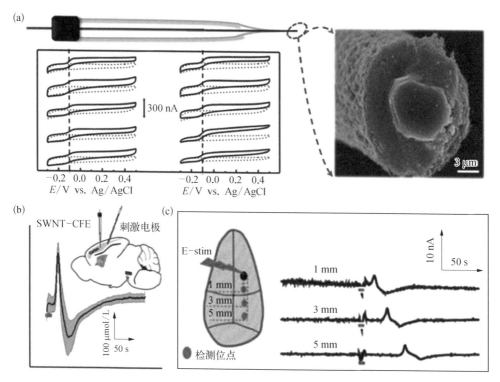

图 3-3 （a）电泳沉积单壁碳纳米管修饰碳纤维电极的截面扫描电镜图和维生素 C 在多根电极上的循环伏安图；（b）单壁碳纳米管修饰碳纤维电极用于 SD 过程中鼠脑内维生素 C 活体原位分析的示意图；（c）SD 过程中鼠脑内维生素 C 的浓度随时间的变化图

管可向电极一方移动,并沉积于碳纤维电极表面。所得到的电极经过高温和电化学处理后,对维生素C的电化学氧化表现出良好的反应活性。该方法解决了碳纳米管在碳纤维电极表面制备重现性差的问题。此外,所制备的电极具有优异的稳定性,可用于与维生素C相关的生理和病理过程分子机制的研究。利用该方法,我们研究了扩散性抑制(spreading depression,SD)过程中鼠脑皮层维生素C的动态变化,如图3-3(b)所示。研究发现,在SD过程中,鼠脑内维生素C水平显著升高,且随着SD的扩散而扩散,如图3-3(c)所示。进一步的研究发现,维生素C的升高并不是由传统的谷氨酸和抗坏血酸异相交换而引起的[4]。

3. 利用原电池原理的氧化还原电势法

目前,用于活体原位分析的电化学方法基本都是基于电解池原理发展起来的,需要施加外加电压驱动神经分子的电化学氧化或还原。而外加电压而产生的电流往往会对神经元造成损伤,同时也干扰神经元电信号的记录。鉴于此,我们提出了基于原电池原理的氧化还原电势法(galvanic redox potentiometry,GRP)。一般地,当阴极还原电位正于阳极氧化电位时,整个回路中的电化学过程可以自发进行。利用系统的开路电位,即可以实现物种的电化学分析。由于回路具有高阻抗,故回路中电流很小,电极过程近似处于热力学平衡态。理论上来说,氧气具有较高的还原电位,可以作为阴极还原的电化学物种。但是,氧气电化学还原的过电势较大,很难与几乎所有电化学活性物种构成原电池。因此,如何降低氧气还原的过电势,是这一原理形成分析方法和检测技术的关键。在所有氧气还原催化剂中,漆酶应该是效率最高的一种。漆酶作为一种多铜族氧化酶,因其能够在较低过电势下实现氧气分子的电化学催化还原,因而在生物电化学和生物燃料电池的研究中备受关注。和其他生物酶相似,漆酶具有复杂的分子结构,其活性中心的铜离子(氧化酚类底物的T1铜离子和还原氧气的T2-T3铜簇)深埋于酶分子的内部,如图3-4(a)所示。这些特点决定了在常规的电化学体系中,很难实现漆酶分子的直接电子转移和基于此的生物电化学催化。早在2006年,我们率先发现漆酶可以在碳纳米管电极上实现其与电极间的直接电子转移。然而,在常规条件下,由于漆酶在碳纳米管表面的取向是随机且无序的,因此仅有少量的漆酶分子能够实现其与电极间的直接电子传递。近期,我们发现在制备漆酶-碳纳米管复合的过程中,加入的20%乙醇可以明显提高所制备电极对于氧气电化学催化的电流[5]。乙醇可作为桥梁小分子,一方面吸附于碳纳米管表面,提高其浸润性;另一方面,乙醇分子与漆酶蛋白凹槽(直径约1 nm)内靠近T1铜离子的酚类底物结合位点形成氢键,促进了碳纳米管曲面与漆酶凹槽的对接,通过优化蛋白在碳纳米管上的取向,进而促进了铜离子活性中心与电极间的高效直接电子传递。利用漆酶能在较高电位下实现氧还原的特性,我们构建了首个 GRP 方法,并实现了大鼠全脑缺血/再灌注过程中脑内维生素 C 的活体原位测定,如图 3－4(b)所示。这一原理也避免了传统方法(通过电解池原理进行电化学分析)对于电生理信号记录的干扰,为脑神经活动中化学信号和神经电信号的同步实时记录提供了可能。

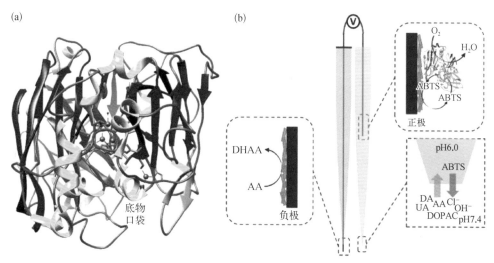

图 3－4 （a）漆酶的晶体结构示意图,（b）GRP 的原理示意图

4. 基于谷氨酸合成酶的谷氨酸电化学生物传感

由于常见酶元件(氧化酶或脱氢酶)需要氧气或辅酶参与生物电化学催化,所以现有的基于酶的生物电化学传感器很难应用于脑化学的活体分析。解决这一问题的有效方法在于寻找或设计新的酶识别元件。最近,针对谷氨酸这一重要神经递质的活体分析,我们构建了一种以谷氨酸合成酶为识别元件的生物电化学传感界面。该酶在自然状态下催化谷氨酸的合成反应,但是如何利用此酶开展活体电分析化学的研究尚未见报道。我们发现在该酶与电极之间引入合适的电子转移介体,可以有效调控其电催化的方向[6]。具体而言,在界面引入低式量电位的甲基紫精,可以实现从酮戊二酸和谷氨酰胺到谷氨酸的酶催化电合成;而引入高式量电位的铁氰化钾则可以逆转反应方向,实现谷氨酸合成的酶催化电化学氧化,且催化电流与谷氨酸浓度呈很好的相关性,

如图3-5所示。相关研究进一步揭示,不同于氧化酶及脱氢酶传感器,基于谷氨酸合成酶的传感器不仅具有较高的灵敏度,而且也不受氧气浓度变化的影响。该研究为活体电化学分析提供了新的途径。

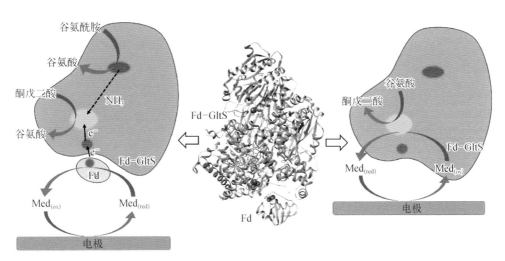

图3-5 界面调控的谷氨酸合成酶电催化和电化学传感

3.2.2 调控离子传输的神经化学分析研究进展

随着脑神经科学的快速发展,脑化学的研究,尤其是对于脑化学的精准测量方面的研究逐渐引起人们的高度关注。因此,发展针对神经化学精准测量的新原理和新方法不仅对于分析化学的研究具有重要的意义,也可促进分析化学与生命科学(尤其是脑科学)的交叉和融合,为脑神经系统生理病理的机制研究奠定方法学基础。在所有脑化学研究的方法中,电化学分析方法由于其具有高时空分辨率,能够实时原位检测脑神经化学过程中生理活性物质的变化规律等特点,已成为活体分析中不可替代的重要方法。目前能够用于活体分析的电化学方法主要有快速扫描的循环伏安法(时间分辨率:100 ms,空间分辨率:μm)和计时安培法(时间分辨率:10 ms,空间分辨率:μm)。虽然这两种方法和技术为脑化学的研究提供了有力的研究手段,但仍存在很大的局限性,因为这些方法主要用于具有电化学活性(如多巴胺、抗坏血酸等)或可通过外加辅助作用(如酶等)转化为电化学信号的分子(如葡萄糖、乳酸等),而对于非电化学活性或电化学活性差的重要生理活性分子(如ATP、氨基酸等)的分析仍具有很大的挑战。因此,亟须发展可用于这些非电化学活性或电化学活性差的重要生理活性分子检测的电化学分析新原理和新方法。本小节将总结近几年来,北京分子科学国家研究中心在调控离子传输发展神经分子电化学分析方面的研究进展,主要从调控限域空间内液相离子传输和调控固相离子传输两个方面展开。

1. 调控液相离子传输的活体电化学分析

近些年来,随着电分析化学技术和微纳加工技术的发展,微纳米通道电化学由于其独特的离子传输行为而受到广泛关注。微纳米通道电化学不同于传统的电化学,研究的是穿过通道的离子流变化,离子本身无须参与电氧化还原反应,因此在非电化学活性或电化学活性差的重要生理活性分子的分析检测中具有巨大的潜力。

目前,微纳米通道电化学用于分析检测的原理主要有两种。一种是基于 Coulter - Counter 技术发展起来的电阻脉冲分析,这种方法主要是基于待检测目标物穿过通道时引起电阻变化而导致脉冲型离子电流信号改变的原理而进行测定的。随着微纳加工技术的发展,所利用的通道尺寸和形貌从最初的柱状微米通道发展到了锥形纳米孔,甚至是基于不同二维材料的单原子层厚纳米孔;相对应的基于电阻-脉冲原理分析检测的物质也从单个细胞、细菌等微米级单体缩小至单个纳米颗粒、病毒、囊泡、蛋白等纳米尺度单体,甚至 DNA 分子的单碱基测定及单分子分析。然而这种传统的电阻-脉冲分析方法主要是基于目标物的尺寸效应进行测定的,不能实现选择性和特异性分析,仍存在一定的局限性,因而难以满足活体中复杂生物样品的分析检测。另一种是基于纳米通道不对称离子传输行为,即类似二极管的离子电流整流效应发展起来的电流-电压曲线分析方法,这种方法主要基于待检测物质穿过通道时与内壁界面发生相互作用,从而使穿过通道的离子行为发生变化,即整流程度的增强或减弱而进行测定。最早是 1997 年 Bard 小组在石英纳米管中发现离子的非对称传输行为,随后人们又在众多的其他材料所形成的纳米通道中观察到了离子的整流现象,同时总结了整流产生的条件:(1) 通道内表面带有电荷;(2) 几何形状或电荷分布不对称;(3) 双电层厚度与通道尺寸相近。后续绝大部分对整流现象的研究与应用都集中于纳米尺度范围。相较于电阻-脉冲技术,基于纳米通道离子传输的分析检测方法有着显著的优势,可通过对内表面进行化学修饰的方法实现选择性测定,因此在活体复杂样品的分析检测中展现了强大的应用前景。尽管如此,由于纳米管尖端具有机械强度较差、脆而易碎的缺点,不便植入生物体内实现活体原位电分析化学研究,因此目前的研究分析都是在体外的溶液中进行的,而将其真正用于活体原位的实时分析尚未见报道。我们在近些年的研究中,从发展微米尺度的整流模型开始,基于微米管具有较大的机械强度、便于修饰且可用于高盐浓度溶液体系等优点,发展了基于微米管的活体分析新原理和新方法,相关进展总结归纳如下。

1)离子传输基本物理化学行为研究

(1)引起非对称离子传输因素的探索

1997 年,Bard 小组在石英纳米管中发现了非对称的离子传输现象—离子电流整流(ion current rectification,ICR),由此拉开了非对称的离子传输研究的序幕。离子电流整流是一种物理现象,指的是在相同的电压驱动下,正向和逆向的离子电流大小不同,这种不同主要由生物或纳米结构离子通道中阴、阳离子的不对称传输所引起。20 多年来,大量的实验和理论研究发现,这种非对称的离子传输特性普遍存在于生物和人工合成的纳米及亚纳米尺度的流体系统中。基于对 ICR 现象的基本认识,人们发展了 ICR 在能源、传感及流体输送等领域的应用。例如,基于纳米孔离子传输的开关性,通过利用螺吡喃与锌离子在紫外/可见光照射下作用力的强弱的不同,可以实现对纳米孔内离子传输的光控开/关调控。再如,在基础研究层面,人们对人工合成体系中 ICR 现象进行了深入研究,为了解生命起源过程中非对称的离子传输特性在原始囊泡到细胞膜离子通道的进化中所扮演的角色奠定了重要的基础。相关小组也研究了溶液 pH 和电解质浓度等一系列相关因素对纳米管整流的影响,发现当溶液 pH 大于 3 时,整流方向为负向;调节 pH 低于 3,整流方向则为正向。这一现象的原因是:在高 pH 下,玻璃表面硅羟基解离,产生负电荷,使内壁带负电;而在低 pH 下,硅羟基质子化,使内壁带正电。此外,电解质浓度对这一效应影响的研究发现,电解质浓度越低,这一效应越显著。这一结果一方面可能由于低浓度的 K^+ 增加了 H^+ 在玻璃表面的吸附量,质子化程度加强;另一方面,电解质浓度越低,双电层越厚,其在管口处的重叠程度越明显。

除了上述研究以外,人们也认识到 ICR 现象源于体系结构或环境因素中对称性因素的破缺。虽然这一经验性的论断已经得到大量实验和理论研究的支持,但仍然缺乏具体的实验证据。所以,发展针对"对称性因素破缺"定量描述的方法,明晰体系的对称性与其非对称离子输运特性的关联性,对于该领域的研究具有重要的意义。我们在前期对 DNA 修饰纳米孔道研究工作的基础上,以 DNA 组装体填充的纳米孔道作为模型体系,利用 ATP 与核酸适配体(aptamer)的相互作用,从孔道的一侧对填充的 DNA

纳米结构进行分解,得到了对称性逐渐破坏、又逐渐恢复的纳米孔道体系,并系统研究了这一过程中 ICR 特性与系统对称性的关系,如图 3-6 所示。通过利用粗粒化的 Poisson-Nernst-Planck 模型对聚电解质填充的纳米孔道中离子的输运行为进行描述,建立了非对称离子输运特性与 DNA 填充构型的确切关系。进一步建立了一维的统计模型,利用模型的序参量对 DNA 分解过程中体系对称性的变化进行准确的描述[7]。该研究不仅揭示了纳流体系非对称离子传输的起源,同时也为仿生构筑创新型纳流器件提供了理论基础。

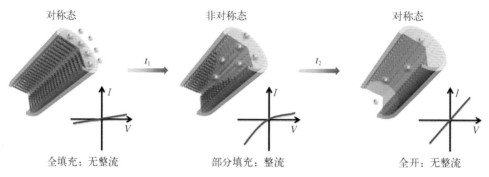

图 3-6 DNA 组装体填充纳米通道中 ATP 从一侧进入通道引起的
对称性逐步变化和离子传输行为逐步改变的示意图

（2）离子电流整流的反转（ion current rectification inversion，ICRI）

纳米限域结构中的离子传输不仅具有重要的理论研究意义,而且在分子调控、能源转换、过滤除盐、离子器件、传感器等领域也具有潜在应用价值。不对称纳米孔中整流、负微分电阻、振荡及忆容忆阻等独特的离子传输行为研究,已经成为纳米离子学研究领域的热点之一,其中最早发现的整流现象被研究得最为广泛。而通过计算电流-电压曲线中伏值相同、极性相反电压下的大小电流的比值（整流比,ion current rectification ratio，ICRR）,即可用于评价整流的程度。改变传输离子的种类和价态能使整流比减小甚至整流反转,但是目前的整流反转仅在多价离子体系有研究,单价离子体系中的整流反转现象尚未被报道,而整流比大小与离子的 Hofmeister 序列的关系更是未见报道。

我们通过研究不同的单价阴离子对聚咪唑阳离子功能化微纳米管整流的影响,发现 chaotropes（如 ClO_4^-）相较于 kosmotropes（如 Cl^-）受疏水作用的驱动更强,导致其更易吸附于聚咪唑阳离子聚合物刷的表面。这些单价阴离子在高盐浓度时发生的过吸附使得聚咪唑阳离子聚合物刷的表观电荷发生反转,结果表现为功能化微纳米孔中离子传输的单价阴离子的整流发生反转,如图 3-7 所示。同时,我们对 Hofmeister 序列中的单价阴离子与该体系中的单价离子引发整流比反转由大到小的排序进行比对,发现了该序列与 Hofmeister 序列相一致,这也是首次在固体纳米孔中观察到 Hofmeister 序列[8]。该研究为通过调控孔内壁表面化学进而构筑基于纳米孔的离子器件和传感器提供了理论和实验基础。

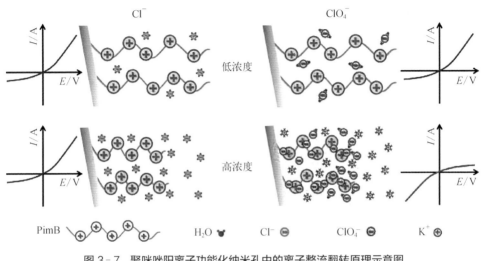

图 3-7 聚咪唑阳离子功能化纳米孔中的离子整流翻转原理示意图

(3) 微米管整流(microscale ion current rectification,MICR)

目前,绝大部分的整流现象是在纳米尺度的体系中被观察到的,当孔的直径大于 Debye 长度的 10 倍时,就很难观察到整流现象。而在微米尺度上的整流少见报道。我们通过表面引发原子转移自由基聚合的方法,在玻璃微米管的内表面实现了聚咪唑阳离子刷的可控修饰,并通过利用聚咪唑阳离子刷功能化的微米管,率先观察到了微米尺度的整流[9]。在 10 mmol/L 氯化钾溶液中,整流最明显,此时微米管半径(5 μm)与 Debye 长度(3 nm)的比值为 1670。改用带负电的聚苯乙烯磺酸钠刷功能化微米管时,发现整流方向相反,证明聚电解质功能化微米管整流与聚合物的所带电荷相关。为了进一步理解所观察到的聚合物刷功能化微米管的整流行为,我们提出了同时适用于微米和纳米尺度整流的新模型——"三层"理论模型,即聚电解质功能化微米孔内包含有电刷层(CL)、双电层(DL)和体相层(BL)三层结构,如图 3-8 所示。该模型解释了聚合物刷功能化微米管中产生整流的原因,将离子整流由纳米尺度拓宽到了微米尺度。

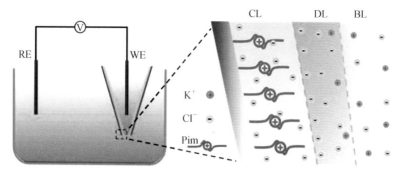

图 3-8 微米管内离子整流的"三层"理论模型

同时,有限元模拟的结果也间接证实了"三层"模型的有效性。相对于纳米管,功能化纳米管具有相对容易的表面功能化性质和实验操作性,因此更容易发展成为一种新型的活体电分析化学方法,为活体分析化学的研究提供了新的思路。

2)调控液相离子传输的活体电化学分析

(1)调控离子传输的单体分析

近年来,基于纳米孔离子传输特性(开关性、选择性、尺寸效应)的分析越来越受到人们的重视。但是,如何利用这种方法创造性地开展活体分析化学的研究,仍有待探索。而对生命体内一系列单体(如单个细胞、单个囊泡等)的分析检测是活体分析的重要组成部分。我们以聚苯乙烯小球为模型,以激光拉制的玻璃纳米管(管口半径为69 nm)为检测平台,实验上首次观察到了直径大于管径的单个粒子(如半径375 nm和2.25 μm)在玻璃纳米管管口产生"碰撞"阻塞离子流而引起的电流变化[10]。有限元模拟的结果表明,这部分电流是由于电场在管口外部的分布引起的。另外,通过调控纳米粒子和玻璃纳米管尺寸之比(r_{ps}/r_0),"碰撞"行为产生电流变化呈台阶状和峰状脉冲两种不同类型(图 3-9)。同时,电流信号的类型与外加电压之间也存在一定的依赖关系,表明电迁移和电渗流的相对大小对电流信号类型起着重要作用。此外,电流信号频率均与颗粒浓度之间存在线性依赖关系,可以实现颗粒浓度的定量分析。由此发展了以玻璃纳米管为平台的单颗粒电化学检测的新方法。该方法可拓展至其他硬性和软性颗粒(如金属、金属氧化物,聚合物等人工合成物,以及细胞、蛋白质、病毒等),有望发展成为胞内原位检测单个囊泡的物理化学性质的新方法。

(2)调控离子传输的活体小分子分析

ATP是脑内重要的能量物质,其选择性分析对于了解相关的生理病理过程具有

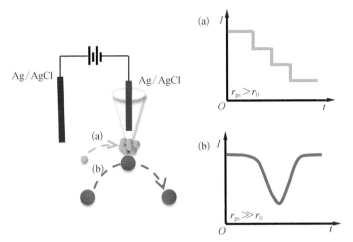

图 3-9　单颗粒碰撞行为的两种基本模式：（a）（$r_{ps} > r_0$ 时）颗粒被捕获停驻而产生台阶
　　　　状电流降；（b）（$r_{ps} \gg r_0$ 时）颗粒碰撞后远离而产生对称的峰状电流降

重要的意义。然而，目前尚缺乏脑内 ATP 高选择性分析方法。在前期研究工作中，我们利用双识别元件策略实现了脑内 ATP 的高选择性分析。在此基础上，我们基于上述的 MICR 现象，采用微米管离子整流方法研究鼠脑内的生理活性分子，利用聚咪唑阳离子和核酸适配体的双识别元件对 ATP 分子进行识别，管壁电荷密度的变化对应待测液中 ATP 的浓度，记录整流比的变化，实现了鼠脑脑脊液中 ATP 浓度的测定。该方法通过弱键相互作用排除其他物质的干扰，不依赖目标物的电化学氧化还原活性。该方法的建立，为后续鼠脑内的生理活性分子的原位实时检测提供了新的思路。

　　进一步，我们选用聚咪唑修饰微米管内壁，利用咪唑与质子的快速结合与解离，发展了 pH 响应的传感原理。通过结合高速电压脉冲模式，实现了 ms 级时间分辨率的信号输出。该原理可通过合理的表面化学设计拓展至其他生理活性分子的活体原位高时空分辨率分析。相比于传统的电化学分析方法，该原理不受测定物种氧化还原活性的影响，因此，可用于非电化学活性物质的电化学分析。

2. 调控固相离子传输的活体电化学分析

　　为了使电化学方法可用于气固界面的分析，我们研究了固相材料（如离子自组装材料和氧化石墨炔等）中的离子传输行为，通过对固相中离子传输速率的调控，发展了可用于呼吸频率检测的电化学分析新原理和新方法，具体研究成果如下。

（1）基于离子自组装材料的固相电化学分析

我们设计合成了一系列具有两个咪唑基团的对称阳离子结构,研究了其与带有两个负电荷的染料离子(ABTS)在水中的离子自组装行为,发现这种离子材料对客体离子(染料离子以及小离子盐 LiCl)具有很好的包覆性能,并且可以用于生物电化学传感的研究。在此基础上,我们发现,这种离子材料对带正电的染料离子具有良好的包覆性能,且表现出很高的选择性,这种包覆性能是基于染料离子与 ABTS 的静电相互作用。基于此,我们利用包覆有罗丹明 6G 的离子材料,发展了一种高选择性测定乙醇的新原理和新方法。同样利用固态电化学原理,通过利用湿度(水分子)对于固相中离子传输速率的调控,我们发展了可用于实时检测大鼠呼吸频率的新型电化学传感器,成功实现了对大鼠从麻醉到清醒各阶段呼吸频率的实时监测,为动物呼吸系统深入研究提供了方法学基础。

（2）基于氧化石墨炔的固相电化学分析

石墨炔是一种含有 sp 和 sp^2 杂化态的新型二维碳材料,我们首次发现通过优化石墨炔的电子结构和分子结构,可以改变其电化学活性,进而可以将石墨炔应用于电分析化学的研究中。利用氯化六氨合钌和铁氰化钾为氧化还原探针,对上述石墨炔材料进行了电化学表征,发现它们的电化学性能与材料的电子态密度、表面化学结构以及材料亲疏水性密切相关。经过处理之后的石墨炔材料,尤其是还原的氧化石墨炔,其电子转移动力学比石墨炔和氧化石墨炔快,可以与碳纳米管和石墨烯材料相媲美。

在充分研究其电化学行为的基础上,我们发现经强酸氧化处理得到了二维亲水性氧化石墨炔纳米片具有超快的吸湿性能[11]。进一步的研究表明,氧化石墨炔超快的吸湿性能来源于其结构中的炔键:炔键强的吸电子能力有助于其表面的含氧官能团与水分子形成更强的氢键和更高的吸附常数,如图 3-10 所示。在此基础上,利用湿度对固

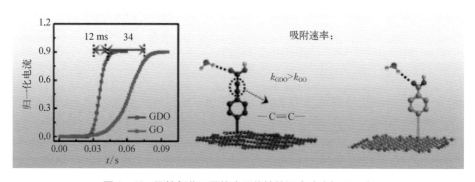

图 3-10　调控氧化石墨炔离子传输的湿度响应机理研究

相中离子传输的调控作用,我们构建了基于氧化石墨炔的湿度电化学传感器。由于传感器具有快的响应速度,其可以用于实时监测人体与动物的呼吸频率。

3.2.3 展望

综上所述,脑化学的活体电化学分析已经成为分析化学、神经科学、物理和材料科学等多学科交叉研究领域的热点之一,对于推动脑神经生理和病理分子机制的研究具有重要意义。然而,在活体层次上准确地破译化学信号和大脑机能之间的关系仍然面临着巨大的挑战,生命体系的复杂性以及分子间相互作用的多样性,对神经化学物质的精准测量提出了更高的要求。许多已有的活体原位电化学分析方法,仍然面临着问题和挑战。例如,利用微电极进行活体原位分析检测时,普遍存在电极在活体环境中的稳定性和抗污染问题,活体检测环境与体外校正环境存在差异等。

因此,创新发展基于电分析的化学测量学新原理,并建立新型活体可用的精准测量方法,进而开展全新的脑化学研究,将是未来脑化学的活体电化学分析的核心内容之一。首先,随着电化学原理和方法的发展,建立新的化学测量原理(如基于 GRP、离子传输、有机电化学晶体管等),将为脑化学的分析研究提供新的思路。其次,随着新型材料的不断涌入,如石墨炔、单原子催化剂、金属有机框架材料等,基于电化学的化学测量学终将迎来新的机遇。再次,具有良好导电性和生物兼容性的柔性材料的出现,将为柔性微型器件的设计提供可能,为实现对清醒动物神经化学的长期监测奠定基础,无疑将推动脑神经生理和病理的深入研究和探索。此外,利用所发展的活体原位电化学分析方法,实现与脑神经科学的实质性合作,在活体层次发现并描述脑神经生理和病理过程的分子事件,也将是活体电化学分析领域的研究核心之一。

3.3 软界面电分析化学主要进展

软界面电分析化学(电化学)主要包括液/液界面及液/膜界面电分析化学。下文将主要介绍液/液界面电化学。该领域起源于20世纪60年代末,主要是采用电化学技术研究两互不相溶电解质溶液(或油/水)界面上电荷转移[主要分为三类:电子转移

(electron transfer，ET)；离子转移(ion transfer，IT)；加速离子转移(facilitated ion transfer，FIT)]反应，与化学/生物传感、发展新型分析技术与方法、药物释放、模拟生物膜和界面催化等密切相关，在过去的几十年中得到了迅速发展。但该领域在我们开始进行独立研究时存在如下未解决的问题：(1) iR 降(i 为电流，R 为电阻，iR 降为电势降)及充电电流的影响较常规电分析化学更加严重；(2) 没有很好的获取转移反应动力学参数的实验手段；(3) 液/液界面无通用的结构模型；(4) 可供选择作为有机相的有机溶剂数目有限。针对上述问题，我们开展了深入系统的研究，解决了问题(1)和问题(2)中的关键科学问题，并正在探讨如何解决问题(3)和问题(4)。

3.3.1　发展可用于探讨软界面的技术与方法

工欲善其事，必先利其器。为了探讨液/液界面上快速电荷转移反应的动力学行为、界面微观结构、液/液界面的应用等该领域的关键科学问题，我们采用的主要策略是液/液界面的微型化。

在早期的研究中主要探讨尺寸较大的界面(cm 级)。由于采用了有机相，故 iR 降很大，需要采用四电极系统进行 iR 降补偿。随后人们将界面微型化(μm 级)，可采用二电极系统进行研究。但由于四电极系统没有商品化的仪器，且微型化需要特殊的仪器和技巧，故该领域的普及受到较大的限制。在常规电分析化学实验室中，商品化的电化学工作站装备的均是三电极系统。发展应用三电极系统研究液/液界面是急需解决的问题。我们通过与瑞士洛桑联邦理工学院的 Girault 教授合作提出了液滴三电极法(图 3 - 11)，采用该技术所得到的实验结果与采用四电极或二电极系统类似[12]。

在一个清洗干净、研磨好的 Pt(亲水性的，d 为 1～3 mm)电极表面上覆盖一层含有支持电解质和氧化还原电对的水相液滴(1～10 μL)(需要用液滴全部覆盖电极表面)，然后将该电极插入有机相溶液中，构建液滴三电极系统(图 3 - 11)。亲水性的 Pt 对电极为工作电极，Pt 丝作为对电极及有机相参比电极置于有机相中，通过在 Pt 工作电极和有机相参比电极之间施加外加电势，可以控制 Pt 对电极覆盖的水相与有机相所形成的液/液界面上的电势，从而研究液/液界面上的电荷转移过程。水相液滴体积较小，通常小于 10 μL，含有高浓度的氧化还原电对(当氧化还原电对的浓度比一定时，根据 Nernst 方程，Pt 与水相之间的电势差恒定，可作为一个准参比电极，故外加电势控

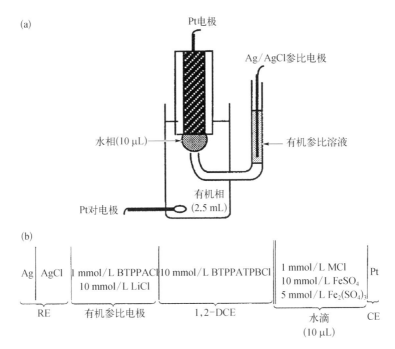

(a)

Pt电极

Ag/AgCl参比电极

水相(10 μL)

有机参比溶液

有机相
(2.5 mL)

Pt对电极

(b)

Ag	AgCl	1 mmol/L BTPPACl 10 mmol/L LiCl	10 mmol/L BTPPATPBCl	1 mmol/L MCl 10 mmol/L FeSO$_4$ 5 mmol/L Fe$_2$(SO$_4$)$_3$	Pt
RE		有机参比电极	1,2-DCE	水滴 (10 μL)	CE

图 3‐11　（a）液滴三电极系统装置示意图，Pt 电极表面完全覆盖含有氧化还原物质的液滴，并置于有机相溶液中，构筑液/液界面研究体系；（b）利用液滴三电极系统研究铵盐离子的转移电池结构

制液/液界面的电势），有机相溶液体积较大，为 2.5 mL，仅含有支持电解质（见电池示意图 3‐11）。

在外加电势的驱动下，水相液滴中的氧化还原物在 Pt 电极表面发生氧化还原反应，液滴中某种电荷的增多会促使液滴中的支持电解质离子在水/油界面上转移，从而使液滴中的电荷平衡，这个过程被称为电子转移诱导的离子转移过程，或电子-离子耦合转移过程。跨过液/液界面的电荷转移过程以信号电流的形式被记录和观测。

随后我们将该技术进行了拓展。将 Ag 电极镀上 AgCl（亲水表面）后，代替 Pt 电极，可扩展电势窗；将 Ag 电极镀上 AgTPBCl（疏水表面），可覆盖有机相液滴。在后来的实验中，我们均将悬挂的液滴改为支撑的液滴，这样更加稳定。该方法已用于研究药物离子的分配行为。这些工作的主要创新点是：（1）在覆盖固体电极表面的微小液滴中加入浓度比一定的氧化还原电对，根据 Nernst 方程，固体表面的费米能级一定，故覆盖有液滴的固体电极可以作为参比电极；（2）采用微小液滴有利于减少体系 iR 降；（3）突破了 Anson 等提出的薄层法和 Scholz 等发展的三相结法仅能支撑有机相的限制。这些工作使原来没有条件进行液/液界面研究的实验室也可进行研究,对于普及液/液界面电分析化学起到了重要的推动作用。

自 1995 年 Bard 等将扫描电化学显微术(scanning electrochemical microscopy, SECM)应用于研究液/液界面上电荷转移反应以来,所有采用 SECM 探讨的液/液界面均为非极化液/液界面(界面电势差由两相中的共同离子决定)。虽然该技术推动了该领域的发展,但由于所研究的界面均是非极化界面,可控电势范围有限($-120\sim120$ mV)。另外,液/液界面电化学研究主要探讨的是极化界面,非极化界面上所得到的动力学很难与极化界面上所得到的相互比较。我们将液滴三电极法与 SECM 结合,探讨了不同氧化还原电对在水/1,2-二氯乙烷(DCE)界面(极化界面)上 ET 反应的 k^0 与外加电势(驱动力)之间的关系(图 3-12),观察到了 Marcus 翻转区[13]。该研究解决了长期以来人们对于液/液界面上 ET 反应的 k^0 与外加电势之间究竟是什么关系的争论,即一些研究表明,该依赖关系是线性的,而另一些研究却表明 k^0 与驱动力无关。该研究清楚地表明 k^0 与驱动力的关系与外加电势的范围有关,可用 Marcus ET 理论进行解释。

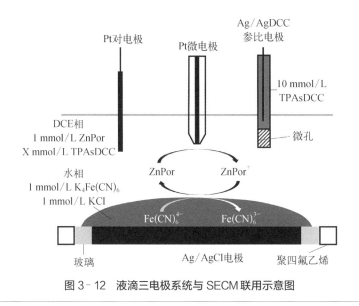

图 3-12 液滴三电极系统与 SECM 联用示意图

3.3.2 液/液界面上电荷转移反应动力学测量及微观界面研究

液/液界面上电荷转移反应动力学一直是该领域研究的难点和热点。界面电荷转移通常很快，很难被测定。在 1997 年之前，仅 SECM 能得到非极化液/液界面上电荷转移反应的可靠动力学数据。1997 年，邵元华与 Mirkin 一起发展了另外一种测定界面上快速电荷转移反应速率常数的方法——纳米管伏安法[14]。

　　无论是采用 SECM 或是纳米管伏安法进行界面转移反应动力学研究，高质量的纳米电极都是关键。我们发展了基于电化学腐蚀、聚合反应包封和高温退火等步骤，制备半径从几到几百纳米的金属电极（Pt 或 Au）的方法。同时，通过改进激光拉制机的程序，可制备管径更小、形状各异和质量更高的玻璃纳米管。目前可制备半径从一纳米到数十微米的玻璃单管，以及从二十纳米到数十微米的玻璃双管，还制备了微米（亚微米）碳杂化电极。另外，基于玻璃管和液/液界面的现场 ET 反应，可生成纳米颗粒（Ag、Au 和 Pt 等）堵住纳米玻璃管，从而制备金属纳米电极。这些工作为改进上述两种测量界面上电荷转移反应动力学参数的方法提供了保障，也拓展了软界面电分析化学的应用范围。

　　1997 年，邵元华和 Mirkin 所发展的纳米管伏安法主要针对界面上加速 IT 反应动力学参数的测定[14]。该方法对于液/液界面上简单离子转移反应（研究最多的一类界面反应）能否适用，目前不清楚。对于微米管支撑的微米级液/液界面上 IT 反应，离子从管外扩散到管内是半球形，对应的循环伏安图（cyclic voltammogram，CV）是稳态曲线；而离子从管内扩散到管外时，由于受管径大小的限制，是线性扩散，所对应的 CV 图是峰型（图 3-13）。因此借助于微米管的特殊几何形状所产生的不对称扩散场，可得到不对称的 CV 图。2001 年，我们首次发现 IT 反应的 CV 图随着管径的减小，从不对

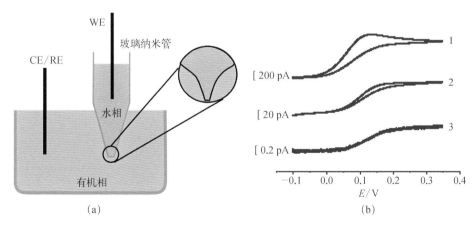

图 3-13　（a）实验示意图；（b）玻璃管半径从 4 μm（曲线 1）减小至 100 nm（曲线 2）、1.2 nm（曲线 3）时，四乙基铵离子（TEA$^+$）在玻璃管支撑的水/DCE 界面上转移的循环伏安图

称形状逐渐变为稳态。这样的行为在过去的十多年中得到了多个课题组的证实。采用半径 $r < 5$ nm 的纳米管支撑 W/DCE 界面,并结合 CV 研究了 TEA$^+$、DB18C6 加速 K$^+$ 转移反应和 ClO$_4^-$ 转移反应等 IT 反应,得到这三种转移反应的 k^0 分别为 (110 ± 23) cm/s, (95 ± 31) cm/s 和 (35 ± 8) cm/s,这是迄今为止报道的能够测量得到的最快的 IT 反应的速率常数。基于两种理论模型(Schwarz-Christoffel conformal mapping 和 solid angle approach)对该现象进行了分析,两种模型得到了等同的稳态电流公式: $I_{ss} \approx \pi nFDcr\sin\theta$ 和 $I_{ss} \approx \pi nFDcr\theta$。 当 θ 较小时(通常所拉制的玻璃管 $\theta < 10°$), $\sin\theta \approx \theta$,上述两个公式等同[15]。

以玻璃纳米管为 SICM 的探针,采用 SICM 探讨了水/硝基苯界面的厚度与界面附近离子的分布。从实验结果可估算该界面厚度为 0.7 nm,与其他技术所得结论类似。这是国际上首次采用 SICM 研究液/液界面微观结构[16]。液/液界面上加速阴离子反应与加速阳离子反应的研究相比,论文屈指可数。邵元华研究团队探讨了 W/DCE 界面上杯吡咯及其衍生物加速阴离子转移过程的热力学与动力学行为,该工作对于研究阴离子界面识别机理、发展阴离子传感器具有很好的学术价值[17]。采用边界元对双管进行了模拟,得到了收集率与几何参数之间的关系,探讨了界面上 IT-IT 之间的耦合反应。有关微米/纳米液/液界面电分析化学的工作,该研究团队受邀撰写综述发表在 *Chem Soc Rev*(Shao Y,2011)。有关液/液界面电分析化学的研究,该研究团队受邀在权威书 *Handbook of Electrochemistry* 中撰写专章 1 章。

3.3.3 基于液/液界面所发展技术的应用

基于所构筑的新型软界面和发展的研究手段(例如各种玻璃管电极),我们也进行了其在分析检测中的应用研究。这些研究工作拓展了软界面电分析化学的范畴。

对于制药工业界,lg$P$ 是一个非常重要的参数,通常定义为分子在水/正辛醇(OC)之间的分配系数。由于大部分物质很难溶于 OC,故很难在 OC 中进行电化学测定(iR 降非常大)。将纳米级的液/液界面支撑在纳米管上,可得到 IT 反应的循环伏安图和微分脉冲伏安图,进而从实验上得到的标准电位可计算得到 lg$P$,发展了一种测定 lg$P$ 的新方法[18]。

基于所制备的微米(亚微米)杂化电极,我们发展了一种将电化学(electrochemistry,

EC)与质谱(mass spectrometry，MS)联用的技术(图3-14)。该技术的关键是利用杂化电极的一个通道构筑一个微型电化学池，进行外加电势可控的电化学反应，同时另外一个通道可进行电喷雾，由于两个通道之间的隔膜通常小于 1 μm，电喷雾可将电化学反应的中间体和产物带入质谱进行分析。该技术为现场研究电化学反应机理提供了一种非常有用的手段[19]。近期，我们与浙江大学的苏彬教授合作，发展了一种电位可调的、同时能检测三种抗原的电致化学发光(electrogenerated chemiluminescence，ECL)分析方法，并基于该 EC-MS 联用技术，对相关机理进行了探讨[20]。

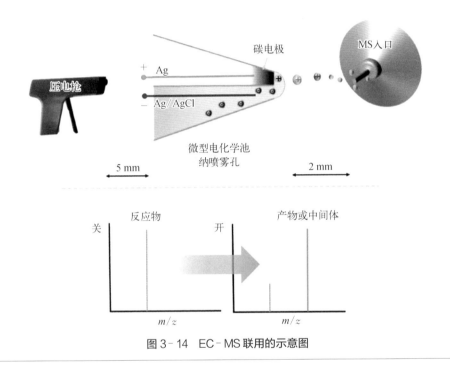

图 3-14　EC-MS 联用的示意图

　　为了研究液/液界面上的质子耦合电子转移(proton-coupled electron transfer，PCET)反应，我们还将上述联用技术进行了改进。如果两个微米通道一个灌入水相，另一个灌入有机相，在外加脉冲电压进行电喷雾时，可将两相一起喷出，这样质谱检测的是混合溶液，无法进行界面反应物(中间体)的分析。通过制备新型微米杂化电极有可能解决这样的问题。我们将一个通道用琼脂(agar)或 PVC 固定化，另外一个通道可进行有机相或水相的喷雾，实验证明这样的改装可用于研究界面层中的物质(反应物、产物和中间体)，且电荷在 agar/DCE 界面及水/PVC 界面转移的循环伏安图与水/有机相界面上类似。基于上述改进,我们采用 EC-MS 联用技术研究了这些界面上在二茂铁和钴卟啉存在的情况下,氧的还原机理。第一次捕获到了中间体(Co—O₂)TPP 和(Co—OH)TPP,结合光谱实验结果证实四电子机理是主要的反应过程。该工作提供了一种通用的探讨软界面反应机理的手段[21]。

3.4 电化学传感

人类正在进入 5G 和智能化的时代,其中传感器发挥着重要作用,特别是在自动驾驶领域。传感器按照工作原理可分为物理传感器、化学传感器和生物传感器。电化学传感器是化学传感器的重要组成部分,在已商品化的化学传感器中,电化学传感器占据龙头地位。例如,在人类日常生活中测量次数第三多的 pH 测量,是由电势型传感器 pH 仪或 pH 试纸完成的。

虽说电化学传感器已得到广泛应用,但其应用的范围、应用的深度、可靠性和稳定性等远不如物理传感器。因此,需要开展大量的基础探索和研发工作。本节仅简介北京分子科学国家研究中心相关电化学传感器的基础研究工作,主要包括基于碳基材料的电化学传感器和基于电致化学发光用于心肌梗死标志物检测的电化学传感器的研究进展,以及基于纳米二硫化钼的电化学生物传感器的研究进展。

3.4.1 基于碳基材料的电化学传感器

单壁碳纳米管(single-walled carbon nanotubes,SWNTs)具备优异的电学特性,是理想的电极修饰材料。但几乎没有溶剂可以溶解它们,因此如何修饰到电极表面是一个难题。我们在国际上最早提出了对 SWNTs 羧基化及采用分散滴涂法,解决了制备 SWNTs 人工膜电极的关键问题,研究了 SWNTs 修饰电极对神经递质等生物小分子和细胞色素 c、DNA 等生物大分子的电化学行为,得到了良好的伏安响应。此外,我们还发现了碳纳米管能促进生物分子的电子转移,是一种很好的构筑电化学传感界面的电子转移促进剂。这些研究均为国内外首先开展并发表了成果,是这类以纳米材料应用于电分析的具有原创性的工作。研究工作中所设计的方法简便、实用,发表后得到广泛的关注、采用和引用[22],于 2008 年获中国"汤姆森路透卓越研究奖"。

随后,我们将多壁碳纳米管(multi-walled carbon nanotubes,MWNTs)与离子液体 1-辛基-3-甲基咪唑-六氟磷酸盐(OMIMPF₆)混合后进行研磨,得到了可用于制备修饰电极的导电胶;并通过优化实验条件,发展了可在过量抗坏血酸和尿酸存在的情况下,检测多巴胺的电化学传感器[23]。

3.4.2 基于电致化学发光用于心肌梗死标志物检测的电化学传感器

急性心肌梗死(acute myocardial infarction,AMI)主要是因冠状动脉粥样斑块不稳定、发生破裂出血、栓塞而引起的急性心肌缺血性坏死。AMI 严重程度和预后均取决于心肌梗死面积的大小。冠状动脉闭塞的时间愈长,所能挽救的心肌就愈少,病人预后越差。AMI 的快速准确诊断对于及时治疗和挽救更多的濒死心肌及改善预后具有重要的意义。在临床分析中,心电图已成为 AMI 诊断的主要方法。然而,仅有约 57% 的 AMI 病人发生明确的心电图改变,25% 的 AMI 病人发病时并没有明显的症状。因此,高敏感性、高特异性的急性心肌梗死快速诊断是目前临床迫切需要解决的重大课题,是心电图的重要补充。目前,已报道的 AMI 诊断的生物标志物有肌酸激酶同工酶(CK - MB)、肌红蛋白(Myo)、心肌肌钙蛋白Ⅰ(cTnI)、心型脂肪酸结合蛋白(FABP)、和肽素(copeptin)、脑钠肽(BNP)等。而一些小核糖核酸(miRNA)也因在心脏病发展和心脏重塑过程的调节基因表达中的重要作用而备受关注。

由于国内在该领域起步较晚,许多重要的 ECL 体系已经商品化,并被国外公司专利所覆盖,国外专利在国内外市场占主导作用。针对上述困难和挑战,我们在科技部重点研发计划的支持下专注于研发基于 ECL 的蛋白质标志物的灵敏特异性检测新方法,主要采用纳米材料制备复合纳米生物探针,用于构筑免疫电化学传感器。例如,采用富含羟基的碳量子点辅助合成金纳米颗粒作为生物探针;采用三乙醇胺辅助金纳米颗粒作为共反应剂;采用自组装技术把 ECL 需要的反应剂及共反应剂合成或组装在金属有机框架(metal-organic frameworks,MOFs)中,作为纳米生物探针(图 3 - 15),发展了检测 cTnI、FABP 和 copeptin 的 ECL 免疫电化学传感器,成功应用于血清中这些 AMI 标志物的高敏感性、高特异性检测[24]。

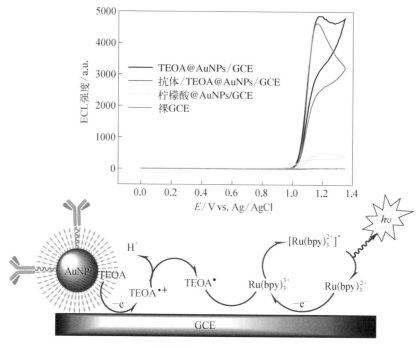

图3-15 纳米复合材料作为生物探针用于检测 cTnl

3.4.3　基于纳米二硫化钼的电化学生物传感器

　　二硫化钼（MoS_2）是一种结构类似于石墨烯的二维层状材料，通过各种方法制备的纳米 MoS_2，由于其具有大的比表面积、独特的电化学性质和表面易修饰的特性，使其成为构筑电化学传感器的良好材料。我们通过简单的超声和梯度离心结合的方法，由体相材料获得了尺寸小于 2 nm 的 MoS_2 纳米颗粒，用其构筑了极为灵敏的过氧化氢电化学传感器，实际检测限是 2.5 nmol/L，实现了对细胞释放的微量过氧化氢的检测（图3-16）。由于过氧化氢是生物代谢过程中的重要产物，以超小的 MoS_2 纳米颗粒为基础，结合诸如葡萄糖氧化酶等各种酶的修饰，可以实现对诸如葡萄糖等多种生物分子的电化学检测，这将极大地拓展纳米 MoS_2 在生命分析化学领域的应用[25]。

　　层状结构的 MoS_2 是构筑电化学传感器的良好平台。我们利用梯度离心制备了层状二硫化钼-硫堇复合物构筑的电化学传感器，其对双链 DNA 表现出了灵敏的响应。

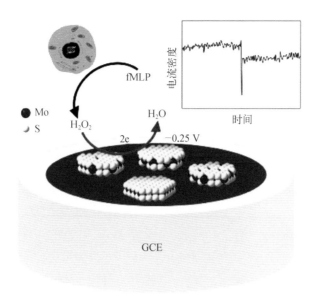

图 3‑16　基于 MoS₂ 纳米颗粒构筑的过氧化氢电化学传感器

此外,该传感器还能够用于对单链 DNA(single-stranded DNA,ssDNA)和 RNA 的定量分析。实现了对血清中游离 DNA 的检测,这使得二硫化钼纳米材料有望应用于部分疾病的诊断,从而拓展其在生物传感领域的应用空间[26]。

磷酸盐不仅是最为常见的电解质之一,也是几乎所有生物体的重要成分。临床医学表明,血浆中磷酸盐浓度的异常与甲状旁腺机能紊乱、维生素 D 缺乏、肾小管变性病变等多种疾病相关,血液磷酸盐水平的变化也能提供关于骨骼钙化、血管钙化等方面的信息,故对血液磷酸盐水平的检测有着极为重要的临床意义。

高小霞先生对极谱催化波的研究有较深造诣,开创了几十种微量元素的高灵敏分析方法,特别是微量稀土元素和铂族元素的极谱分析法及其机理的研究,曾出版《极谱催化波》。但固体电极上的催化氢波很少被报道。我们采用简单的离子液体辅助研磨的方法得到磷化钼微粒,将其修饰在玻碳电极表面,从而制得修饰电极。在磷酸盐存在的中性溶液中,在磷化钼修饰电极表面观察到了类似于汞电极上的催化氢波现象。这是由于磷酸盐与修饰电极表面的磷化钼颗粒表面的氧化物产生相互作用,形成了类似磷钼酸的结构,改变了修饰电极的界面结构,进而改变了界面的催化性质,从而出现了催化氢波。由此构建了基于磷化钼微粒修饰电极的磷酸盐电化学传感器(图 3‑17),并成功将其应用于用于人血液中无机磷酸盐的检测[27]。这种方法与传统的磷钼酸比色法、离子色谱法、酶法等方法相比,具有简单、快速、无须复杂的样品前处理等

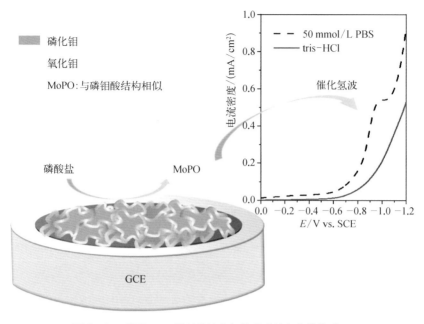

图 3-17　基于 MoP 微粒修饰电极的磷酸盐电化学传感器

优势。而本研究所发现的磷化钼修饰电极表面产生催化氢波现象，为拓展此类材料在传感领域的应用奠定了基础。

3.5　展望

基于电化学的化学测量学在未来的发展中仍应该专注于发展新技术与新方法，同时拓展其应用的范围。特别是针对目前化学测量学的研究热点——三单一成像（单分子、单颗粒、单细胞分析和成像探索），电分析化学仍面临诸多挑战。电分析化学已在一些特殊的情况下，实现了单分子检测（例如，SECM 结合空间限域实现了一些小分子的单分子检测；生物纳米孔实现了一些大分子的单分子检测、DNA 测序等），但人们对其所涉及的一些基本规律仍知之甚少。现在电化学碰撞实验能够研究一些单颗粒的行为，但获得的信息量有限。采用电化学技术与方法探讨单细胞表面、内部和内外通信等已有较长的历史，但该方面的探讨可能需要与细胞生物学的专家进行沟通、合作。

基于电化学的测量学有许多优点，当然也有其不足之处。与其他技术联用会实现

"1+1＞2"的效果。例如,电化学家 Martin Fleschmann 等发明的表面增强拉曼光谱(SERS),可获得电极表面的结构信息;电化学与质谱联用,可用于探讨电化学反应的中间体及反应机理。电化学应该可以与许多其他的技术或方法联用,这样更有利于发展测量学技术与方法。

随着纳米孔分析科学的发展,以及各类单体电化学研究的需要,研发能够大幅度减低噪声,可以在非常小电流($<10^{-12}$ A)的条件下进行测量,以及测量速度非常快速的新型仪器也是急需的。

另外,对于与能源转化和存储过程有重要关系的电催化、各类电池的发展,也需要发展相应的测试和表征手段,即急需发展和规范化能源材料测量学。北京大学分析化学研究所在慈云祥教授的带领下,在周恒辉教授和陈继涛教授等的共同努力下,经过20 多年的奋斗,创建了北大先行科技产业有限公司[28]。2008 年,该公司应用磷酸铁锂材料的 120 Ah、200 Ah 电池通过国家 863 动力电池测试所鉴定,为奥运会开发了世界第一台磷酸铁锂电动公交。2009 年,该公司建设磷酸铁锂产业化生产基地,并推出了国际上首批基于磷酸铁锂动力电池的环卫车。在正极材料的品质和产能上,该公司连续数年名列前茅,多年来一直参与国内关键客户的产品开发,与北汽控股、北汽福田、东莞新能德、青海锂业等公司的合作已成为业内技术及商业合作的经典案例。经近二十多年的发展,北大先行科技产业有限公司已成为锂电行业高知名度的材料企业和动力电池集成供应商,逐步在山东、北京、江苏等地建立了电极材料及动力电池成组的规模化生产基地。到目前为止,北大先行科技产业有限公司已经实现了从青海盐湖提取锂盐到动力及储能电池材料制造,从电池单体及系统集成到动力和储能电池在电动汽车及智能电网中的应用格局,形成了一条完整的高科技、绿色环保的产业链条。

致谢:本章的一些新的研究进展主要得到北京分子科学国家研究中心、国家自然科学基金、科技部、教育部、北京大学等资助,特此致谢。也感谢刘俊杰同学在绘图方面给予的帮助。

参考文献

[1] Shan X N, Patel U, Wang S P, et al. Imaging local electrochemical current via surface plasmon resonance[J]. Science,2010,327(5971):1363 - 1366.

[2] Li J F, Huang Y F, Ding Y, et al. Shell-isolated nanoparticle-enhanced Raman spectroscopy[J]. Nature, 2010, 464(7287): 392 – 395.

[3] Liu X M, Xiao T F, Wu F, et al. Ultrathin cell-membrane-mimic phosphorylcholine polymer film coating enables large improvements for in vivo electrochemical detection [J]. Angewandte Chemie International Edition, 2017, 56(39): 11802 – 11806.

[4] Xiao T F, Wang Y X, Wei H, et al. Electrochemical monitoring of propagative fluctuation of ascorbate in the live rat brain during spreading depolarization [J]. Angewandte Chemie International Edition, 2019, 58(20): 6616 – 6619.

[5] Wu F, Su L, Yu P, et al. Role of organic solvents in immobilizing fungus laccase on single-walled carbon nanotubes for improved current response in direct bioelectrocatalysis [J]. Journal of the American Chemical Society, 2017, 139(4): 1565 – 1574.

[6] Wu F, Yu P, Yang X T, et al. Exploring ferredoxin-dependent glutamate synthase as an enzymatic bioelectrocatalyst[J]. Journal of the American Chemical Society, 2018, 140 (40): 12700 – 12704.

[7] Jiang Y N, Feng Y P, Su J J, et al. On the origin of ionic rectification in DNA-stuffed nanopores: The breaking and retrieving symmetry[J]. Journal of the American Chemical Society, 2017, 139(51): 18739 – 18746.

[8] He X, Zhang K, Liu Y, et al. Chaotropic monovalent anion-induced rectification inversion at nanopipettes modified by polyimidazolium brushes [J]. Angewandte Chemie International Edition, 2018, 57(17): 4590.

[9] He X L, Zhang K L, Li T, et al. Micrometer-scale ion current rectification at polyelectrolyte brush-modified micropipets [J]. Journal of the American Chemical Society, 2017, 139(4): 1396 – 1399.

[10] Li T, He X L, Zhang K L, et al. Observing single nanoparticle events at the orifice of a nanopipet[J]. Chemical Science, 2016, 7(10): 6365 – 6368.

[11] Yan, Hailong, Guo, et al. Carbon atom hybridization matters: ultrafast humidity response of graphdiyne oxides[J]. Angewandte Chemie International Edition, 2018, 57 (15): 3922 – 3926.

[12] Ulmeanu S, Lee H J, Fermin D J, et al. Voltammetry at a liquid-liquid interface supported on a metallic electrode[J]. Electrochemistry Communications, 2001, 3(5): 219 – 223.

[13] Sun P, Li F, Chen Y, et al. Observation of the Marcus inverted region of electron transfer reactions at a liquid/liquid interface[J]. Journal of the American Chemical Society, 2003, 125(32): 9600 – 9601.

[14] Shao Y, Mirkin M V. Fast kinetic measurements with nanometer-sized pipets. Transfer of potassium ion from water into dichloroethane facilitated by Dibenzo – 18 – crown – 6 [J]. Journal of American Chemical Scoiety, 1997, 119: 8103.

[15] Li Q, Xie S B, Liang Z W, et al. Fast ion-transfer processes at nanoscopic liquid/liquid interfaces[J]. Angewandte Chemie International Edition, 2009, 48(43): 8010 – 8013.

[16] Ji T, Liang Z, Zhu X, et al. Probing the structure of a water/nitrobenzene interface by scanning ionconductance microscopy [J]. Chemical Science, 2011, 2(8): 1523 – 1529.

[17] Cui R F, Li Q, Gross D E, et al. Anion transfer at a micro-water/1, 2 - dichloroethane interface facilitated by β-octafluoro-meso-octamethylcalix[4] pyrrole[J]. Journal of the American Chemical Society, 2008, 130(44): 14364 - 14365.

[18] Jing P, Zhang M, Hu H, et al. Ion-transfer reactions at the nanoscopic water/n-octanol interface[J]. Angewandte Chemie International Edition, 2006, 45(41): 6861 - 6864.

[19] Qiu R, Zhang X, Luo H, et al. Mass spectrometric snapshots for electrochemical reactions[J]. Chemical Science, 2016, 7(11): 6684 - 6688.

[20] Guo W L, Ding H, Gu C Y, et al. Potential-resolved multicolor electrochemiluminescence for multiplex immunoassay in a single sample[J]. Journal of the American Chemical Society, 2018, 140(46): 15904 - 15915.

[21] Gu C Y, Nie X, Jiang J Z, et al. Mechanistic study of oxygen reduction at liquid/liquid interfaces by hybrid ultramicroelectrodes and mass spectrometry[J]. Journal of the American Chemical Society, 2019, 141(33): 13212 - 13221.

[22] Luo H X, Shi Z J, Li N Q, et al. Investigation of the electrochemical and electrocatalytic behavior of single-wall carbon nanotube film on a glassy carbon electrode [J]. Analytical Chemistry, 2001, 73(5): 915 - 920.

[23] Zhao Y, Gao Y, Zhan D, et al. Selective detection of dopamine in the presence of ascorbic acid and uric acid by a carbon nanotubes-ionic liquid gel modified electrode[J]. Talanta, 2005, 66(1): 51 - 57.

[24] Qin X L, Gu C Y, Wang M H, et al. Triethanolamine-modified gold nanoparticles synthesized by a one-pot method and their application in electrochemiluminescent immunoassy[J]. Analytical Chemistry, 2018, 90(4): 2826 - 2832.

[25] Wang T Y, Zhu H C, Zhuo J Q, et al. Biosensor based on ultrasmall MoS_2 nanoparticles for electrochemical detection of H_2O_2 released by cells at the nanomolar level[J]. Analytical Chemistry, 2013, 85(21): 10289 - 10295.

[26] Wang T Y, Zhu R Z, Zhuo J Q, et al. Direct detection of DNA below ppb level based on thionin-functionalized layered MoS_2 electrochemical sensors[J]. Analytical Chemistry, 2014, 86(24): 12064 - 12069.

[27] Zhang J X, Bian Y X, Liu D, et al. Detection of phosphate in human blood based on a catalytic hydrogen wave at a molybdenum phosphide modified electrode[J]. Analytical Chemistry, 2019, 91(22): 14666 - 14671.

[28] 北大先行科技产业有限公司. [EB/OL]. [2020 - 6 - 1]. http: //www.pulead.com.cn/.

MOLECULAR SCIENCES

Chapter 4

微纳分离与分析

4.1 绪论

4.2 微量样品超快分离分析

4.3 纳米孔单通道分析

4.4 微流控技术

4.5 脂质组学分析

4.6 基于多肽识别的微纳分离与分析

4.7 展望

郭振鹏[1]，陈义[1]，郭秉元[1]，吴海臣[1]，庞玉宏[2]，黄岩谊[2]，康力[2]，白玉[2]，刘虎威[2]，黄嫣嫣[1]，赵睿[1]

[1] 中国科学院化学研究所，北京分子科学国家研究中心
[2] 北京大学化学与分子工程学院，北京分子科学国家研究中心

4.1 绪论

分离与分析是化学测量学的两个重要组成部分,两者相辅相成,不可分割。这是因为待测样品通常以混合物的形式存在,所以必须将待测目标物与样品中共存的干扰物质分离开来才能保证所得的检测结果具有令人满意的准确度与精密度,因此分离科学的发展对于化学测量学意义重大。分离科学发展至今已有数千年的历史,从最原始的铜铁冶炼,到《天工开物》记载的酿酒蒸馏,再到第二次世界大战时期石油精炼技术的飞速提升,分离科学在不同时期都对人类社会的发展起到了重要的推动作用。所谓分离就是利用混合物中各组分物理性质、化学性质等的差异,通过一定的装置或方法将这种差异进行放大,最终使各组分分配到不同的空间位置,从而保证各组分被有效分离。随着微纳米技术的诞生与发展,分离与分析的方法和手段日新月异、种类繁多,并催生出"微纳分离与分析"这个新的学科方向。所谓微纳分离与分析,简单来说就是利用微米、纳米材料与技术进行的分离与分析,实际所包括的内容则极其丰富。例如,最简单的微纳分离当属利用滤纸上的微米级孔道进行液体与固体的分离;广泛应用的色谱分离分析法目前也都充分运用了不同功能的纳米材料作为填料以提高分离分析性能。以电泳为基础诞生的纳米孔技术和以色谱为基础诞生的微流控技术更是将原有的分离分析方法推上了一个新的高度。不仅如此,性质各异的金属有机骨架、共价有机骨架、纳米金等人造纳米材料也可单独或与其他方法组合,从而实现对特定样品的高效分离与分析。此外,发展无需分离操作的复杂样品分析方法也是当前化学测量学的重要课题,对于临床样品快速分析与恶性疾病早期诊断具有重要的临床应用价值。本章将重点介绍北京分子科学国家研究中心的研究人员近年来在微纳分离与分析领域所取得的重要进展,主要包括微量样品超快分离分析、纳米孔单通道分析、微流控技术、脂质组学分析,以及基于多肽识别的微纳分离与分析等 5 个方面的内容。

4.2 微量样品超快分离分析

生命活体研究必然会推进生命科学步入新的研究阶段,但目前却还面临严峻的方法学挑战,其中对于珍稀样品的超快速、超微量/超痕量等分析测试新方法的需求尤其迫切。中国科学院化学研究所陈义研究员课题组一直以活植物和活昆虫等为对象,展开了传感和分离分析两方面的研究,发展了以表面等离激子共振成像、色谱、毛细通道电动分离(capillary electrophoresis, CE)、质谱(mass spectrometry, MS)及其联用方法为主要工具的测量方法和平台技术。本节介绍微纳升或微纳克级耗样分离分析研究的最新进展,焦点是提升检测灵敏度和加速分析分离过程。

4.2.1　微克级新鲜植物中超痕量赤霉素的定量测定[1-3]

微克级活体植物中的超痕量激素测定正是目前国际植物学研究领域中的一个瓶颈问题,需要同时面对样品来源少、异构体多、含量低、基质高度复杂等挑战,常规分析测试方法已无法胜任。陈义课题组以赤霉素(植物激素中的一个大类,富含异构体,目前已知有 136 个成员)进行的实测表明,即使采用目前最先进的超高效液相色谱(ultra-high performance liquid chromatography, UPLC)-串级质谱(UPLC - MS/MS),也无法定量测定毫克级新鲜植物中的痕量、超痕量赤霉素,完全无法获得其时空分布信息,因此至今无法展开关于植物激素时空关系的研究。为应对这些挑战,该课题组提出了与化学衍生相结合的策略,进而开发了在温和条件下能直接衍生纳摩尔至皮摩尔级羧基的胺化或酰胺化的方法。将其与 CE 和 UPLC 联用,构建了微克级耗样的 CE/UPLC - ESI - MS/MS 测量方法与平台,实现了对微克级新鲜植物样品中赤霉素和其他含羧基植物激素的定量测定,检测限达到 3.27~27.0 埃摩尔[①]水平。所建方法已用于拟南芥等模型植物中微小器官(微克级单段根、单朵花、单个花器)或切片中赤霉素的分布测定,可用于研究赤霉素的代谢通路,为植物激素的合成、分布、迁移路径等研究提供了新的方法学支持。

4.2.2　天牛性信息素活体分析方法[4-7]

天牛性信息素是雌、雄天牛昆虫联系的一种化学语言,可用于诱捕有害天牛,治理或保护树木免受昆虫侵害,在农业生产(如柑橘种植等)中有重大意义。但昆虫的性信息素分泌量极少(低于纳摩尔级),鉴定非常困难,因而其种类和相互作用至今不甚清楚。陈

---

①　埃摩尔 = 10^{-10} mol。

义课题组以气相色谱-触角电位联用（gas chromatography-electroantennagram detection，GC‐EAD）及气相色谱-质谱（gas chromatography-mass spectrometry，GC‐MS）为基础，结合野外昆虫高效捕获检验手段，开展了关于天牛性信息素的生物识别与分析方法研究。经过多年努力，构建了基于固相微萃取（solid phase micro-extraction，SPME）的昆虫活体直接吸附采样和基于物质挥发性的昆虫性信息素被动吸附采样等方法和系统。为了解决现有商品 SPME 不能满足活体性信息素捕获采集等问题，该课题组自主设计建立了以黏性高分子为黏结剂的石墨烯功能涂层超快速（25 s）涂制新方法，由此构建了 SPME‐GC‐EAD/MS 的天牛性信息素的活体分析（物种鉴定和定量测定）测量方法与技术平台，并用于天牛性信息素研究。经过多年研究，发现并鉴定了雌性天牛所分泌的（2R,3S）‐2,3‐octanediol,3,5‐dimethyldodecanoic acid 性信息素，研究了天牛不同身体部位碳氢化合物的分布及其差异，为分析性信息素的产生、分布以及发现潜在的性信息素提供了方法学支持。通过与中国科学院昆明植物研究所、广西大学等单位的合作，利用上述方法开展了昆虫野外诱捕实验，获得了预期效果。

4.2.3 超快 CE[8~9]

超快 CE 源于毛细管电泳（也叫 CE）。而电泳则可上溯到 18 世纪印度人 Bose 在做电虹吸实验时所发现的增流现象。后来俄国物理学家 Reuss 在 1808 年发现了黏土在电场下的电移动现象。一个世纪后，德国科学家 Michälis 于 1909 年把这种电致移动现象命名为 Electrophoresis，中文叫电泳。把电泳现象开发成分离分析新工具的则是瑞典科学家 Tiselius，他于 1927 年在其博士学位论文中描述了移界电泳分析方法和装置。10 年后即 1937 年，他公开发表了用移界电泳分离血清蛋白的结果，引起了巨大轰动。后来发展出了经典的凝胶电泳、纸电泳、等电聚焦电泳、等速电泳等方法，为蛋白质化学的建立与发展作出了杰出贡献。1950 年或稍晚一点时间，国际上出现毛细管等速电泳（isotachophoresis，ITP 或 capillary isotachophoresis，CITP），这是电泳向微纳升耗样迈出的第一步。受 ITP 影响并且为发展 ITP 计，对毛细管区带电泳（capillary zone electrophoresis，CZE）的研究开始逐渐增加。首先是 Tiselius 的学生 Hjerten，他在 1967 年发表了第一篇 CZE 研究论文，利用了旋转毛细管去锐化细胞区带，构思虽巧妙但装置操作不易，故未获推广。1970 年，ITP 研究开创者之一 Everraerts 公布了他的团队对 ITP 中的 CZE 效应的研究。1974 年，Virtanen 预言：使用细小毛细管可以提高 CZE 的分离效率。1979 年,Everraerts 的学生 Mikkers 进行了理论分析和实验验证,证明用 200 μm 内径毛细管可以获得小于 10 μm 板高的分离效率,此时耗样不到 0.4 μL。1981 年,Jorgenson 与 Lukacs 共同发表了利用 75 μm 内径毛细管做 CZE,能在数纳升耗样下,高效率分离蛋白质的酶解溶液,引起了轰动并诱导 CE 进入了迅猛的发展阶段,先后出现了毛细管凝胶电泳、毛细管等电聚焦、胶束毛细管电动色谱、微乳液毛细管电动色谱、填充毛细管电色谱、开管毛细管电动色谱等。随着微流控研究在 1990 年前后的兴起,毛细管也可被刻制于各种芯片上的微通道所代替,由此产生了基于芯片的微通道的电动分离分析方法。鉴于这些分离方法均采用微米级通道,其容积多在微升级别而样品消耗多在纳升或亚纳升水平,因此将其统称为微纳电动分离分析。为简便,本节将简称为毛细通道电泳(CE)。

CE 并非只是电泳,实际上已经融入相分配、筛分以及其他多种物理化学机制。因为包含有色谱机制,CE 的分离效率可以借助色谱的动力学理论进行讨论。有三大类加宽因素,分别是进样加宽(σ_{inj})、分离加宽(σ_{sep})、检测加宽(σ_{det})。用理论塔板数 N 或塔板高度 H 可表示为

$$\begin{cases} N = \dfrac{L_R}{H} = \dfrac{L_R^2}{\sigma_{inj}^2} + \dfrac{L_R^2}{\sigma_{sep}^2} + \dfrac{L_R^2}{\sigma_{det}^2} \\[3mm] H = \dfrac{L_R}{N} = \dfrac{\sigma_{inj}^2}{L_R} + \dfrac{\sigma_{sep}^2}{L_R} + \dfrac{\sigma_{det}^2}{L_R} \end{cases} \qquad (4-1)$$

式中,L_R 为迁移距离。

其中检测加宽主要由电子线路的上升时间决定,目前可以达到毫秒级,一般可以忽略。在电场驱动分离中,无论毛细通道中填充何物,其电渗主要由轴向或与电场方向平行的双电层决定,出现的是平头电渗。与由机械泵推动液流形成的抛物面流形不同,平头的电渗流动可以抑制涡流扩散对区带的加宽作用,只有纵向扩散对区带的加宽不可消除。如果进一步忽略传质阻力的影响,则可得到只有纵向和初始区带控制的极限效率方程,即

$$\begin{cases} H = \dfrac{L_0^2}{L_R} + \dfrac{2Dt_R}{L_R} = \dfrac{L_0^2}{L_R} + \dfrac{2D}{\mu V}\dfrac{L}{L_R} \\[3mm] t_R = \dfrac{L_R}{v} = \dfrac{L_R L}{\mu V} \\[3mm] \mu = \dfrac{1}{1+k_s}\mu_{em} + \dfrac{k_s}{1+k_s}\mu_{es} + \mu_{eo} \\[3mm] k_s = \dfrac{n_s}{n_m} \end{cases} \qquad (4-2)$$

式中，v 为电迁移速度；t_R 为迁移时间（也叫出峰时间）；μ 为权和淌度，等于单位电场 E 的速度；V 为电压；L 为毛细管总长；D 为样品分子扩散系数；k_s 为保留因子；n 为样品的分子数；下标 s、m、em、es、eo 分别表示固定相、溶液相、样品电泳、固定相电泳、电渗。

需要注意的是，在 CE 中固定相可以电泳或被电渗带动迁移。式（4-2）表明，除样品本身的淌度 μ_{em} 外，可以有 5 种办法来加速分离：升高分离电压或电场强度、缩短迁移长度、加快电渗速度、改变固定相淌度 μ_{es} 及分配能力 k_s、超短进样。以下予以分别研究分析。

1. 电压加速 CE

式（4-2）中第二式表明，在忽略初始区带宽度 L_0 的贡献后，升高电压或电场强度可以成比例缩短分离时间，这是实现超快 CE 的一种重要而方便的加速措施。实验表明，升高电场可以在一定条件下实现秒级分离。图 4-1 为利用 CE-LIF［激光诱导荧光（laser induced fluorescence，LIF）检测］分离四种氨基酸的结果。当进样区带长度可忽略时，一根 6 cm 长的毛细管可以在 40 s 内分离 4 种目标氨基酸小分子。随着电压从 0.9 kV 上升到 1.2 kV、1.8 kV、3.0 kV，分离时间可分别缩短到 30 s、20 s、12 s。

继续提升电压，还可以再缩短出峰时间，但要受两个因素的制约：一是检测响应时间和采样速率，二是焦耳热效应。

首先，检测响应时间和采样速率都要

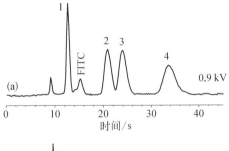

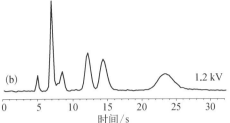

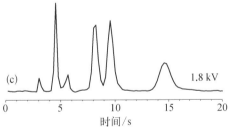

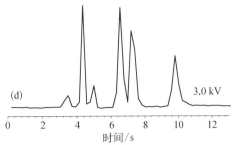

图 4-1　电压加速实现异硫氰酸荧光素
衍生氨基酸的超快 CE

毛细管：50 μm ID×6 cm（L_R）
缓冲液：5 mmol/L 硼砂
进样：20 μmol/L 氨基酸液膜扩散
激光诱导荧光（LIF）检测：激发 488 nm，收集 525 nm
　峰：1—精氨酸；2—苯丙氨酸；3—甘氨酸；4—谷氨酸；FITC—异硫氰酸荧光素

随着出峰加速而缩短和提升,否则会采集到错误的峰形数据。事实上图 4-1(c)和(d)中的采集频率已经明显不足,响应时间之不足也能从峰的尾部延长看出端倪。

其次,电压升高会增强电流,焦耳热效应随之上升。焦耳热效应加快分子扩散,降低分离效率。毛细管内自热还会形成径向温度梯度,出现径向扩散,这会进一步降低分离效率。焦耳热效应过大容易出现气泡,轻则放电,重则断电。一般来说,毛细管越细,电泳缓冲溶液中的电解质浓度越低,散热越快,电泳电压就可以提得越高,CE 的速度也就越快。需要注意的是,电解质有压缩区带、提高分离效率的能力,过低的缓冲液电解质浓度不利于高效分离,即电解质浓度存在极值,可以优化选择。

2. 短距 CE

在固定电压时,缩短分离距离也可以加速分离。由式(4-2)中第二个方程可知,在其他条件不变时,$L_{R,1}/t_{R,1} = L_{R,2}/t_{R,2}$ 或 $t_{R,2} = t_{R,1}L_{R,2}/L_{R,1}$,即迁移距离越短,出峰越快。实验表明,缩短迁移距离与提高电压同样有效,但操作不如升高电压方便,且可调的距离范围比较有限。如图 4-2 所示,在分离较为复杂的样品(如 8 种氨基酸)时,如果没有采用其他措施,仅缩短分离长度,很难实现超高速 CE[图 4-2(c)],但可以实现快速CE-LIF[图 4-2(a)和(b)]。

3. 电渗加速 CE

利用电渗加速 CE 是一种理论优势方法,可以允许正、负离子同时、同向进样分离,使 CE 超越经典电泳,成为可高度

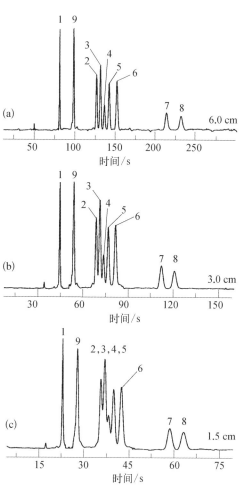

图 4-2 迁移长度对 FITC 衍生氨基酸 CE-LIF 分离的影响

毛细管:50 μm ID×(1.5～6)cm
缓冲液:20 mmol/L 硼砂
电场强度:400 V/cm
进样:10 μmol/L 氨基酸超薄液膜扩散进样
峰:1—精氨酸;2—亮氨酸;3—苯丙氨酸;4—门冬氨酸;5—丙氨酸;6—甘氨酸;7—谷氨酸;8—门冬氨酸

自动化操作的仪器分析方法。这里的电渗是指毛细管中液体的整体单向流动,它源于毛细管壁上的电荷及由此形成的与纵向平行的双电层。通过物理或化学吸附可以调控管壁上的电荷,从而能够控制电渗的流速。一般地,为了实现超速 CE,需要增加毛细管内壁的电荷以强化电渗。管壁上的电荷可通过对管壁吸附或化学键合具有强解离基团的涂层来实现,有动态或静态涂布两类方法。

毛细管内壁上的电荷,还可以借助电容充、放电方式来进行调控,只需要在毛细管径向方向施加电场即可实现。陈义课题组曾设计过一种单电源四电极电渗控制系统(图4-3),并用其研究了蛋白质的快速分离,结果如图 4-4 所示。目前的结论是单独利用电渗加速分离,能实现快速分离但不足以实现超快速分离,与缩短迁移长度的效果相似。

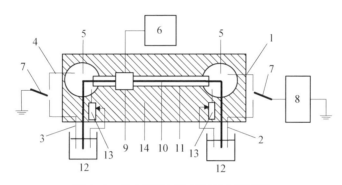

图 4-3 单电源四电极电渗控制系统结构

1~4—电极;5—内电极槽;6—数据采集、记录与处理单元;7—极性转换开关;8—高压直流电源;9—检测器;10—分离用毛细管;11—外套管;12—电泳电极槽;13—可变电阻;14—管盒

4. 光子晶体填充加速 CE

上面三种方法勉强可以实现超快 CE,但无法进一步加速分离过程,主要障碍在于分离速度与分离效率之间的冲突。如果能够提高分离效率,则可以同时利用升压、缩短迁移距离或加速电渗来实现超速 CE。式(4-2)中第三式表明,色谱机制可以通过 k、影响权和滀度,进而影响分离效率和出峰时间。由 van Deemter 方程可知,填充颗粒粒径分布越窄,填充越均匀规则,则分离效率越高。据此,陈义课题组开发了光子晶体填充微通道,用于实现超快 CE。

光子晶体是一种由均匀颗粒组装而成的具有周期性结构的新颖材料,其晶格常数由颗粒粒径和颗粒间距离确定。在紧密堆积状态下,颗粒间围成的孔道也是周期性和

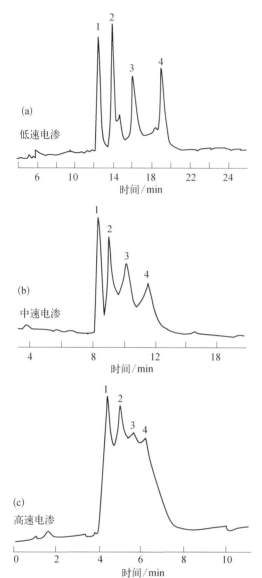

图 4-4 利用图 4-3所示装置调控电源
加速 CE 分离蛋白质样品

峰：1—溶菌酶；2—细胞色素 C；3—胰凝乳蛋白酶原 A；4—肌红蛋白

均匀的，其大小与粒径相关。比如用粒径为 200 nm 颗粒组装的光子晶体，可以提供约 30 nm 的通孔，可用于纳米通道 CE，实现超速分离。

基于光子晶体超快 CE 的难点是目前没有现成的方法可以快速制备完美的光子晶体填充微通道。为此，陈义课题组进行了长期的专题研究，研发出了多种快速、实用的光子晶体制备方法，如热加速自组装法、电驱动自组装法、分离分级自组装法等[10-12]。其中，分离分级自组装法利用了重力沉降诱导分级和同时自发组装原理，能将多分散亚微米颗粒组装成窄禁带（10 nm）的高质量光子晶体，因而还能用于分级制备单分散颗粒。所得悬浮态光子晶体能在分散态-晶态间快速可逆转换，转换周期约 20 s，因此可用于彩色文字书写、打印或彩色绘画。热加速和电驱动组装光子晶体均为快速方法，可以根据需要制备各种规格和长度的亚微米、周期性面心立方结构的光子晶体柱。

利用上述方法，陈义课题组在实验室组装了不同规格的光子晶体微通道和毛细管，用其实现了微量生物活性物质如氨基酸、肽、蛋白质等的

超高速分离分析。图 4-5(a) 为在 4 s 内分离 4 种氨基酸得到的谱图，图 4-5(b) 为分离更复杂的氨基酸得到的谱图，所用条件有所差别，但均在秒级水平。实测表明，所组装的光子晶体可以长期承受 2 000 V/cm 电场强度。高电场可使分离时间进一步缩短。

5. 超短进样 CE

由式(4-2)可知,如果初始区带宽度可略,则 CE 的极限效率仅由纵向扩散控制。按仪器分析的一般要求,变异系数的容忍上限约为 1%,即以理论板高变化 1% 为可略限制条件,则初始区带宽度可略的数值限制可由下式估算:

$$\frac{L_0^2}{L_R} < \frac{2D}{\mu V} \times 1\% \quad \text{或}$$

$$L_0 < 0.1\sqrt{\frac{2D}{\mu E}} = 0.1\sqrt{\frac{2D}{L_R} t_{R,\,min}}$$

$$(4-3)$$

式中,$t_{R,\,min}$ 是区带恰好分离所需的时间或称最短分离时间。由此可知,允许的初始区带宽度与被分离物质的扩散系数、淌度、分离电场强度或分离长度和分离时间有关。假设有一离子的扩散系数 $D = 9.400 \times 10^{-10}$ m^2/s,要在 60 s 内通过 0.01 m 长的通道实现分离,则 $L_0 \leqslant 11.3$ μm,这就要求有微米级的进样技术。

上述估算并未考虑分离过程中两个相邻组分的速度差异。速度差一般

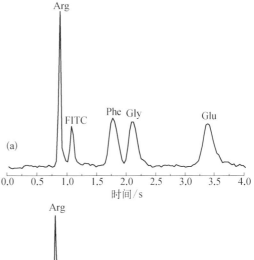

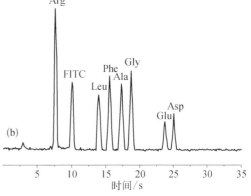

图 4-5　利用光子晶体填充微通道(a)和毛细管(b)做超快 CE

微通道:(a)为 200 nm SiO_2 微球组装光子晶体芯片通道,分离长度 2.5 mm;(b)为 800 nm SiO_2 微球组装光子晶体填充的毛细管(50 μm ID × 1.5/2 cm)

缓冲液:5 mmol/L 硼砂(pH 9.20)

分离电场:(a)为 1 200 V/cm,(b)为 1 000 V/cm

样品:15~20 $\mu mol/L$ 氨基酸混合溶液

荧光检测条件:激发 473 nm,收集 520 nm

峰:Ala—丙氨酸;Arg—精氨酸;Asp—门冬氨酸;Gly—甘氨酸;Glu—谷氨酸;Leu—亮氨酸;Phe—苯丙氨酸

小于速度值本身,因而允许的初始区带宽度可以有所增加。欲考虑速度差,须从实际分离过程出发进行推导。设有一双组分样,从初始区带为 L_0 开始分离到正好分开,其区带因纵向扩散而加宽变成 $L_{sep} = (L_0^2 + 2D_1 t_{R,\,min})^{1/2}$,其中 D 取两组分中的较大者。由此可以解得最快分离时间为

$$t_{R,\,min} = \frac{L_{sep}}{|v_2 - v_1|} = \frac{\sqrt{L_0^2 + \sigma_D^2}}{|v_2 - v_1|} \quad (4-4)$$

令：
$$\alpha = \frac{L_0}{\sigma_D} \quad 或 \quad \sigma_D = \frac{L_0}{\alpha} \qquad (4-5)$$

则：
$$t_{R,min} = \frac{L_0}{|v_2 - v_1|} \sqrt{\frac{\alpha^2 + 1}{\alpha^2}} = \frac{L_0}{|\mu_2 - \mu_1|} \sqrt{\frac{\alpha^2 + 1}{\alpha^2}} \frac{L_R}{V} \qquad (4-6)$$

式(4-6)关联了初始区带宽度、分离距离、电压等与出峰时间的关系,这在前面已有所讨论。就进样对速度的影响而言,主要是初始区带的宽度,其值可按下式估算:

$$L_0 = \sqrt{\frac{\alpha^2}{\alpha^2 + 1}} \frac{V}{L_R} |\mu_2 - \mu_1| t_{R,min} \qquad (4-7)$$

取 $\alpha = 0.01$, $\mu_1 = -1.717 \times 10^{-8}$ m^2/(V·s), $\mu_2 = -1.827 \times 10^{-8}$ m^2/(V·s), $L_R = 1$ cm $= 0.01$ m, $V = 1\,000$ V,若要在 60 s 内分离完毕,则 $L_0 \leqslant 66$ μm,该值是式(4-3)估计值的 10 倍,与预期吻合。若要在 6 s 内完成分离,则 $L_0 \leqslant 7$ μm。无论采用哪个公式作估算,其结论是一样的,即需要有微米初始区带的进样方法。这是一个新的挑战。虽然文献中有相关进样技术,可以实现超短区带进样,但不易实施和操控。为此,陈义课题组提出了一种液膜进样(liquid membrance injection,LMI)和干膜进样(dry membrance injections,DMI)技术,可方便地实现微米级区带进样。其原理是:对于体积为 Q 的样品溶液,将其铺展成液膜,则其厚度 d 为

$$d = \frac{Q}{S} = \frac{Q}{wl} \qquad (4-8)$$

式中,S 为液膜面积;w 和 l 分别为液膜的宽度和长度。当将毛细管快速插入液膜并拔起时,其进样长度与 d 成比例,即 $L_0 = Kd$,其中 K 是可表征校准的常数。由此可知,d 越薄,初始区带越短。

实验中发现,薄液膜很容易自然蒸干,形成一干涸的样膜。每次进样都需要重新清洗这层膜,然后再铺展液膜,操作略有不便且浪费样品。为解决这一问题,该课题组提出了另一种超短区带进样方法,即干膜进样技术,其动力是干膜中组分的溶解加扩散进样。其操作是将毛细管口与固体或干涸样品接触一段时间,再做 CE。填充有溶液的毛细通道,其开口处会因表面张力而出现弯月面,或向内或向外,取决于溶液和通道表面的极性。一般水溶液在疏水毛细通道会出现外凸弯月面。当它与固体接触时,可溶性成分会溶解进入液体并向通道内部扩散,从而实现进样。该进样所得初始区带宽度主要由分子扩散系数和接触时间(即进样时间)决定,约等于 $(2Dt_{inj})^{1/2}$。

液膜和扩散进样可以共享进样机构,图4-6为陈义课题组设计构建的一套液膜/

扩散进样 CE 装置,其中毛细管进样口磨成锥形,以方便进样位置控制并缩小非进样区域的接触与携带(即减少周边物质对进样量的影响)。图 4-7 为利用该装置实现的微米级进样结果,其中上图是液膜进样的显微荧光照片,初始区带宽度不长于 20 μm;下图是干膜进样,初始区带宽度小于 10 μm。

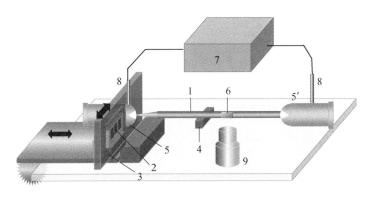

图 4-6　液膜/扩散进样 CE 装置示意图

1—分离用毛细管;2—多孔样品槽(加有样品液膜或干涸样膜);3—二维移动平台;4—支持底架;
5,5′—底部开缝电极槽;6—检测窗口;7—直流高压电源;8—铂丝电极

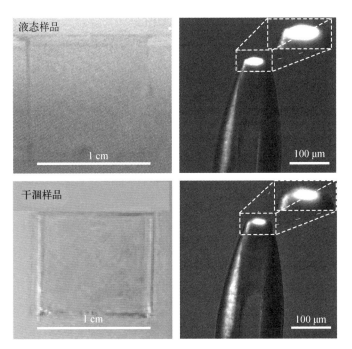

图 4-7　液膜(左上)和干涸(左下)样膜进样得到的约 15 μm
(右上)和小于 10 μm(右下)初始区带

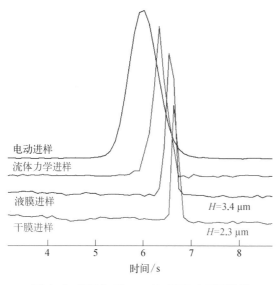

电动进样

流体力学进样

液膜进样

$H=3.4\ \mu m$

干膜进样

$H=2.3\ \mu m$

时间/s

**图 4-8 样品为 50 μmol/L FITC 在不同进样
方法下的 CE 谱图**

毛细管：50 μm ID×1 cm
分离电场：400 V/cm
电泳缓冲液：20 mmol/L 硼砂(pH 9.5)

不同的进样方法所得初始区带宽度有显著差异。图 4-8 比较了文献中常用的电动进样、流体力学进样、液膜进样和干膜进样，其中干膜进样区带最窄，效率最高。缩短初始区带长度对分离度的影响与延长分离长度是等价的，所以在检测灵敏度允许的条件下，应尽可能采用短初始区带的进样方法。

液膜进样超快 CE 的实用性，已经实验验证。验证所用样品是盐酸肾上腺素注射液，标注浓度是 1.0 mg/mL。陈义课题组用分离长度为 3 cm 的 50 μm 内径毛细管分离，内充 60 mmol/L 硼砂缓冲液

(pH 10.0)，分离电场为 400 V/cm，分离时间 35 s，LIF 检测[13]。

简而言之，超灵敏和超快分离分析会促进活体分析研究的发展。虽然目前的研究还很有限，但已经显示出了巨大的优势和值得进一步深入研究的前景。

4.3 纳米孔单通道分析

纳米孔，顾名思义就是内径为纳米级的孔道，其内径通常在 1 nm 至几百纳米之间波动。图 4-9 清晰地展示了纳米孔单分子技术传感器的工作原理：当人工磷脂双分子层两侧的电解液被纳米孔导通时，阴、阳离子在外加电场的驱动下定向移动穿越纳米孔将产生稳定的离子电流；待测分子穿越纳米孔时将会对离子电流产生调制作用，进而输出一个指纹电流信号。需要指出的是，待测分子穿越纳米孔的过程并不是简单的物质输运，而是包含了丰富多样的分子间相互作用。众所周知，分子结构决定分子性质；结构不同的分子，其与同种纳米孔发生相互作用的模式不同，输出的电流信号也

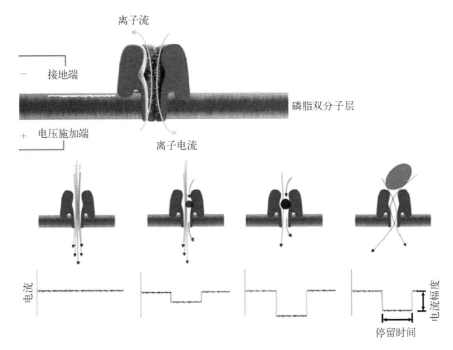

图4-9 纳米孔单分子技术传感器的工作原理示意图

各不相同。此外,即便是同种分子,其与不同结构的纳米孔发生相互作用所产生的电流信号也会很不一样。相比于目前广泛应用的电化学分析、光谱分析、质谱分析等方法,纳米孔检测技术最为核心的优势在于其充分利用了结构决定性质这一自然黄金法则,使得实验设计具有明确的导向性、实验结果具有准确的可指认性。因此,进行纳米孔研究必须做到"知己知彼",即充分了解待测分子的性质,并根据待测分子的性质选择与其最为契合的纳米孔传感器。例如α-HL纳米孔的蘑菇状结构使其可用于各种DNA二级结构的准确分辨,MspA纳米孔的传感区域内径狭窄且厚度很薄而成为DNA测序的不二之选,AeL纳米孔常用于寡核苷酸或寡肽的长度分辨,ClyA纳米孔由于其具有较大的内腔结构而可用于蛋白质翻译后修饰的实时动态分析等。除此之外,纳米孔技术的另一优势在于其检测器就是一个十分微小的纳米孔,因此非常易于制成微型化的便携式检测仪,以满足各种实际应用需求。

随着纳米材料与纳米制备技术的飞速发展,纳米孔的范畴已不再局限于成孔蛋白等生物型纳米孔;氮化硅、石墨烯、纳米线、石英毛细管等固态材料可用于制备各种固态纳米孔。固态孔与生物孔各有特色,例如,固态孔具有极强的机械性能并且可进行各种化学修饰;生物孔则具有性质高度均一、实验可重复性强、记录噪声低和可定点修饰等特点。

此外,还可将生物孔与固态孔进行集成以实现两者的优势互补。本节将重点介绍纳米孔单分子技术、DNA编码分子结合免疫技术用于生物标志物高灵敏度检测领域的最新进展。

4.3.1 基于纳米孔单分子技术的 DNA 编码分子构建

每一类纳米孔由于其孔径的局限性,使得通过直接检测待测物的范围受到很大的限制,为了扩展纳米孔单分子检测方法的应用范围,增强其普适性,中国科学院化学研究所吴海臣研究员课题组近年来将 DNA 探针与纳米孔传感器结合用于金属离子、有机小分子和各类生物大分子的高灵敏度检测,其构建的一系列方法在很大程度上打破了纳米孔单分子检测方法中检测物范围单一的局限性,推动了纳米孔技术在分析检测领域的实际应用。一般来说,分子穿越纳米孔所产生的信号频率通常与分子浓度成正比,因此绘制出"分子浓度-信号频率"工作曲线,即可知道某一信号频率所对应的分子浓度,这便是利用纳米孔开展待测物定量分析检测的基础依据。然而要获得准确的检测结果就必须用特征性强、识别度高、抗干扰能力好的电流信号作为定量标准,否则将出现检测结果偏高、假阳性等不良后果,因此得到指认性极强的特征电流信号是纳米孔定量分析的关键所在。

该课题组前期研究发现,在 ssDNA 链中间通过点击化学反应连接一个二茂铁客体分子(ferrocene 或 Fc),并向其加入葫芦脲[7]主体分子(cucurbit[7]uril,CB[7])共同孵育,两者将通过主客体相互作用形成含有 Fc⊂CB[7] 的 DNA 主客体探针(host-guest DNA probe,HGDP)。实验发现,该探针从 *cis* 端(接地端)穿越 α-HL 纳米孔将产生模式极为特征的电流信号(图 4-10)而可用作定量依据。通过大量的验证实验,该课题组成功地解释了该信号的产生机制:第一层信号起源于主客体探针堵塞在 α-HL 的 constriction 处并伴随着 Fc⊂CB[7] 在外电场作用下发生解体;第二层信号则是由于 DNA 穿过 α-HL 后 CB[7]络合了一个 K^+,带正电的 CB[7]在电渗流与外电场的共同作用下在 α-HL 的大腔内往复振荡等因素共同造成的。然而仅仅一种特征信号难以用于多种底物的同时检测,因此,该课题组随后又进行了一系列探究实验尝试获得更多性质、模式完全不同的电流信号,以实现多底物同时检测的目标。研究发现,主客体单元在 DNA 链上的位置、主客体单元与 DNA 之间连接臂的长度、DNA 链的长度等因素均会对电流信号性质产生影响。通过对这些因素进行排列组合,得到了五种相互区分度极高的电流信号而可作为定量分析的依据(图 4-11);而这些信号的产生无一例外都是主客体探针与 α-HL 发生特异性相互作用的结果。

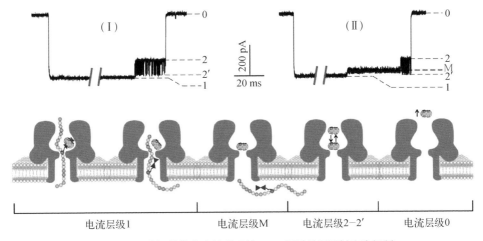

图 4-10　中间修饰主客体单元的 DNA 探针信号及其产生机制

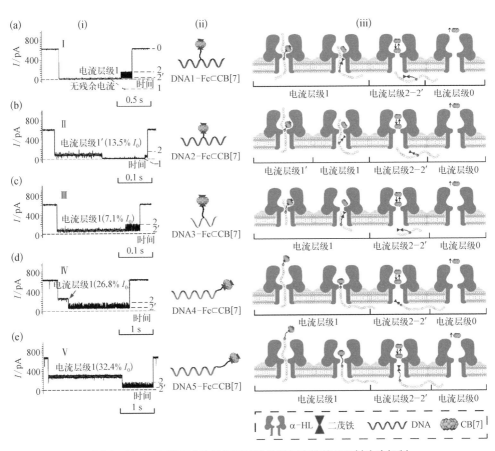

图 4-11　不同类型主客体探针产生的特征电流信号及其产生机制

得到用于底物指认的特征信号后,下一步工作就是利用得到的主客体 DNA 探针建立基于各种待测生物标志物检测的实验方法。之所以这样做,是因为生物标志物种类繁多且尺寸各异,包括核酸(如微小 RNA、循环肿瘤 DNA 等)、蛋白质(抗原、抗体、酶、膜蛋白等)、小分子代谢产物以及循环肿瘤细胞等,然而 α‑HL 纳米孔最窄处内径约为 1.4 nm,仅能允许 ssDNA 穿越,因此想要实现对这些不同类型的生物标志物进行检测就必须将它们与 α‑HL 所能检测的单链核酸建立起相关性关系。从某种程度上来说,纳米孔检测技术更像是一个开源的平台,通过合理、精巧的设计可将免疫分析、光谱分析、边合成边测序等方法的核心理念移植到纳米孔上,从而实现相应的科学目的。

4.3.2 DNA 编码分子结合免疫技术在抗原分子检测中的应用[14-15]

夹心结构法是一种广泛应用的免疫分析方法,常用于抗原分子的分析检测。其具体过程是将捕捉抗体通过物理吸附作用固定在固相载体表面用于样品中待测抗原的抓取,酶标记的检测抗体随后与待测抗原结合形成夹心结构并催化显色反应,通过光度测试分析得到待测抗原的含量信息。受到该方法的启发,吴海臣课题组尝试利用磁性颗粒(磁珠)、金纳米颗粒、捕捉抗体、检测抗体及 DNA 主客体探针构建可同时检测 5 种癌症相关抗原的纳米孔检测方法,具体过程如图 4‑12 所示。利用戊二醛与氨基的交联反应将捕捉抗体偶联至氨基修饰的磁珠上以用于捕获对应的待测抗原;将检测抗体及对应的 DNA 主客体探针修饰在金纳米颗粒上;此时将修饰后的金纳米颗粒与捕获了待测抗原的磁珠混合均匀,两者将通过抗原-抗体免疫反应形成夹心结构。经过清洗与磁性分离后,利用水浴将夹心结构加热至 95℃ 使得金纳米颗粒上修饰的主客体探针脱落下来,最后将含有探针的上清液收集并超滤浓缩,再用于纳米孔检测。该方法的优势在于通过抗原-抗体免疫反应将每种待测抗原均与一种 DNA 探针分子建立起对应关系,使得同时检测多种抗原成为可能。

相比于 ELISA 等传统的免疫分析方法每次只能检测一种抗原,该方法未来极有可能走向临床实际应用,从而进一步提高肿瘤诊断工作的效率,这是因为肿瘤等疾病的发生通常伴随着多种标志物含量水平同时异常,也就是说肿瘤的确诊通常需要知道多种标志物在人体内的表达水平,绝非通过某一种标志物即可得出结论。此外,该方法的另一突出优势在于标记了检测抗体的金纳米颗粒上面修饰了大量的 DNA 主客体探

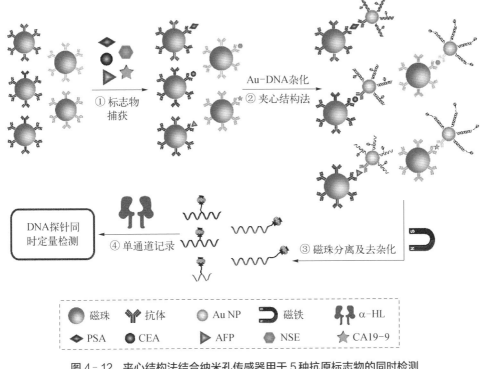

① 标志物捕获   Au-DNA杂化 ② 夹心结构法

③ 磁珠分离及去杂化

④ 单通道记录

DNA探针同时定量检测

磁珠   抗体   Au NP   磁铁   α-HL

PSA   CEA   AFP   NSE   CA19-9

图 4-12　夹心结构法结合纳米孔传感器用于 5 种抗原标志物的同时检测

针,也就是说发生抗原-抗体免疫反应后一个待测抗原将对应数十个主客体探针,而纳米孔检测的是探针分子所产生的特征电流信号,因此这种巧妙的信号放大策略将极大地提高方法的灵敏度并有效降低检测下限。利用上述方法,吴海臣课题组实现了对癌胚抗原(CEA)、甲胎蛋白(AFP)、前列腺特异抗原(PSA)、糖类抗原 19-9(CA19-9)及神经元特异性烯醇化酶(NSE)共 5 种肿瘤标志物的高灵敏度同时检测,并且发现通过该方法所得的检验结果与罗氏化学发光免疫分析仪所给出的同一样品的检验结果数值接近,没有显著性差异,证明该方法具有极高的实际应用价值。

4.3.3　利用 DNA 编码分子构建分子信标用于抗体及 DNA 的检测[16-17]

尽管利用免疫夹心反应策略可以很好地实现多种抗原类标志物的同时检测,然而该策略并不是万能的,这是因为生物标志物除抗原外还包括抗体、膜蛋白、酶、miRNA 及 ctDNA 等,面对这些标志物,免疫夹心方法则无能为力。为了进一步推动纳米孔传感器检测各类生物标志物的发展,吴海臣课题组提出构建响应性能各异的三链 DNA

分子信标(triplex molecular beacon,tMB),并将其与纳米孔技术相结合,最终实现对各种类型生物标志物的同时检测。

　　分子信标这一概念由 Tyagi 及其同事于 1996 年提出,是一种由单链 DNA 形成的双链茎-环结构,其出色的特异性与灵敏度使其广泛用于等位基因、单核苷酸多态性等领域的检测。为进一步拓宽该方法的应用范围,各种基于 DNA 丰富多样的"toolbox"功能的三链 DNA 分子信标已被开发并用于各类小分子及蛋白质的检测。相比于传统的分子信标,三链分子信标的优势在于其由底物识别分子和信号输出分子共同组成,因此结构设计更加灵活,底物识别及信号输出方式也更为多样,常用于生化分析检测中的生物分子相互作用模式,除抗原-抗体免疫反应外,还包括核酸互补配对作用以及核酸适体-靶分子亲和作用。由于 DNA 具有高度的可修饰性以及灵活的模块化功能集成性,吴海臣课题组提出将抗原分子、核酸互补序列或核酸适体序列修饰在底物识别 DNA 分子上,并将对应的一种 DNA 主客体探针作为信号输出分子与其共同孵育而形成三链 DNA 分子信标(图 4 - 13)。各种待测物与其对应的分子信标通过生物分子相互作用导致信标结构解体后,主客体探针将被释放出来进而用于标志物的检测分析。

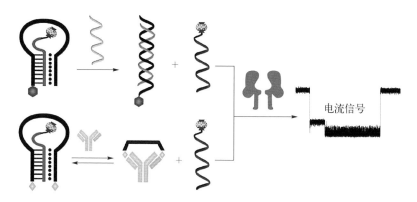

图 4 - 13　三链 DNA 分子信标结合纳米孔传感器用于各类标志物的检测原理

　　基于上述设计理念,吴海臣课题组首先尝试检测 HIV - 1 U5 长末端重复序列,该标志物对于 HIV - 1 基因组的表达与调控起到了重要作用。如图 4 - 14 所示,当待测序列与分子信标的环状区发生碱基互补配对作用后将释放出 DNA 主客体探针并产生双链 DNA 分子。由于这两种分子都可以穿越 α - HL 纳米孔,尤其是待测物浓度很高的情况下,形成的双链 DNA 分子将频繁地穿越纳米孔进而严重影响主客体探针分子的捕捉率导致检测结果不佳。为排除双链 DNA 分子的干扰,该课题组在分子信标的

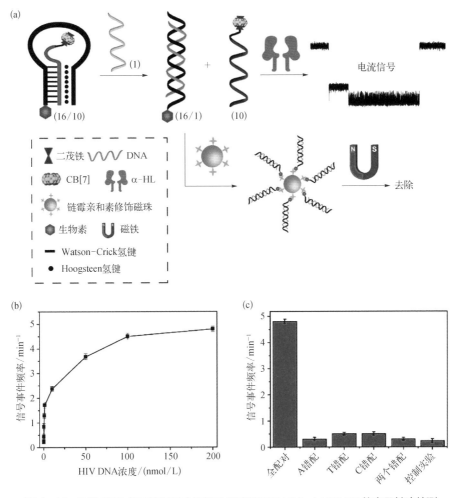

(a)

二茂铁　DNA
CB[7]　α-HL
链霉亲和素修饰磁珠
生物素　磁铁
Watson-Crick氢键
Hoogsteen氢键

电流信号

去除

(b)

(c)

图 4-14　三链 DNA 分子信标结合纳米孔传感器用于 HIV-1 U5 LTR 的高灵敏度检测

5′端修饰了生物素分子。当待测物与分子信标作用后,向其中加入链霉亲和素修饰的磁珠,这样就可以保证双链 DNA 副产物以及未反应分子信标被因禁在磁珠上,而释放出的主客体探针则分散在上清液中。通过磁珠分离及超滤浓缩等操作,所得到的待测样品中仅含有用于信号输出的主客体探针。该方法具有极高的灵敏度,可对浓度低至5 pmol/L 的待测物进行准确定量;不仅如此,该策略还可对单个碱基错配的序列进行选择性检测,具有非常优越的单核苷酸多态性识别能力。

在成功实现了对 HIV-1 U5 长末端重复序列的检测后,吴海臣课题组进一步尝试利用三链 DNA 分子信标检测各种抗体(图 4-15)。IgG 通常有两个抗原结合位点(二价抗体),在分子信标的两个末端处均修饰上抗原分子,当 IgG 与其中一个抗原分子结

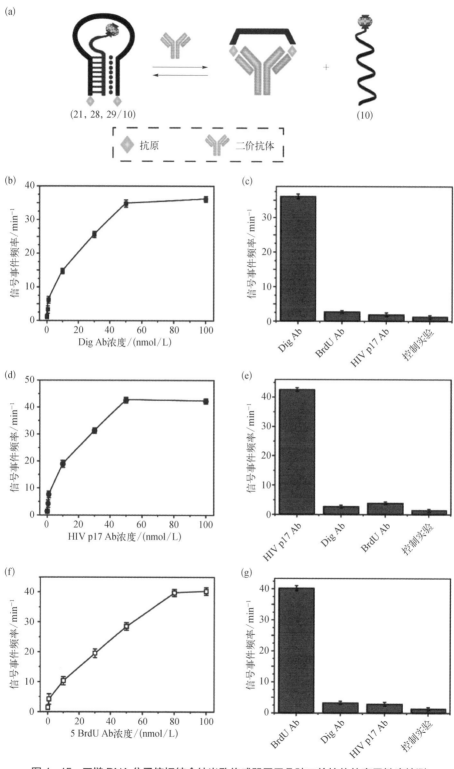

图 4-15 三链 DNA 分子信标结合纳米孔传感器用于几种二价抗体的高灵敏度检测

合后,空间接近作用将促使抗体与信标另一端的抗原发生结合,进而打开信标结构并释放出 DNA 主客体探针。利用该策略,该课题组实现了对抗地高辛抗体、抗 5BrdU 抗体以及抗 HIV p17 抗体的亚纳摩尔浓度检测。需要指出的是,尽管目前有很多方法可以很好地满足二价抗体的检测,然而对于变价抗体的高灵敏度检测目前仍较为困难。利用上述策略,吴海臣课题组对链霉亲和素(四价)以及地高辛 Fab 段蛋白(一价)同样实现了较高灵敏度的检测(纳摩尔级)。

为了进一步提高该策略的实际应用价值,该课题组尝试同时检测 HIV-1 U5 长末端重复序列与抗 HIV p17 抗体两种艾滋病相关生物标志物。如图 4-16 所示,分别构建用于检测两种标志物的分子信标,当待测物与对应的信标结合后,将释放出相应的

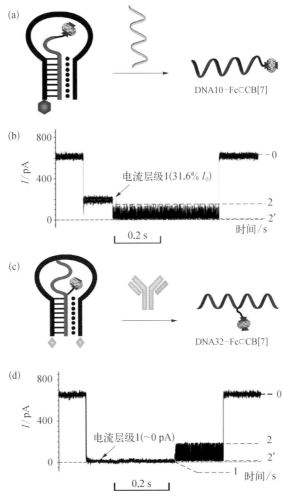

图 4-16 三链 DNA 分子信标结合纳米孔传感器用于两种 HIV 相关标志物的同时检测

主客体探针并产生特征电流信号用于标志物的定量检测。该方法未来极有可能用于HIV病毒感染的早期诊断,从而为患者争取更多的治疗时间。

4.3.4　基于纳米孔技术构建信号开启、猝灭及比率型 DNA 探针[18]

以上所构建的基于 DNA 探针的纳米孔检测方法,DNA 主客体探针只是作为解决复杂体系抗干扰的输出信号分子,并不参与和待测物的特异性相互作用。为进一步拓宽 DNA 主客体探针的功能,吴海臣课题组将识别分子共价修饰在 DNA 探针上,利用酶切脱掉识别分子,使得 DNA 探针与 CB[7]的相互作用产生变化,从而造成电流信号的差异来实现酶的定量及活性检测。美国三一学院 Urbach 教授课题组发现多肽 N - 末端的苯丙氨酸残基(F)可与 CB[7]发生紧密结合。受此启发,吴海臣课题组尝试将 N - 末端为 F 残基的小肽通过点击化学反应连接至 ssDNA 的 5′端并将其与 CB[7]共同孵育形成主客体探针。实验发现,这种基于多肽的主客体探针穿越 α - HL 将产生两种不同的特征信号(图 4 - 17),分别为双层信号(类型 I)和单层信号(类型 II)。通过大量实验探索,该课题组发现这种多肽主客体探针产生双层信号的机理与二茂铁主客体探针是完全一致的;而之所以会产生大量的单层特征信号是由于多肽与 CB[7]的结合力(binding affinity)远远弱于二茂铁与 CB[7],因此导致大量多肽主客体探针在α - HL 的孔口处(latch constriction)即发生结构解体,进而产生单层信号。由于这两种类型的信号均是由主客体探针所产生的,因此均可用于分子指认。此外,该课题组还发现这两种信号的频率比率具有 pH 依赖性,因此还可用于对环境酸碱度的检测。

基于上述原理,吴海臣课题组设计了一种可同时检测蛋白酶的浓度和肿瘤组织酸碱度的多肽主客体探针。他们将序列为 LFGK 的小肽连接至 DNA 的 5′端(图 4 - 18),此时 DNA 无法与 CB[7]发生主客体作用。当亮氨酸氨肽酶(LAP)特异地切除 N - 末端的 L 残基后,F 残基将与 CB[7]结合并形成主客体探针产生特征信号。而特征信号的频率与 LAP 的浓度成正比,因此可对其进行定量检测。通过不对称盐梯度信号放大策略,该方法可检出样品中低至 3.1 fmol/L 的 LAP,是迄今为止所报道的最低检测限。此外,将信号频率与底物浓度的关系作出 Lineweaver - Burk 图将得到用于描述酶活性的米氏常数。不仅如此,研究还发现两种特征信号的比率仅依赖于环境 pH,而与探针的量无关,因此该课题组利用这种双重响应探针首次实现了对酶活性与肿瘤组织微环境酸碱度的同时检测。

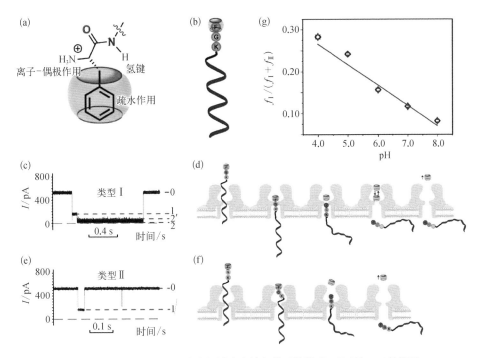

图 4‑17 基于多肽的主客体探针产生特征信号的模式、机理与 pH 依赖性

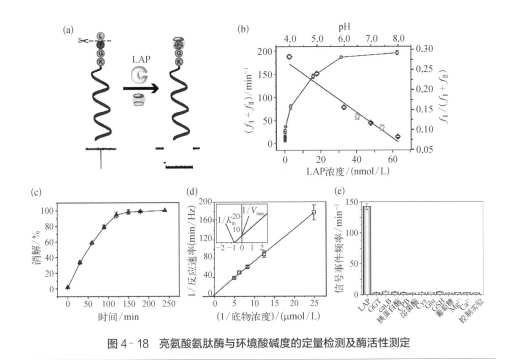

图 4‑18 亮氨酸氨肽酶与环境酸碱度的定量检测及酶活性测定

由于多肽作为识别单元具有极高的设计灵活性,因此不仅可以设计成 turn on 型 DNA 探针,还可根据待测蛋白酶的性质设计信号猝灭型 DNA 探针。例如,当组织蛋白酶 B(cat. B)特异性地切掉缬氨酸-瓜氨酸单元后,用于特征信号输出的苯丙氨酸-葫芦脲主客体结构也随之脱落,造成特征信号频率猝灭。通过信号的猝灭程度以及信号比例同样可对 cat. B 的浓度、活性、pH 进行准确定量。由于该工作设计的 DNA 探针中的多肽部分既作为底物识别单元,也作为信号输出单元,因此使得该策略具有极高的灵敏度与检测效率,并且可有效避免背景干扰等问题。由于 DNA 具有高度的可修饰性以及丰富的"toolbox"功能,因此该工作为 DNA 探针用于复杂体系乃至单个细胞中的多组分同时检测提供了新的思路与方法。

经过全球众多科研工作者 20 多年来的不懈努力,纳米孔单分子技术这一研究领域已得到长足的发展,目前研究精力主要集中在核酸测序、分子检测以及化学生物学过程探究三个方面。其中,核酸测序研究已经非常成熟,基本上实现了以低于 1 000 美元的成本完成人类基因组的测序。该领域以牛津大学 Hagan Bayley 教授为杰出代表,其创建领导的 Oxford Nanopore Technologies 公司已成功推出各种高性能纳米孔测序仪。分子检测领域的参与者数量最为众多,每年均有百余篇研究论文报道利用纳米孔检测不同种类、不同性质的物质。化学生物学过程探究这一领域目前正在蓬勃发展,核孔结构物质输运、蛋白质-生物分子相互作用、蛋白质转录后修饰等方向均有突破性成果报道。随着孔道蛋白质结构解析以及制备技术的进一步发展,在不久的将来纳米孔将用于难度更高、科学意义更大的蛋白质测序研究中。不仅如此,将纳米孔技术与微流控芯片实验室等技术相结合极有可能推动即时诊断及智能检测等领域的飞速发展,为卫生健康事业做出革命性的贡献。

4.4 微流控技术

微流控技术(microfluidics)是一种精确操控极小量尺度下微流体的技术,通常通过微流芯片中的管道对液体实施操控,管道至少有一维的尺度在微米或微米以下,其控制液体的体积为 $10^{-9} \sim 10^{-8}$ L。1975 年,斯坦福大学的 Terry 等在硅片上制成了第一个小型的气相色谱分析仪被认为是第一个现代意义的实用型"微流控"元件,但是由于技术的限制,直到 1990 年由 Manz 等提出"微全分析系统"(micro-total analysis system, μ-TAS)的概念,才进入了迅速发展时期。由于操作工艺的限制,早期的微流控芯片主要使用硅和玻璃,通过光刻和腐蚀在其表面形成管道。1998 年,美国哈佛大学 Whitesides 研究组提出了软刻蚀(soft lithograph)的概念,即使用硅片作为模具、聚二甲基硅氧烷(PDMS)作为倒模的软性材料,可快速地制作微流控芯片,不再需要苛刻的实验条件和昂贵的加工技术,可方便快速地进行微流控芯片的加工。2000 年,美国加州理工学院 Quake 研究组发明了多层软刻蚀技术(multilayer soft lithography),使用 PDMS 材料的弹性和聚合的特性,创造三维交叠管道来实现简单有效的流体运动控制,创造出可以主动并且更加精确地控制液体流动的 3D 芯片。随着微阀、微泵、微混合器、微筛等基本单元的完善,以及芯片上电极、芯片表面化学修饰等加工技术的发展,微流控芯片的集成度和复杂度大大提升,功能性大大加强,大规模集成微流控芯片不断涌现,在生命科学、化学领域展示了越来越重要的应用价值,表现出快速、精确、经济、高通量、自动化等优势。本节将重点介绍微流控技术在单细胞分析与核酸测序领域的最新进展。

4.4.1 微流控单细胞核酸的扩增与测序分析

单细胞转录组的测定面临的主要问题是细胞操控与微量 RNA 的扩增。为了帮助操作单细胞、降低单细胞转录组实验的难度,并且提高实验结果的重复性和可靠性,北京大学黄岩谊课题组利用微流控体系开发出一种从单细胞捕获到逆转录至扩增的高通量单细胞全转录组测序的新方法[19]。通过将 Tang2009 方法与微流控技术结合,在芯片上实现了 8 个单细胞的转录组样品制备的并行操作(图 4-19),不仅摆脱了对实验操作者的训练依赖,而且显著提高了转录组富集的灵敏度、定量测定的精度以及并行反应的重复性,并且极大地降低了实验误差和背景噪声,获得了同时期最好的单细胞全转录组测序检测的定性和定量化结果。这项研究工作还揭示了一个重要的实验指导性发现,即通过对多个细胞较低深度的转录组测序,可以获取比同等成本下单个细胞高深度测序更重要的细胞异质性信息[20]。

单细胞全基因组测序分析需要先对细胞内的所有 DNA 进行扩增。基于恒温扩增反应最常用的方法是多重链取代扩增(multiple displacement amplification,MDA),一种使用随机引物和具有链取代活性的酶 phi29 DNA 聚合酶在 30℃ 恒温下进行

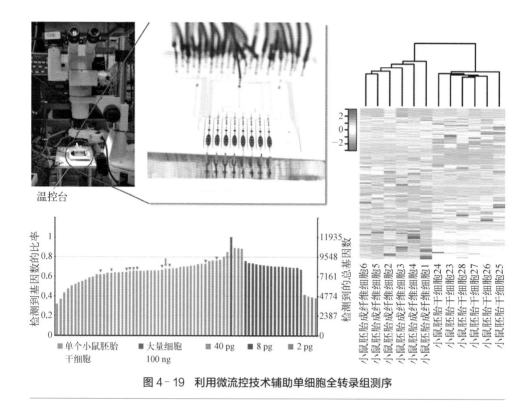

图 4 - 19　利用微流控技术辅助单细胞全转录组测序

的全基因组扩增方法。这种方法的扩增产量较高，并能在全基因组范围内提供良好的覆盖，同时错误率较低，非常适合于单碱基核苷酸多态性（single nucleotide polymorphism，SNP）的研究。但 MDA 对杂合等位基因的丢失比较严重，此外也存在明显且随机的扩增偏向性，导致无法以较高的精准度同时检测单个细胞中的拷贝数变异（copy number variation，CNV）以及单碱基突变（single nucleotide variants，SNV）。黄岩谊课题组开发了一种利用微流芯片产生微液滴的新型 MDA 方法（eWGA）来提升全基因组扩增的均匀度[21]。该方法将细胞裂解液分散到 10^5 量级的皮升大小的液滴中从而实现每个液滴中平均只有一条 DNA 片段，由于此时的扩增反应不再发生相互竞争，因此所有的 DNA 片段均具有相近的扩增倍数。通过正常的二倍体人脐静脉内皮细胞和带有拷贝数变异的 HT - 29 结肠癌细胞系的验证，表明与常规试管 MDA 和同时期其他单细胞扩增方法相比，eWGA 是唯一一个同时兼具高准确度、高均一性和低丢失率等优点的方法（图 4 - 20 和图 4 - 21），可以同时检测高准确度的单碱基突变和小的拷贝数变化，为肿瘤异质性研究和临床诊疗提供更精准的技术和方法。

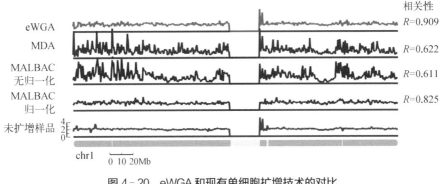

图 4‑20 eWGA 和现有单细胞扩增技术的对比

但是由于产生微液滴的芯片的制备过程以及使用较为烦琐,导致这一方法对于零基础的使用者仍是一个较大的挑战,即便使用商业化的仪器产生液滴,在通量上也存在很大限制。由于液滴的均一性对于 eWGA 十分重要,因此简单的振荡方法产生的单分散液滴不可行。鉴于微流体乳液滴发生的进入壁垒较高并且通量受限的问题,该课题组又开发了两种芯片外方法,一种是利用旋转微量移液管产生乳液滴(SiMPLE),另一种是利用 MiCA (centrifugal micro-channel array)高效方便地生成乳液滴,并与 MDA 结合进行高通量单细胞全基因组扩增和测序。根据设计原理,MiCA 方法在通量与操作性上都明显优于

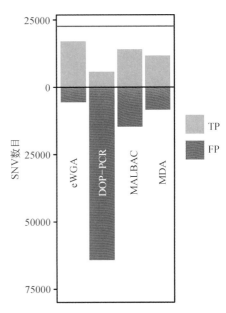

图 4‑21 不同方法扩增的 HT‑29 单细胞单碱基突变检测能力

SiMPLE,可实现与传统实验操作和供应的无缝集成,可一次性完成 48 个单细胞反应液的乳化过程(图 4‑22),耗时仅 20 min,一天内能够实现上百个甚至更多的单细胞全基因组扩增,并且其扩增的均一性明显优于 eWGA。

组蛋白修饰是一种重要的表观遗传修饰,在转录的起始控制和基因表达等过程中起到了重要的调控作用。研究组蛋白修饰最主要的方法是染色质免疫沉淀测序法(ChIP‑Seq)。由于 ChIP 实验能富集到的 DNA 分子数目有限,并且会受到抗体效率等诸多因素的影响,因此常规的 ChIP 反应需要 $10^6 \sim 10^7$ 数量的细胞作为实验材料,导

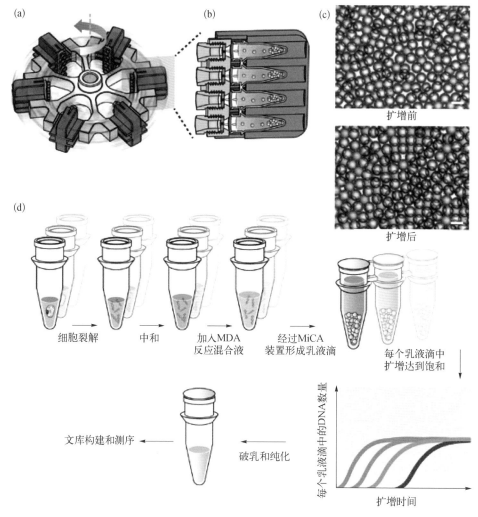

(a)

(b)

(c)

扩增前

扩增后

(d)

细胞裂解 → 中和 → 加入MDA反应混合液 → 经过MiCA装置形成乳液滴 → 每个乳液滴中扩增达到饱和

文库构建和测序 ← 破乳和纯化 ←

每个乳液滴中的DNA数量

扩增时间

图 4-22　利用 MiCA 的高通量乳液全基因组扩增

致其难以应用于少量细胞甚至单细胞样品的测序。针对这一问题,黄岩谊课题组及其合作者采用将微流控芯片技术和 ChIP 相结合的方法,建立了一种高灵敏度的 ChIP-Seq 新方法[22],将最关键的染色质与抗体-磁珠复合物的共价结合与非特异性吸附的洗涤等 ChIP 实验步骤集成在微流控芯片上进行(图 4-23)并且利用 carrier DNA 直接进行文库构建,成功实现了对 1 000 个细胞的染色质的免疫沉淀,通过高通量测序的方法获得了高分辨率全基因组水平的表观修饰图谱,表明小鼠表皮干细胞是体内植入后外胚层细胞的一个可靠的体外模型。该方法大大减少了样品的起始消耗量,并且减少了操作误差,节约了反应时间,获得了更高的可靠性和更好的平行性,有望推动解决发

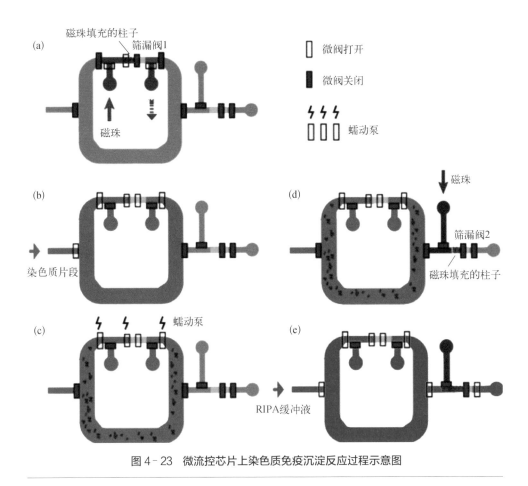

图4‐23　微流控芯片上染色质免疫沉淀反应过程示意图

育生物学等领域因样品量极少而悬而未决的问题，以及用于肿瘤、免疫、神经生物学等领域的异质性样本表观基因组的精细观察与解析。

4.4.2　基于微流控技术的新型高通量 DNA 测序方法[23]

高通量 DNA 测序技术从原理上突破了之前 Sanger 测序的通量瓶颈，但是将测序的准确性进一步提高乃至达到与 Sanger 测序法相当的程度仍然是一个严峻挑战。针对此问题，黄岩谊课题组开发了一种基于微流控芯片和荧光发生原理的全新概念测序方法，称作纠错编码（error correction coding，ECC）测序法（图4‐24）。测序反应在具有单个流动池的玻璃微流控芯片中进行，先将待测 DNA 样本固定在芯片内部，然后重复通入反应液，并由半导体制冷片整体加热芯片到合适的 DNA 聚合酶反应温度，基于

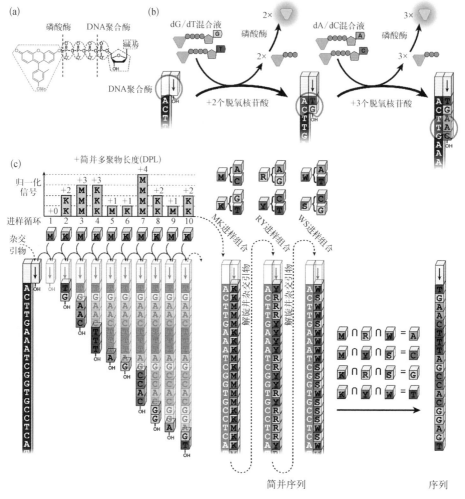

图 4-24 荧光发生 ECC 测序原理的示意图

荧光发生的边合成边测序(sequencing by synthesis,SBS)反应将会发生,释放荧光分子在溶液中。之后,对芯片流动池进行成像,提取荧光信号,再转化成测序碱基的信息。此过程周而复始,最终可获得完整的 DNA 序列信息。由于玻璃基材的硬质微流体芯片自发荧光背景低,信噪比高,因此该方法非常适合于微弱荧光信号的检测和定量。相比于柔性芯片,流动室内的体积确定,荧光信号确定,具有极高的一致性。并且玻璃芯片的表面化学固载性能稳定,键合强度高,可耐受接近 100℃ 的 DNA 引物杂交过程。结合该课题组开发的 ECC 方法,通过解码测序过程中 DNA 序列产生的冗余信息,大大增加了测序精度,也是 SBS 中首次引入冗余编码。利用这种低错误率的荧光发生测序技术,该课题组在实验室搭建的原型测序仪上获得了单端无错的 200 个碱基读长,测序准确度大于 99.96%。未来,微流控技术在生物大分子检测方面的发展必将是向更高通量、多重与精确测量和定量的方向迈进。

4.5 脂质组学分析

脂质化合物是生命体内一类十分重要的物质,其代谢水平和功能的变化与细胞生理功能的实现和生命体病理性紊乱是密切相关的。脂质组学是对脂质分子种属以及其生物功能的全面描述,主要研究与蛋白质表达有关的脂质代谢及其功能,包括基因调控等。其主要内容包括脂质及其代谢物分析鉴定,脂质功能与代谢调控(含相关关键基因、蛋白质、酶的研究)和脂质代谢途径及网络。目前,脂质组学已成为非常活跃的研究领域,尤其在研究疾病方面的重要性已经引起了科学界的广泛关注,植物脂质组学研究也有报道。本节将着重讨论脂质组学分析方法的最新进展。

4.5.1 脂质组学分析简介

由于脂类化合物的种类繁多,且生物样品基质复杂,故实现其完全的分离分析是一个挑战。脂质组学分析首先是样品制备,通常有三种脂质组学分析策略,即轮廓分析(profiling analysis)、目标分析(targeted analysis)和成像分析(imaging analysis)。

样品制备就是采用一定的方法将生物样品中的脂类化合物提取出来,形成可供分析的样品。全脂质化合物的最常用提取方法是 Folch 等提出的氯仿甲醇提取法。由于脂质中的不饱和脂肪酸结构长期暴露在空气中易被氧化,人们也在研究用固相萃取(solid phase extraction,SPE)、微波辅助提取(microwave-assisted extraction,MAE)、超临界流体萃取(supercritical fluid extraction,SFE)和加压流体萃取(pressurized fluid extraction,PFE)等技术来处理脂类样品,以期借助自动化提高样品处理通量。

轮廓分析也称非目标分析(untargeted analysis)或全脂分析(global analysis),即对生物样品中所有的脂类化合物及其代谢产物进行分离鉴定,以便从中筛选生物标志物。液相色谱-质谱联用(liquid chromatography-mass spectrometry,LC-MS)是脂质组学分析的主要技术，尤其是二维液相色谱（two-dimensional liquid chromatography，2D LC）技术的发展，是轮廓分析最常用的方法。

针对几种、一类或少数几类脂质生物标志物进行分析就是目标分析。反相液相色谱（reverse-phase liquid chromatography，RPLC）是常用方法，特别是超高效液相色谱（ultra-high performance liquid chromatography，UHPLC）与 MS 联用，该方法分离效率高，分析速度快。除了一维 LC - MS 以外，直接 MS 分析也是目标分析的主要方法。尤其是对于原位分析或活体分析，敞开式 MS 是解决问题的一种方法。

成像分析是对生物样品中的脂类化合物分布的可视化分析，以获取动态变化的数据。脂质组学的成像分析主要有荧光成像和 MS 成像。基质辅助激光解吸附质谱（matrix-assisted laser desorption ionization-mass spectrometry，MALDI - MS）成像最具优势，但仍然有灵敏度的限制，有时还有基质效应的影响，且难以用于活体或原位成像分析。二次离子质谱（secondary ion mass spectrometry，SIMS）空间分辨率高，已经用于单细胞的脂类化合物成像分析。至于敞开式 MS 成像分析，解吸电喷雾电离（desorption electrospray ionization，DESI）用得较多，虽然其空间分辨率比不上 MALDI - MS 和 SIMS，但由于其可在常压敞开环境检测，保持了样品的原始状态，甚至可以实现实时原位检测。

4.5.2　脂质组学分析的样品制备技术

1. 液-液萃取方法

最常用于脂类分析的样品制备技术是液-液萃取法（liquid-liquid extraction，LLE），该方法是将氯仿和甲醇按一定比例混合作为萃取剂对生物样品中的脂类化合物进行提取。该方法的缺点是溶剂毒性较大。为了降低萃取溶剂的毒性，人们试图采用无氯仿体系，例如正己烷/异丙醇法，异丙醇体系也可用于脂类化合物的提取。这两种方法显著降低了溶剂的毒性和成本，但萃取效率也有所下降，故使用范围远不及 Folch 试剂广泛。此外，用丁醇/甲醇混合溶剂再加 1% 的乙酸可以有效提取血浆中的脂类化合物。用 LiCl 取代乙酸也可以获得好的提取效果，而且适合于生物组织样品。近年来人们倾向于用更高效的无氯仿体系，比如基于丁醇和甲醇的 LLE 方法，该方法快速、高通量，可以实现在 60 min 内对 96 份人血浆样品进行提取。还有研究人员提出了基于甲基叔丁基醚的 LLE 方法，该方法不仅对脂类化合物有良好的提取效率，还可以同时对其他代谢产物进行提取。

2. 其他萃取方法

固相萃取法(SPE)近年来用于脂质组学分析样品处理,常用的 SPE 小柱多为硅胶柱或键合了氰基、氨基或二羟基的硅胶柱,洗脱溶剂一般为甲醇、氯仿、己烷等。SPE速度快,比 LLE 节省溶剂,且纯化效果好,易于自动化,在脂质组学分析样品处理中将发挥更大的作用。除了 LLE 和 SPE 方法,许多新的提取方法也已用于脂质组学分析,如固相微萃取(SPME)、超声波辅助提取(UAE)、加压流体萃取(PFE)和分散液-液微萃取等。

4.5.3　气相色谱法和超临界流体色谱法用于脂质组学分析

1. 气相色谱法

气相色谱法(gas chromatography,GC)一般只能分辨脂类化合物所含的不同脂肪酸链,而不能确认其所属的类别。若要对不同类别的脂类化合物进行分析,通常需要与薄层色谱(thin layer chromatography,TLC)或 SPE 等技术相结合,即先用 TLC 或者 SPE 将不同类别的脂质分离,然后用 GC 或 GC‐MS 分别分析每一类别的脂类化合物。此外,有人用高温气相色谱法(high temperature gas chromatography,HTGC)在高柱温(430℃)下对相对分子质量较高($m/z = 1\,860$)的化合物实现分离检测,拓展了GC 的适用范围,实现了极长链脂类的分析。

2. 超临界流体色谱法

超临界流体色谱法(supercritical fluid chromatography,SFC)分析脂类化合物可以采用类似 GC 的色谱柱,也可以采用 LC 填充柱,固定相多用弱极性的填料。流动相是超临界二氧化碳,当分析极性脂类化合物时,流动相中可以加入甲醇等改性剂,以增加流动相对样品的溶解性。SFC‐MS 方法可以实现小鼠血浆中脂质组学轮廓分析,检测到包括甘油酯类、甘油磷脂类、神经酰胺类、胆固醇类等 12 类共计 416 种脂质类化合物。

在脂肪酸分析方面,采用 C18 色谱柱和流动相梯度洗脱的 SFC‐MS 可以有效分离亚麻酸的位置异构体。采用全二维 SFC×SFC,第一维用硅胶柱,可以按照饱和度不同实现分离,第二维采用 ODC 柱,可以按照链长不同实现分离。近年来发展起来的超高效 SFC 采用亚 2 μm 键合硅胶固定相,可以在 7 min 内有效分离 31 种未经衍生化处理的游离脂肪酸及其异构体。

4.5.4 高效液相色谱法用于脂质组学分析

1. 正相液相色谱法

正相液相色谱法(normal phase liquid chromatography,NPLC)可根据脂质的极性头基不同将不同类别的脂类化合物有效分离开,若采用 MS 作为检测器,则可以鉴定脂类化合物的结构。通过多级 MS 就可对每一类磷脂所含的分子种属进行确认。通过碰撞诱导解离 (collision induced dissociation,CID)产生的不同磷脂分子的特征碎片离子(主要包括脂肪酸负离子和降解磷脂碎片),可用来对磷脂分子的脂肪酸链组成进行确定。

2. 反相液相色谱法

反相液相色谱法(reverse phase liquid chromatography,RPLC)是根据分子的疏水性差异进行分离的,这正好适合于分子带有疏水链的脂类化合物。刘虎威研究组采用 RPLC 分离了鼠肝样品提取液中的脂类化合物,考察了不同色谱柱对分离效果的影响,表明 C8 柱的分离效果较好,一些结构异构体可以实现基线分离。高分辨率 MS 通过正、负离子模式检测脂质的分子种属,二级 MS 能更准确地鉴定分子结构,从不同生物样品中一共可以鉴定数百种脂类化合物,对大部分所分析的脂质的定量线性范围在 4 个数量级,检测限为飞摩尔(10^{-15})级。

3. 其他液相色谱法

除了 NPLC 和 RPLC 外,亲水相互作用液相色谱法(hydrophilic interaction liquid chromatography,HILIC)也常用于脂质组学分析。HILIC 的分离机理与 RPLC 成正交关系,使用极性的硅胶键合相(如氨基、二醇基柱)为固定相,低比例水相和高比例有机相混合溶剂为流动相。银离子色谱(Ag‑LC)法主要用于脂肪酸或带有脂肪链的脂类化合物的分析,其分离机理是基于银离子与双键的相互作用,故被分析物分子中双键数目越多,保留作用越强。Ag‑LC 可以与 MS 联用,有效分离鉴定不饱和脂肪酸及其脂类、蜡酯、还可以分离测定 TG 的区域异构体。薄层色谱法(thin layer chromatography，TLC)是最早用于脂类化合物分离的色谱方法，而且今天仍然在使用。特别是对于磷脂的分离，TLC 是一种有效而通用的分离方法。采用高效薄层色谱法(high performance thin-layer chromatography，HPTLC)分离磷脂可获得更高的效率。

4.6 基于多肽识别的微纳分离与分析

多肽作为重要的生理活性物质，参与并调控着几乎所有的生命过程，在生命体系分子识别中扮演着重要角色。高分辨率的分离技术和高灵敏度的检测方法，对于发现新的具有生物学和生理学效应的多肽具有重要作用。迄今为止，已探明有 100 多种活性肽存在于中枢和外周神经系统、心血管系统、免疫系统和消化系统中。近年来，快速发展的微米、纳米技术拓展和推动了多肽识别在分离分析中的应用。将微纳尺度材料与多肽相结合，是发现新的生物识别分子的高效方法。基于微纳流体系统的分离检测装置为复杂生物体系中多肽的鉴定、生物学功能解析提供了低耗、高通量的平台。将靶向多肽与纳米器件相结合，为传感检测提供了新原理和新方法。此外，多肽自组装形成的微纳结构及其对生物体内化学信号的智能响应，使在活细胞和活体内构建和操控具有分子识别能力的微纳探针成为可能。本节将介绍多肽分子识别在化学测量学中的新进展，重点关注微纳材料、微纳分离技术在多肽分子的筛选、结构与功能传感和活体生物分析方面的应用，并对其中的挑战进行讨论和展望。

4.6.1 微纳分离分析与靶向多肽的筛选鉴定

多肽化合物库(peptide library)，包括经典的"一珠一物"组合肽库(one-bead one-compound combinatorial library)和噬菌体展示肽库，两者均以其高度的多样性成为新型识别分子的重要来源。但要从中获得目标多肽，则必须采用生命分析化学的方法加以筛选、分离和鉴定。微纳尺度的材料、微量化/微型化的装置在多肽筛选鉴定中发挥至关重要的作用。微纳颗粒不仅是多肽的固相载体，而且是亲和分离靶向多肽的重要基质。基于纳升流体技术的质谱平台为生物活性多肽的鉴定和表征提供了强大的支撑。微流控芯片则为多肽分析提供了高度集成化、高通量、多功能的便携装置。

　　亲和色谱是基于生物分子间专一性相互作用的一种独特的高选择性分离分析方法。中国科学院化学研究所赵睿研究员课题组在正义肽-反义肽相互作用规律研究工作的基础上提出了高效亲和色谱筛选—反相液相色谱分离—质谱鉴定的策略。以粒径单分散，具有高机械强度、高亲水性和低非特异性吸附的聚甲基丙烯酸环氧丙酯（PGMA）微球为载体，以正义肽为配基构建了高效亲和色谱体系[图4-25（a）]，用以筛选不同条件下固定化正义肽与反义肽的相互作用。对于筛选组分为混合物的情况，利用反相液相色谱和质谱便可以快速从中分离、鉴定出相互作用力最强的多肽序列。这一多肽功能导向设计筛选的策略，在病毒亲和抑制剂、肿瘤靶向多肽和运载蛋白亲和肽的构建中得到了成功应用[24,25]。在此基础之上，他们发展了多肽均相亲和筛选体系[图4-25（b）]，利用分子识别响应的荧光信号，可在生理溶液相高分辨地识别出与靶标分子高亲和力的多肽，避免了异相筛选中固定化配基可能对生物分子活性的影响，具有快速、便捷、可视化的特点，且非常适用于高通量筛选。以肿瘤相关溶酶体四次穿膜蛋白（LAPTM4B）为靶标，以其胞外区片段为靶点，实现了从仅有单个残基差异的多肽库中准确地分离得到高结合力、高特异性的靶向多肽[26]。

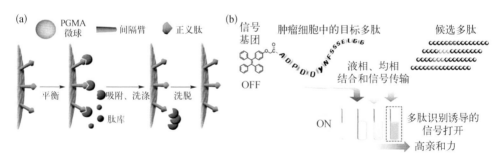

图4-25　（a）肽库的高效亲和色谱筛选示意图；（b）多肽均相亲和筛选示意图

　　微型化、微量化是分析装置发展的趋势，微流控学（microfluidics）作为研究微米尺度结构中纳升至皮升流体操纵与控制的科学，是分析微型化、微量化的集中体现，日渐成为多肽分析的重要平台。赵睿课题组针对固相多肽合成多组分、多步骤、循环反应、溶剂条件苛刻等特点，探索发展了基于微流控芯片的多肽阵列合成、筛选、检测的新系统、新方法[27]，设计并制备了全玻璃结构的多通道微流控芯片与合成系统[图4-26（a）]，具有多层栅栏结构的围堰式反应腔体，既可以保证液体顺利流动，又可以有效地束缚载体树脂。呈轴向辐射状分布的六通道多肽合成反应芯片中，每个通道为一个独立的反应单元，实现了微流控条件下多肽合成反应条件的筛选与优化。针对靶向多肽的快速、高通量、低消耗、集约化的筛选，该课题组设计并构建了集成化进样并原位检测的四层3D结构微流控芯片筛选检测体系[图4-26(b)]。制备了具有pH梯度发生器及固相筛选区域的六单元微流控芯片。针对多单元样品的引入问题，该课题组设计了具有独特偏心轴向结构的双层分流芯片作为集成化进样的模块，通过顶层两个总进样口便可实现向筛选层6个单元12个通道的立体化试样引入，并实现了36个实验点的同时筛选。该课题组设计了六条模型SP多肽作为筛选模型，基于磁珠荧光免疫反应，实现了SP肽与β-内啡肽抗体在不同pH条件下的原位识别。

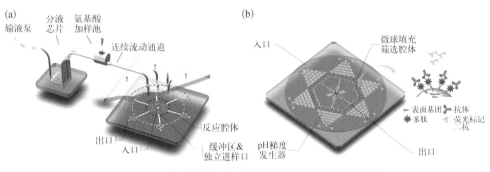

图4-26　多肽合成与阵列筛选微流控芯片系统示意图

4.6.2　多肽识别与生物传感

与以抗体为代表的生物大分子相比，多肽具有穿透性强、免疫原性低、易于实时监测的独特优势，在复杂生命体系的快速、动态分析中表现出巨大的应用潜力。多肽结构中丰富的端基和侧链官能团、两亲性的分子结构使其可与多种多样的功能分子和微纳材料进行共价或非共价偶联，构造出结构新颖、功能独特的新探针与新材料。

将靶向多肽与纳米材料相结合，为传感检测提供了新原理和新方法。例如，研究人员将靶向识别Aβ（amyloid-β）聚集体的多肽、氧化-还原敏感的银纳米颗粒、环糊精主客体化学相结合，建立了具有信号放大效应的Aβ聚集体竞争结合检测新方法，检测限达8 pmol/L，为阿尔兹海默症标志物高灵敏检测提供新技术[28]。

以多肽为识别元件，构建信号可控响应的微型传感平台，对于蛋白质等生物大分子的结构和功能研究具有重要意义。赵睿课题组基于协同效应和正-反义肽相互作用的原理,选择人血清白蛋白(human serum albumin,HSA)不同结构域的三个表面片段为靶点,进行了单点识别多肽、双价多肽和双靶向识别多肽的设计与合成(图4-27)[25]。该课题组进一步利用多肽对表面等离子体共振成像传感微芯片进行了表面功能化,实时动态地分析了多肽-蛋白质相互作用的亲和力、选择性和动力学过程。双靶向多肽可有效抑制抗体与抗原的结合,并显示了构象与序列的高灵敏度识别响应,有望在血清蛋白质组学、疾病探测及药物递送等研究领域发挥作用。

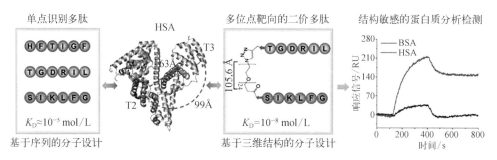

图4-27　多靶向多肽识别分子设计与蛋白质传感分析

生物屏障包括细胞膜、胃肠道膜和血脑屏障(blood-brain-barrier,BBB)等,其一直以来是实现活体生命分析必须克服的障碍。以多肽为穿梭工具,可以将荧光分子、造影剂、纳米颗粒等高效、快速地转运到目标位置,实现化学物质和信号的原位、实时动态分析,进而为生命科学及相关疾病的检测、分子机制研究提供新方法和新技术。湖南大学肖乐辉课题组以细胞穿膜肽为转录激活因子,构建了多肽修饰的纳米颗粒。通过跟踪分析纳米颗粒在脂质膜上的扩散轨迹,观测到多肽修饰金纳米颗粒被短时限制和间歇性跃迁现象,为纳米颗粒的跨膜扩散行为研究提供了重要资料[29]。

赵睿课题组以靶向 LAPTM4B 蛋白的多肽为识别单元,构建了一系列信号可控的多肽靶向探针,在细胞和活体水平实现了靶标蛋白质的高灵敏度、高信噪比检测和亚细胞生物分布动态分析。最近,他们将分子靶向、细胞器靶向和微环境靶向进行集成,设计合成了多靶向多肽识别分子多肽-药物偶联物(peptide-drug conjugate,PDC)(图4-28)[30]。PDC 在多肽-受体识别作用下,经过内吞途径特异性地进入肿瘤细胞,在溶酶体内发生酸性诱导的分子断裂,释放出的基团进一步定位至线粒体,实现了药物的多靶向、程序化可控递送,实现了多种肿瘤细胞的高效、特异性杀伤。此外,PDC 有效

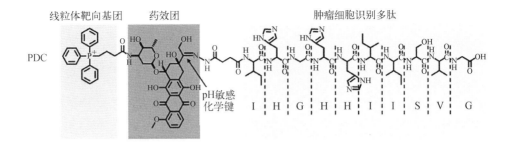

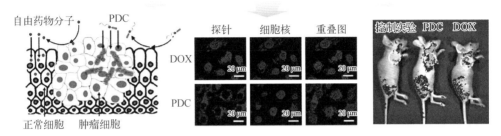

图 4-28 多肽在肿瘤多药耐药和靶向分析中的应用

进入耐药细胞并改变了传统抗肿瘤药物的细胞损伤路径,通过破坏线粒体功能,干扰能量物质 ATP 合成,对细胞造成损伤。由于切断了能量供应链,药物外排分子泵蛋白质 P-gp 的表达水平显著下降,表明 PDC 成功阻断了药物外排通路,同时有效克服了肿瘤的多药耐药和系统毒性两大难题。

4.6.3 基于多肽微纳组装体的分析新方法

多肽自组装广泛存在于生命体中,是众多生命活动和生物学功能得以实现的基础。作为组装的基本单元,多肽结构中氨基酸的种类和连接方式至关重要。在静电、疏水、氢键、主客体识别等多种作用力的协同驱使下,多肽分子自发地形成规整有序的纳米/微米结构,成为近年来众多学科的研究热点。二苯丙氨酸(diphenylalanine,FF)是阿尔茨海默病β-淀粉样蛋白聚集的核心识别单元,是多肽自组装研究中的"明星分子",以 FF 为结构基础的纳米组装体已经在生物传感、药物递送、组织工程中显示了广泛的应用价值。国家纳米科学中心的王琛课题组利用扫描隧道显微镜(scanning tunneling microscopy,STM)研究了多肽的界面组装行为。他们通过 STM 观测和理论计算,在单分子水平揭示了多肽多级组装中的手性传递、手性扩增和对称性断裂的现象[31]。美国布兰迪斯大学的 Xu Bing 教授利用酶促多肽自组装,构建了可在体内原位生成的四肽组装超分子纳米体,实现了细胞膜的磷脂层扰动和内质网功能的干预[32]。

  配位作用作为诱导多肽自组装的信号,可带来许多新的性质和功能。赵睿课题组设计合成了一系列三肽分子,构建了具有离子识别诱导的组装体系。发现仅将谷胱甘肽的γ-肽键转变为γ-肽键,即可获得汞离子特异性响应的新型多肽分子,进一步发现并解析了汞离子介导的多肽探针手性螺旋自组装行为(图4-29)。以多肽探针为工具,他们跟踪分析了汞离子在细胞和动物组织中的分布,发现汞离子在细胞核和模式动物脑部的生物富集现象,为汞离子对细胞器损伤和毒理的分子机制研究提供工具和方法[33]。此外,以路易斯软硬酸碱理论为指导,他们开展了新型多肽分子的设计及其配位亲和性质和构型的调控研究。获得了与铅离子具有高亲和力、高选择性结合的多肽。机理研究表明,多肽结构中"软-硬"适中的配位官能团及其特殊的分子构型对铅离子特异性识别起到了重要作用。利用该多肽内源性物质干扰小、无背景荧光的特性,他们实现了活细胞中铅离子的成像检测和浓度响应的亚细胞定位分析,为预测铅离子可能的生物危害通路提供信息。

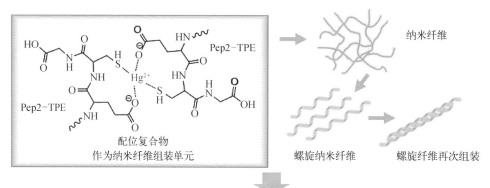

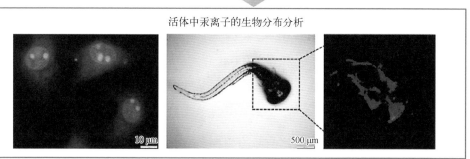

图4-29 配位诱导的多肽自组装及其在离子生物分布分析中的应用

4.7 展望

正如诺贝尔物理学奖得主江崎玲于奈先生所说,得益于纳米技术与微加工、微制造技术的发展,人类通过"挑战极限"已经制备出尺寸越来越小但功能却更加强大的纳米器件与科学仪器。将化学测量学工作者所发展的各种功能、目的各不相同的分析方法与这些器件相集成,并结合人工智能、物联网、大数据等先进技术,将会使化学测量学这一古老而又现代的学科为"未来社会"(Society 5.0)做出巨大的贡献。

参考文献

[1] Li D M, Guo Z P, Chen Y. Direct derivatization and quantitation of ultra-trace gibberellins in sub-milligram fresh plant organs[J]. Molecular Plant, 2016, 9(1): 175-177.

[2] Li D M, Guo Z P, Liu C M, et al. Quantification of near-attomole gibberellins in floral organs dissected from a single *Arabidopsis thaliana* flower[J]. The Plant Journal, 2017, 91(3): 547-557.

[3] Liu C M, Li D M, Li J C, et al. One-pot sample preparation approach for profiling spatial distribution of gibberellins in a single shoot of germinating cereal seeds[J]. The Plant Journal, 2019, 99(5): 1014-1024.

[4] Wang Y, Wang X Y, Guo Z P, et al. Ultrafast coating procedure for graphene on solid-phase microextraction fibers[J]. Talanta, 2014, 119: 517-523.

[5] Wickham J D, Harrison R D, Lu W, et al. Generic lures attract cerambycid beetles in a tropical montane rain forest in Southern China[J]. Journal of Economic Entomology, 2014, 107(1): 259-267.

[6] Wickham J D, Lu W, Jin T, et al. Prionic acid: An effective sex attractant for an important pest of sugarcane, *Dorysthenes granulosus* (Coleoptera: cerambycidae prioninae)[J]. Journal of Economic Entomology, 2016, 109(1): 484-486.

[7] Wickham J D, Millar J G, Hanks L M, et al. (2R, 3S)-2, 3-octanediol, a female-produced sex pheromone of *Megopis costipennis* (Coleoptera: cerambycidae prioninae)[J]. Journal of Environmental Entomology, 2016, 45(1): 223-228.

[8] 陈义.毛细管电泳技术及应用[M].3版.北京:化学工业出版社,2019.

[9] 朱英,陈义.径向电场调制毛细管电泳法用于神经递质分离[J].分析化学,2001,29(6):

661 - 663.

[10] Liao T，Guo Z P，Li J C，et al. One-step packing of anti-voltage photonic crystals into microfluidic channels for ultra-fast separation of amino acids and peptides[J]. Lab on a Chip，2013，13(4)：706 - 713.

[11] Hu C，Chen Y. Uniformization of silica particles by theory directed rate-zonal centrifugation to build high quality photonic crystals[J]. Chemical Engineering Journal，2015，271：128 - 134.

[12] Chen Y，Zhang C，Zheng Q，et al. Separation-cooperated assembly of liquid photonic crystals from polydisperse particles[J]. Chemical Communications，2018，54(99)：13937 - 13940.

[13] 胡灿,陈义.微米级溶解/扩散进样-毛细管电泳快速分离肾上腺素与去甲肾上腺素[J].高等学校化学学报,2015,36(9):1681 - 1686.

[14] Liu L，Li T，Zhang S W，et al. Simultaneous quantification of multiple cancer biomarkers in blood samples through DNA-assisted nanopore sensing[J]. Angewandte Chemie International Edition，2018，57(37)：11882 - 11887.

[15] Zhang Z H，Li T，Sheng Y Y，et al. Enhanced sensitivity in nanopore sensing of cancer biomarkers in human blood via click chemistry[J]. Small，2019，15(2)：e1804078.

[16] Guo B Y，Sheng Y Y，Zhou K，et al. Analyte-triggered DNA-probe release from a triplex molecular beacon for nanopore sensing[J]. Angewandte Chemie International Edition，2018，57(14)：3602 - 3606.

[17] Wu X Y，Guo B Y，Sheng Y Y，et al. Multiplexed discrimination of microRNA single nucleotide variants through triplex molecular beacon sensors［J］. Chemical Communications，2018，54(55)：7673 - 7676.

[18] Liu L，You Y，Zhou K，et al. A dual-response DNA probe for simultaneously monitoring enzymatic activity and environmental pH using a nanopore[J]. Angewandte Chemie，2019，58(42)：14929 - 14934.

[19] Streets A M，Zhang X N，Cao C，et al. Microfluidic single-cell whole-transcriptome sequencing[J]. Proceedings of the National Academy of Sciences of the United States of America，2014，111(19)：7048 - 7053.

[20] Streets A M，Huang Y Y. How deep is enough in single-cell RNA-seq? ［J］. Nature Biotechnology，2014，32(10)：1005 - 1006.

[21] Fu Y S，Li C M，Lu S J，et al. Uniform and accurate single-cell sequencing based on emulsion whole-genome amplification［J］. Proceedings of the National Academy of Sciences of the United States of America，2015，112(38)：11923 - 11928.

[22] Shen J，Jiang D Q，Fu Y S，et al. H3K4me3 epigenomic landscape derived from ChIP-Seq of 1 000 mouse early embryonic cells[J]. Cell Research，2015，25(1)：143 - 147.

[23] Chen Z T，Zhou W X，Qiao S，et al. Highly accurate fluorogenic DNA sequencing with information theory-based error correction[J]. Nature Biotechnology，2017，35(12)：1170 - 1178.

[24] Huang Y Y，Zhao R，Fu Y B，et al. Highly specific targeting and imaging of live cancer cells by using a peptide probe developed from rationally designed peptides［J］.

Chembiochem，2011，12(8)：1209 - 1215.

[25] Yu Y，Huang Y Y，Jin Y L，et al. Dual-targeting peptide probe for sequence- and structure-sensitive sensing of serum albumin[J]. Biosensors & Bioelectronics，2017，94：657 - 662.

[26] He J Y，Gui S L，Huang Y Y，et al. Rapid，sensitive，and in-solution screening of peptide probes for targeted imaging of live cancer cells based on peptide recognition-induced emission[J]. Chemical Communications，2017，53(80)：11091 - 11094.

[27] Wang W Z，Huang Y Y，Liu J Z，et al. Integrated SPPS on continuous-flow radial microfluidic chip[J]. Lab on a Chip，2011，11(5)：929 - 935.

[28] Xia N，Wang X，Zhou B，et al. Electrochemical detection of amyloid - β oligomers based on the signal amplification of a network of silver nanoparticles[J]. ACS Applied Materials & Interfaces，2016，8(30)：19303 - 19311.

[29] Wei L，Ye Z J，Xu Y L，et al. Single particle tracking of peptides-modified nanocargo on lipid membrane revealing bulk-mediated diffusion[J]. Analytical Chemistry，2016，88 (24)：11973 - 11977.

[30] Zhu Y，Huang Y，Jin Y，et al. Peptide-guided system with programmable subcellular translocation for targeted therapy and bypassing multidrug resistance[J]. Analytical Chemistry，2019，91(3)：1880 - 1886.

[31] Chen Y M，Deng K，Lei S B，et al. Single-molecule insights into surface-mediated homochirality in hierarchical peptide assembly[J]. Nature Communications，2018，9：2711.

[32] Feng Z，Wang H M，Wang S Y，et al. Enzymatic assemblies disrupt the membrane and target endoplasmic *Reticulum* for selective cancer cell death[J]. Journal of the American Chemical Society，2018，140(30)：9566 - 9573.

[33] Gui S L，Huang Y Y，Hu F，et al. Bioinspired peptide for imaging Hg^{2+} distribution in living cells and zebrafish based on coordination-mediated supramolecular assembling[J]. Analytical Chemistry，2018，90(16)：9708 - 9715.

Chapter 5

质谱分析

刘小云[1]，聂宗秀[2]

[1] 北京大学基础医学院
[2] 中国科学院化学研究所，北京分子科学国家研究中心

5.1 绪论

5.1.1 引言

    质谱分析法从 20 世纪初开始,已经经历了一百来年的发展,无论是样品的制备与检测原理,还是质谱仪的分析通量、灵敏度以及质量分辨率,都有了翻天覆地的变化。质谱技术从诞生之初往后的相当长一段时间内,主要是一种针对小分子化合物的分析与检测方法。在质谱发展的历程中,一个划时代、里程碑式的重要事件是 20 世纪 80 年代末期两种新型软电离方法的问世,即电喷雾电离(electrospray ionization,ESI)和基质辅助激光解吸电离(matrix-assisted laser desorption ionization,MALDI)。这两种技术的发展与逐步成熟将原本局限于小分子分析的质谱法拓展到生物大分子(如蛋白质)的全新领域,由此开创了生物质谱分析的新纪元。在接下来的 10 多年间,基于质谱的蛋白质鉴定技术发展迅速,其中多肽的串联质谱解析也成为今天蛋白质组学技术的重要基石。此外,21 世纪初基于质谱的蛋白质组学(MS-based proteomics)技术的蓬勃发展也得益于质谱仪在硬件上的变革性突破。该领域的一项颠覆性技术则是一种全新的质量分析器——静电场轨道阱(Orbitrap)。静电场轨道阱的到来真正实现了超高分辨率质谱仪的普及与应用,而该分析器与其他传统分析器(如四极杆、离子阱等)联用的组合式质谱仪正逐渐成为生物医学研究领域中一个不可或缺的技术“利器”。事实上,质谱法目前已是蛋白质鉴定、定量以及翻译后修饰解析的首选分析方法与“金标准”。本章旨在从质谱方法学、仪器硬件、蛋白质组学技术与应用研究(特别是在生命科学领域)几个方面,简单梳理一下质谱分析的最新研究进展。同时鉴于质谱分析法研究对象的广泛性以及作者自身知识的局限性,以下所讨论内容并非全面综述,我们更多的是希望通过举例阐述部分科研进展而起到抛砖引玉的效果。

5.1.2 质谱仪的基本原理与构造

    质谱仪是通过将样品分子转化为气态离子并按质荷比(m/z)大小进行分离检测的分析仪器,所得结果为质谱图。通过对质谱图中信息的解析,我们可以对未知样品进行定性和定量分析。质谱仪主要包括进样系统、离子源、质量分析器、检测器、高真空系统及电子、计算机控制和数据处理系统等。其基本结构如图 5-1 所示。

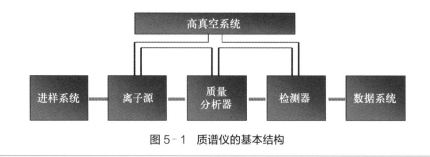

图 5-1　质谱仪的基本结构

　　离子源的功能是将样品在进入质量分析器前进行电离,使样品变成带电离子。按照样品的离子源能量的强弱可以分为硬离子源和软离子源。硬离子源的特点是离子化能量高,碎片丰富,可以提供充分的结构信息,如电子轰击源(electron-impact,EI),在小分子结构鉴定上发挥着重要作用。软离子源的特点是离子化能量低,样品被电离后主要以分子离子的形式存在,几乎不会产生什么碎片,如电喷雾离子源(ESI)和基质辅助激光解吸电离(MALDI),其在生物大分子的分析中起着至关重要的作用。

　　质量分析器的作用是将离子按质荷比的顺序进行分离。常见的质量分析器有四极杆分析器、离子阱分析器、飞行时间分析器和离子回旋共振等。静电场轨道阱

图 5-2　静电场轨道阱示意图

(Orbitrap)是质量分析器家族里最新的成员(图 5-2),从一定程度上也是离子阱的一种,只不过它使用的是静电场。离子受中央电极的吸引力被离心力平衡,在静电场中做回旋运动,其频率与质荷比相关。与离子回旋共振分析器类似,静电场轨道阱也会应用傅里叶变换处理信息。目前的静电场轨道阱已经可以达到 500 000 的分辨率,是生物质谱应用方面的主力军。

5.2　质谱新方法发展

　　随着质谱技术的不断发展,尤其是离子源的电离新技术不断丰富,质量分析器的

分辨率大幅提升,包括与气相色谱、液相色谱、毛细管电泳等分离方法的联用,都使得质谱的应用领域得到了极大的扩展。由于质谱分析的灵敏度高,样品需求量少,分析速度快,并可以同时减小分离和鉴定的工作量,质谱已经被广泛应用于化学、化工、环境、能源、医药、生命科学、材料科学、临床检测、刑事科学技术等领域。尽管质谱技术日新月异,但在一些应用研究领域仍然存在极大的挑战,亟须发展新的分析方法与手段。

5.2.1　疾病生物标志物的质谱检测和成像

膜蛋白和聚糖等生物分子参与诸多生命活动过程,其异常表达与疾病的发生、发展息息相关,因此常作为临床常见的生物标志物和药物靶标。北京大学刘虎威、白玉课题组长期致力于复杂生物样品的分离和检测研究,旨在发展基于新型纳米分离介质的高效样品处理方法,基于质谱的高灵敏度、高通量、高选择性的分析新方法以及临床组学研究。目前基于质谱的蛋白质和聚糖直接检测存在离子化效率低、检测灵敏度不足的问题。可裂解探针技术通过设计特异性的探针识别和标记目标待测物,将对系列目标待测物的检测转化为探针上标记的 MS 报告基团的检测,通过这一信号放大过程使得检测灵敏度大大提高。基于此原理,该课题组设计合成了新型罗丹明类 MS 标签,并基于此发展了膜蛋白生物标志物的超高灵敏度、高通量、多目标及操作简便的常压敞开式质谱(ambient mass spectrometry,AMS)免疫分析新方法。该方法可实现微升级体液中或对几十个细胞表面的疾病蛋白标志物的原位检测,检测灵敏度达 zeptomole(zmol[①]水平[2]。AMS 免疫分析方法检测流程及示意图如图 5-3 所示。利用该分析平台,凝血酶加标样品的检测限(limit of detection,LOD)分别为 10.9 zmol(PBS)和 35.1 zmol(血清)。该方法实现了血清样品中 CA125 等生物标志物的检测,有望用于卵巢癌和乳腺癌的早期诊断。该平台还可实现低至 25 个细胞水平的 OVCAR-3 和 MCF-7 细胞表面的重要三种生物标志物(CA125、CEA 和 EpCAM)的同时、原位表达差异测定,显示了超高的灵敏度和多目标同时检测能力,且具有普适性和可拓展性。

---

①　1 zmol = 10^{-21} mol。

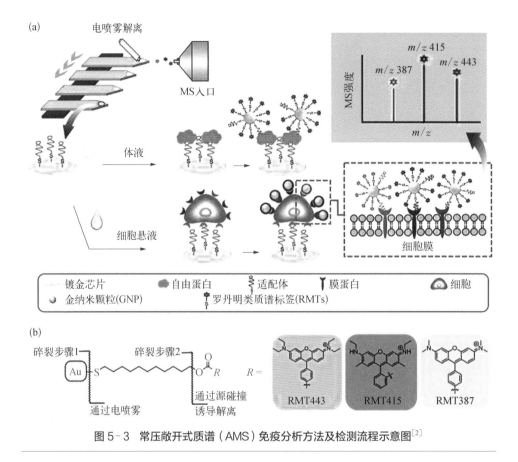

图 5-3 常压敞开式质谱（AMS）免疫分析方法及检测流程示意图[2]

此外，该课题组还针对聚糖的原位检测及 MS 成像分析，设计了基于凝集素识别和 3 种 PEG 类小分子 MS 信号分子分别标记的双功能 LCMP 探针，以通过质谱进行聚糖的原位成像[3]。如图 5-4 所示，该探针将对聚糖的检测转化为对修饰的大量 PEG 类 MS 报告基团的检测，从而克服了聚糖离子化效率低、检测灵敏度低、谱图解析困难等问题。所设计的识别单元适用于凝集素、抗体和核酸适配体等体系。该课题组利用上述探针对细胞表面的单糖(甘露糖、末端唾液酸和 N-乙酰葡萄糖胺)开展了原位分析，以及肿瘤患者组织表面聚糖的 MS 成像。成像结果直观反映了癌组织和癌旁组织、同一组织不同病理变化和组织中不同微观结构区域的聚糖含量变化，该结果不仅有助于揭示各类肿瘤发生、发展过程中聚糖含量的变化，也有望应用于临床诊断和肿瘤标志物的筛选。

(a) 凝集素 $\longmapsto$S-S$\longmapsto$ PEG连接臂   Au NPs   质谱标签

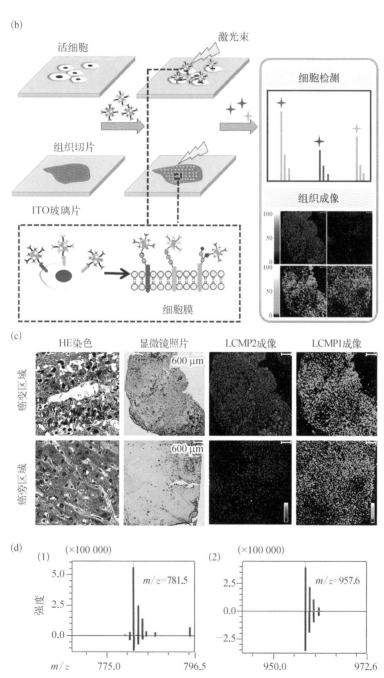

(b)

活细胞   激光束

组织切片

ITO玻璃片

细胞膜

细胞检测

组织成像

(c)

	HE染色	显微镜照片	LCMP2成像	LCMP1成像
癌变区域		600 μm		
癌旁区域		600 μm		

(d)

(1) (×100 000) $m/z=781.5$ 强度 m/z 775.0   796.5

(2) (×100 000) $m/z=957.6$ 950.0   972.6

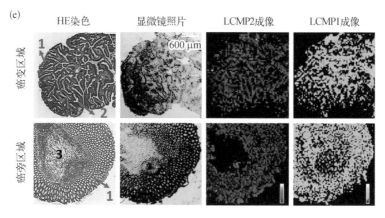

図 5‑4　双功能激光可裂解质谱探针合成及在聚糖检测、MS 成像中的应用[3]

5.2.2　基于 MALDI‑TOF‑MS 的小分子及纳米载药体系的质谱研究

随着基质辅助激光解吸电离质谱(MALDI‑MS)的广泛应用,其对小分子物质的分析已经成为此领域的一个重要研究方向。由于传统的小分子基质在分析小分子化合物时会在相对分子质量较低的区域($m/z < 1\ 000$)产生干扰及抑制效应,使得 MALDI‑MS 在分析小分子时效果欠佳。近年来,针对小分子的基质辅助激光解吸电离的分析和应用,质谱学家们做了大量的尝试和研究,包括新型基质如各种无机、有机材料的开发,小分子物质的衍生化或标签化[4],小分子物质的 MALDI 质谱成像。

1. 新型 MALDI 基质的开发

相对于传统基质,新型的有机基质不存在干扰峰或干扰峰极少,对多组分小分子混合物的检测和分析有良好效果。传统基质如 DHB、CHCA 和 SA 等多是酸性化合物,本身可作为质子供体,对分析物的激光解吸电离主要是质子转移的过程。而研究发现,一些有机碱性化合物可用于分析小分子化合物的负离子。2002 年,Hercules 等用 9‑氨基吖啶(9‑aminoacridine,9‑AA)分析了羧酸、苯酚、胺和醇等小分子化合物。9‑AA 背景干净,除了[M‑H]⁻(m/z 192.94)和[M+Cl]⁻(m/z 228.88)无其他基质相关峰。

有机盐类是近年来兴起的有效分析小分子物质的成盐类基质。2011 年,中国科学院化学研究所聂宗秀课题组设计了盐酸萘乙二胺[5][N‑(1‑naphthyl) ethylenediamine dihydrochloride，NEDC]，此基质具有很强的紫外吸收和极高的耐盐性，在小分子质量区域背景干净[图 5 - 5(a)]。研究发现，NEDC 对葡萄糖有着很好的检出效果，在负离子模式下形成[葡萄糖 + Cl]$^-$（m/z 215.03）离子，背景只有[Cl]$^-$（m/z 34.97）和[HCl + Cl]$^-$（m/z 70.75）。由于其极高的耐盐性，无须前处理即可对鼠脑透析液中的葡萄糖含量进行测定，在 126 mmol/L NaCl 溶液中检测限可达 10 μmol/L。在此基础上，该课题组又设计了硝酸萘乙二胺[6][N -（1 - naphthyl）ethylenediamine dinitrate，NEDN]，NEDN 本身具有很强的紫外吸收发色团和较强的氢键结合能力，同时又是硝酸根离子供体，与分析物结合后可形成较强氢键，对 MALDI - PSD 结构解析很有帮助。NEDN 在负离子模式下背景十分干净，只有两个背景峰：[NO$_3$]$^-$（m/z 61.98）和[HNO$_3$ + NO$_3$]$^-$（m/z 124.98）。NEDN 作为基质可分析寡糖、多肽、爆炸物以及小分子代谢物等，其对于寡糖的检测限可达 500 埃摩尔。另外，NEDN 可实现寡糖的结构解析，麦芽七糖的 PSD 数据表现出了丰富的环内裂解信息。此外，该课题组还设计合成了盐酸萘肼[7]（1 - naphthylhydrazine hydrochloride，NHHC）以及盐酸 1，5，-萘二胺[8]基质，其中前者对糖检测灵敏度很高，可达 1 埃摩尔。小分子糖类的结构解析尤其是同分异构糖的区分一直是一个较难解决的命题，以上基质在分析小分子尤其是寡糖类物质上的杰出表现为小分子糖类结构解析提供了空间。因此，2018 年，聂宗秀课题组利用 NEDC 作为基质，用 MALDI - LIFT 作为分析手段，实现了对二糖异构体包括组成异构、连接异构、构象异构等的区分[图 5 - 5(b)][9]。

早在 2009 年，Svatos 课题组就提出基于 Brönsted - Lowry 理论的基质选择方案，并成功用于分析动植物中的小分子代谢物。此方案指出，适用于负离子模式的基质需满足三点要求：在激光波长处有较强吸收；较强碱性（pK_a>10）；不含酸性质子。而适用于正离子模式的基质则应具有较强酸性，在气相条件下很难质子化。基于此理论，Svatos 课题组将强碱性物质：质子海绵——1，8 -双二甲氨基萘（DMAN）成功用于分析酸性小分子物质。2012 年，聂宗秀课题组[10]合成了 Brönsted - Lowry 酸：羟基苯噻吩[2，3，4，5 - tetrakis(3′，4′ - dihydroxylpheny) thiophene，DHPT]，成功实现了对碱性胺类物质的选择性检测。

相对于有机小分子基质，无机纳米材料基质本身不易电离，近年来越来越多的无机纳米材料如硅材料、碳材料以及金属材料等被用于小分子化合物的 MALDI 分析。自 1999 年 DIOS 技术报道以来，大量的硅材料被应用于激光解吸附，其中很多是用于

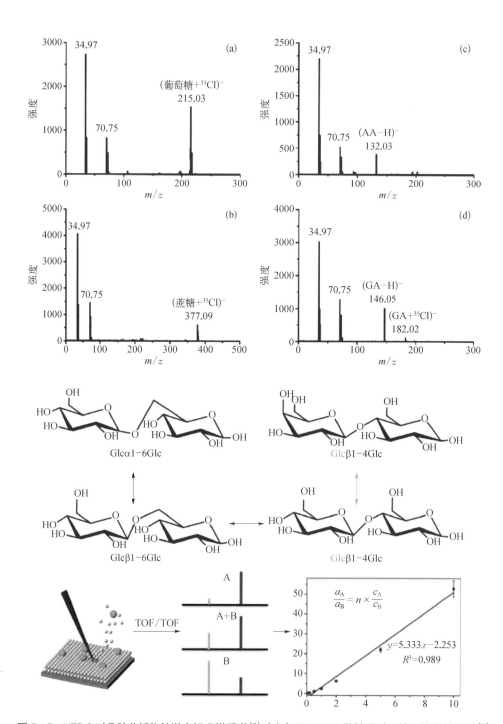

图 5-5 NEDC 对几种分析物的激光解吸附质谱[5]（上）及 NEDC 做基质对二糖异构体的区分[9]（下）：（a）葡萄糖 m/z 215.03，[M+Cl]⁻；（b）蔗糖 m/z 377.09，[M+Cl]⁻；（c）天门冬氨酸 m/z 132.03，[M-H]⁻；（d）谷氨酸 m/z 146.05，[M-H]⁻；m/z 182.02，[M+Cl]⁻。样品浓度均为 1 mmol/L

SALDI[如多孔硅、硅胶(silica gel)、硅膜(silica film)等]。相对于传统基质,纳米硅所需要的激光强度更低,耐盐性更强,因此纳米硅材料(如硅纳米线、硅纳米晶体和介孔二氧化硅、介孔硅铝酸盐、介孔硅酸盐等)相继被用作 MALDI 基质。富勒烯、碳量子点、石墨烯、掺氮石墨烯以及氟化石墨烯等纳米碳材料均可被用作 MALDI 基质。纳米碳材料除了解吸附效果良好,也是较好的固相吸附剂。2013 年,聂宗秀课题组合成了六方氮化硼 h - BN,首次报道了适合于小分子检测的无背景纳米材料基质,得到[M-H]⁻ 离子峰,并实现了质谱成像研究[11]。金属纳米颗粒具有很大的比表面积,可以高效地对分析物进行离子化,1988 年,Tanaka 等将 Co 纳米颗粒应用于解吸附生物大分子,到目前已有大量的金属和金属氧化物纳米颗粒被用作基质,如 Ag、Mo、Mn、Si、Sn、TiO_2、W、WO_3、Au,及磁性材料 Fe_3O_4 等。

2. 小分子物质的 MALDI 质谱成像

基于 MALDI 质谱的组织成像技术(MALDI-mass spectrometry imaging,MALDI - MSI)是一门新兴的分子成像技术。MALDI - MSI 起初用于研究组织中的多肽和蛋白质分布,近年来研究对象涵盖了脂类和小分子等,它在生物标志物的发现、组织结构研究和药物代谢等领域具有重要前景。近年来质谱学家为发展适合小分子物质 MALDI 成像的基质做了大量努力,其中,聂宗秀课题组[12]成功地将开发的基质 NEDC 和 1,5 - DAN hydrochloride 应用到小分子代谢物的 MALDI 成像中,分别研究了结直肠癌肝转移模型和局灶性脑缺血模型中小分子代谢物的时空分布。要得到高质量的MALDI - TOF - MS 成像结果,需要将基质均匀地喷涂在生物切片上。在此,该课题组开发了一种超声喷雾的方法,利用超声雾化片产生微米级别的基质溶液雾滴,雾滴沉降在生物切片上后,可以得到尺寸细小(<10 μm)、分布致密的基质结晶。将正离子基质 DHB 或者负离子基质 DANHCl 用本装置沉积在小鼠脑切片后,制得的成像样品结果无论从信号强度还是图像质量都远好于布鲁克所售的商用仪器(图 5 - 6)。该装置制得的样品可以支持高空间分辨率(10 μm)MALDI 成像或者 MALDI 串级质谱成像[13]。

此外,聂宗秀课题组发展了一种通用、免标记的直接质谱成像方法,可以快速检测并对小鼠体内的碳纳米管、石墨烯和碳量子点等碳纳米材料进行定量成像研究[14]。碳纳米材料在药物输送、光动力学治疗、组织工程以及生物成像等方面具有重要价值,但其生物效应及生物安全性问题目前依然存在争议,因此生物组织中的碳

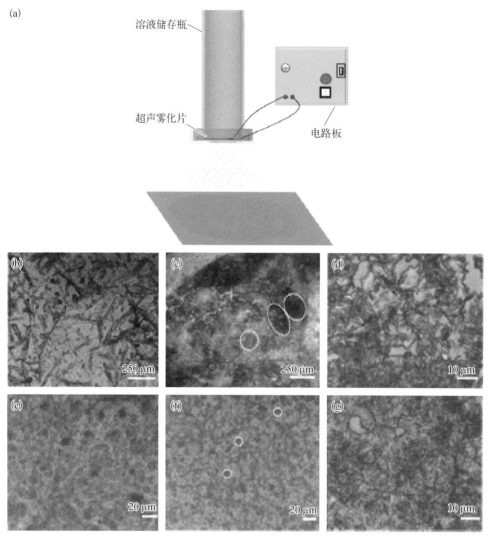

图 5‑6　加湿器基质喷涂过程

纳米材料的分布研究有助于揭示纳米材料与生物体之间的相互作用。但是到目前为止,这方面研究仍缺乏实用有效的方法。没有人证实过 MALDI 质谱检测完整碳纳米材料的能力,因为很难找到与其共结晶的合适的基质。如果没有基质,完整的分析物就很难被释放到气相中。而且,碳纳米材料的巨大分子量也远远超出了质谱能够检测的质量范围。为了解决这个问题,研究人员放弃传统基质,发现并利用碳纳米材料在紫外激光解吸电离过程中产生的固有碳负离子簇($C_2 \sim C_{10}$)指纹信号,该质谱信号几乎不受任何生物分子的背景信号干扰。结合飞行时间质谱,同时实现了小鼠体内碳纳米材料的亚器官质谱成像和定量分析（图5-7）。该碳负离子簇质谱指纹信号的发现，克服了传统质谱方法无法直接检测纳米材料的难题，将质量信号窗口转移到了质谱灵敏度高的小分子质量范围。研究发现，碳纳米管和碳量子点在肾中主要分布在外部的实质区域。而在脾组织中，碳纳米管、石墨烯和碳量子点主要分布在脾的红质区域，还发现在边缘区中碳纳米管的浓度最高。定量结果表明，尺寸较大的未修饰碳纳米管和石墨烯主要富集在肺组织中，而碳量子点主要停留在内皮网状系统丰富的肝和脾中。此外，还意外地发现碳量子点在小鼠器官中的超长清除时间。最后，该课题组将该方法拓展到了小鼠肿瘤组织中药物负载的碳纳米管成像以及二硫化钼二维纳米材料的组织成像研究。

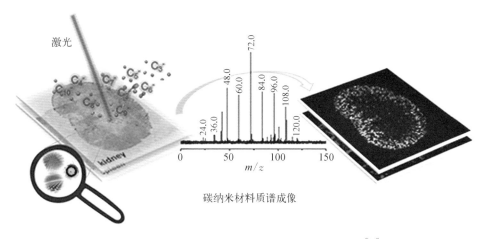

图5-7　质谱成像揭示碳纳米材料的亚器官生物分布[14]

最近，研究人员发展了一种新型无标记激光解吸电离质谱成像技术（LDI-MSI），通过监测纳米载体和药物分子固有的质谱信号强度比，实现了质谱成像定量分析纳米载体在组织中的原位药物释放[15]（图5-8）。选择新型过渡金属二硫化物——MoS_2纳米载药系统，使用LDI-MSI技术，可以根据MoS_2纳米片和其负载的抗癌药物阿霉素（DOX）在激光剥蚀下同时产生的质谱指纹峰来追踪纳米载体和药物在体内的分布，无须任何标签，且不受生物体内源性的分子干扰。通过原位监测纳米载体和药物的质谱指纹峰强度比值的变化得到定量测量，发现了在正常和肿瘤模型小鼠中，药物在组织间和组织内的释放呈现组织依赖性。如在肿瘤中的释放量最多，肝组织中的释放量最小。无标记激光解吸电离质谱成像技术（LDI-MSI）克服了纳米载药研究中传统检测方法存在空间分辨率有限、贴标过程复杂、难以同时跟踪纳

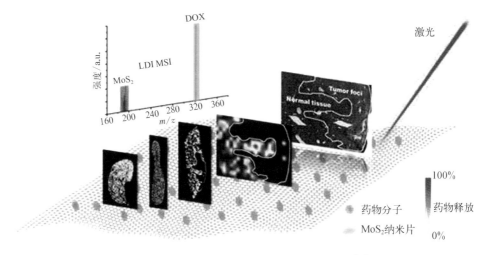

图 5-8 纳米载体药物原位药物释放质谱成像研究[15]

米载体和药物等缺点。研究人员计划下一步将该技术应用于已进入临床的脂质体阿霉素的原位药物释放研究。

5.2.3 完整生物颗粒质谱分析的新技术

质谱在近代生命科学研究中扮演着关键的角色,如果按物质尺寸的大小排序(图5-9),现代质谱仪器能测量的物质尺寸在 10 nm 以下,约等于一百万原子单位。生物颗粒包括病毒、细菌和细胞,尺寸为 10 nm～10 μm,甚至更大,是生命科学、纳米科学和材料科学的研究对象,其质量远远超出现代质谱仪的测量范围。按生物种类的质量排序,细菌位居第一,病毒次之,这些生物颗粒的总质量远远大于我们人类。测量这些起

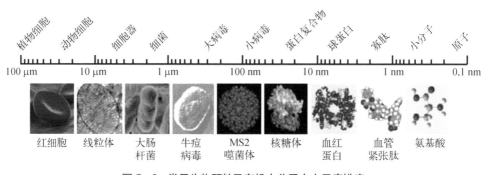

图 5-9 常见生物颗粒及有机大分子大小尺度排序

源各异、个体微小的生物粒子的质量及其在特定群体中的分布和变异情况,对于了解它们的结构和特性是非常有帮助的。

离子阱是由一个环形电极(ring electrode)和两个帽端电极(end-cap electrode)组成的,电极的外形都是旋转双曲面。在环形电极上加一个交流电压,保持两个帽端接地时,可以产生一个势阱,实现颗粒的捕获和囚禁。Philip 等利用离子阱做了类似于密立根油滴实验,成功测得了单颗聚乙烯基甲苯的气溶胶颗粒(直径为 2.35 μm)所携带的电荷数目,质量是 6.84 pg,误差 $\pm 1.5\%$。Schlemmer 等进一步优化这项技术,他们仔细地记录和分析了单个囚禁颗粒所产生的散射光,利用颗粒的运动对散射光信号的调制,经过快速傅里叶变换(fast Fourier transform,FFT)得到该颗粒的运动频率,最后再计算出该颗粒的质荷比,测量精确度可达到 10^{-4} 数量级,该课题组成功测量了粒径在 500 nm 以上 SiO_2 颗粒的质量。

在离子阱分析器发明的同时,Shelton 等发展了一项直接测量巨型颗粒的质量的装置,即飞行时间-电荷感应管(电荷检测质谱)技术,其可同时测量颗粒所携带的电荷(Ze)及其质荷比(m/Ze)。Fuerstenau 等使用该装置,首次获得了水稻黄叶病毒(rice yellow mottle virus,RYMV)及烟草花叶病毒(tobacco mosaic virus,TMV)的质谱。图 5-10 显示的是他们的实验结果,所测量到的质量误差约为 $\pm 15\%$。虽然这个方法的测定速度快,但准确度不高。

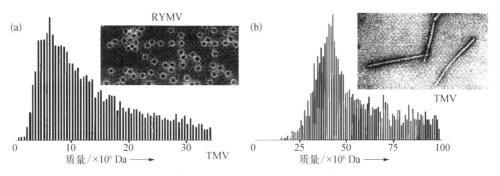

图 5-10 水稻黄叶病毒(a)及烟草花叶病毒(b)的 ESI-TOF 质谱图。 右上方插图是相对应的电子显微镜拍摄结果。 已知 RYMV 和 TMV 的相对分子质量分别是 6.5 MDa 及 40.5 MDa

由于离子阱质谱是实现完整生物颗粒质量分析的有力工具[16],中国科学院化学研究所聂宗秀课题组近年来发展了一系列新技术和新应用,极大地推动了离子阱颗粒质谱的发展。

1. 小型圆柱形离子阱颗粒质谱仪[17]

小型便携式质谱仪是当今分析仪器发展的新方向之一,现在所有的小型质谱仪只能测量质荷比小于 3 000 Da 的小分子,鲜见颗粒质谱仪小型化的报道。圆柱形离子阱由于其结构简单、容易加工等原因,是最早进行小型化的质量分析器;而且,小型化后只需要较低的囚禁电压,在粗真空条件下就可以满足实验需要,因此不需要使用分子泵,满足了便携式颗粒质谱仪的需要,实验装置及结果如图 5 - 11 所示,颗粒离子由激光诱导声波脱吸产生,当扫描囚禁参数频率时,颗粒被抛出阱外,其携带的电荷被电荷检测器所探测,使用标准样品聚苯乙烯球进行校准,获得的测量值为 8.8×10^{12} Da,质量分布为 18%,豚鼠红细胞的测量值为 2.2×10^{13} Da,实验结果和双曲面构型的复杂构型离子阱一致。

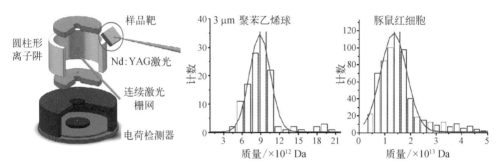

图 5 - 11　小型圆柱形离子阱颗粒质谱仪结构图,以及 3 μm
聚苯乙烯球和豚鼠红细胞的质量测量结果[17]

2. 利用颗粒质谱对色谱填料的表征[18]

色谱填料的表征对提高色谱柱的性能至关重要。利用包括激光诱导声波解吸电离源、四极离子阱质量分析器和电荷检测器的颗粒质谱装置(图 5 - 12),聂宗秀课题组对多种色谱填料的质量进行了测定,并将所测得的平均质量、质量偏移以及质量分布分别转换为色谱填料的比表面积、碳含量及尺寸分布。根据所测得的尺寸分布,还实现了对色谱柱柱效的评估。这种方法极大地提高了色谱填料表征的效率,避免了多台仪器的使用,为色谱填料的表征提供了新方法。

3. 数字波离子阱颗粒质谱仪[19]

数字化技术是现代信息技术的基础,其信号具有稳定性好且可靠性高的优点。聂宗秀课题组使用数字化的矩形波和三角波代替正弦波,从理论上计算了数字波条件下

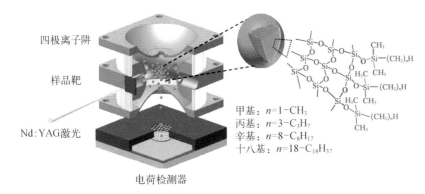

四极离子阱

样品靶

Nd:YAG激光

电荷检测器

甲基：$n=1-CH_3$
丙基：$n=3-C_3H_7$
辛基：$n=8-C_8H_{17}$
十八基：$n=18-C_{18}H_{37}$

图 5-12　电荷探测离子阱质谱对高效液相色谱填料的表征[18]

的囚禁参数，并通过实验比较了不同波形对质谱性能的影响，从而构建了数字波驱动的颗粒质谱仪。由于数字波比传统的正弦信号更容易实现频率扫描，因此该方法为颗粒质谱平台提供了更简单的操作模式（图 5-13）。

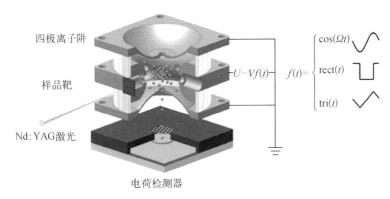

四极离子阱

样品靶

Nd:YAG激光

电荷检测器

$U-Vf(t)$

$f(t)$

$\cos(\Omega t)$

$\text{rect}(t)$

$\text{tri}(t)$

图 5-13　数字波驱动的颗粒质谱仪[19]

4. 空气动力学常压离子阱颗粒质谱仪[20]

为了实现颗粒物质的现场实时检测，聂宗秀课题组构建了一种新型的空气动力学解吸电离源。其利用不连续的大气压进样接口产生的脉冲气流实现大气压条件下颗粒的解吸，随后气压的升高会引起离子进样口处发生电晕放电，从而实现颗粒的电离。该空气动力学解吸电离源可实现具有不同尺寸及表面成分的多种颗粒（如细菌、细胞、聚苯乙烯球、纳米钻石等）的解吸和电离，并且可实现对固态及液态的颗粒样品的直接分析。结合离子阱质量分析器和电荷检测器，可构建出便携式的离子阱颗粒质谱仪，为实现颗粒物质的实时、在线分析奠定了基础(图5-14)。

5. 皮克天平:微球颗粒对蛋白吸附的定量测量[21]

蛋白在微球表面的吸附是一个重要的界面现象,利用这个作用,人们可以实现蛋白的纯化和分离、固相免疫反应及药物的传输等。为了更好地理解、控制和利用蛋白在微球表面的吸附作用,对于蛋白吸附量的定量测定是非常重要的。由于离子阱颗粒质谱能够实现对单个颗粒绝对质量的测定,因此聂宗秀课题组进一步将离子阱颗粒质谱的应用拓展到了对微球表面蛋白吸附量的

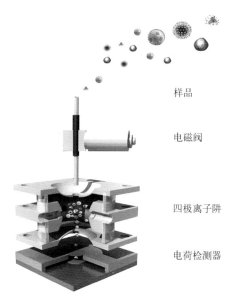

样品
电磁阀
四极离子阱
电荷检测器

图5-14 常压离子阱颗粒质谱仪[20]

表征中。通过比较单个颗粒在吸附蛋白前后质量的变化,即可实现对吸附量的直接测定。由于整个测定过程在气相条件下完成,完全避免了溶剂对吸附量测定的干扰,因此颗粒质谱法能够获得更准确的结果。另外,颗粒质谱法还具有操作简单、样品用量少的优点。以离子阱颗粒质谱为工具,不仅对BSA在多孔聚苯乙烯-二乙烯基苯微球表面的吸附动力学、等温吸附曲线等吸附过程进行了表征,还对硅球表面的化学修饰对酶固定的影响进行了考察,筛选出了能对酶进行有效固定的硅球种类(图5-15)。

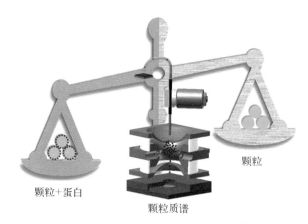

颗粒+蛋白
颗粒质谱
颗粒

图5-15 皮克天平-离子阱颗粒质谱仪[21]

6. 离子阱纳米颗粒质谱仪构建[22]

结合显微镜技术和紫外灯电离方法,聂宗秀课题组构建了激光诱导声波脱吸颗粒离子源(产生完整颗粒离子)和散射光探测(测量完整颗粒的运动轨迹)的离子阱颗粒质谱装置,建立了纳米尺度颗粒质谱表征的新方法(图5-16)。该课题组分别获得了完整100 nm的聚苯乙烯球和20 nm、40 nm和60 nm金纳米颗粒的精确质量测定值,其中20 nm的金纳米颗粒的质荷比在百万汤姆孙之内,质量范围可以和商用质谱仪器进行对接。

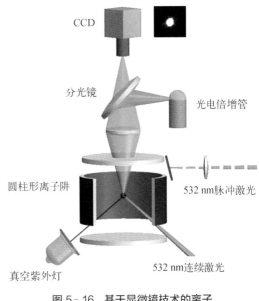

图 5-16　基于显微镜技术的离子阱颗粒质谱仪[22]

7. 可见光 MALDI 源的构建以及细胞的快速分析[23]

质量是细胞的一个基本物理性质,其变化与细胞的生长、周期及活性密切相关。离子阱颗粒质谱是测定细胞质量的一种有力工具,但是传统激光诱导声波解吸(laser-induced acoustic desorption,LIAD)电离源具有非常低的解吸电离效率,约为 10^{-6},这就极大地限制了细胞质量分析的效率。为了解决这一难题,聂宗秀课题组发展和构建了可见光 MALDI 源。采用透射式的激光激发和快速挥发的点样方式,可以使得可见光 MALDI 变得更加"软",从而产生完整的带电细胞用于质谱分析。以试卤灵为基质分子,他们对红细胞、Jurkat 及 CCRF-CEM 等 10 种细胞进行了质谱分析。实验表明可见光 MALDI 的解吸电离效率至少为 LIAD 的 3 倍,并且悬浮细胞比贴壁细胞更容易实现解吸电离。该课题组根据所测得的平均质量及质量分布,成功地实现了对不同种细胞及细胞混合物的区分(图 5-17)。

生物颗粒尽管是最简单的生命形式,相对于小分子来讲,其结构复杂、功能多样。原则上讲,小分子的质谱技术也可应用与生物颗粒质谱分析,比如串级质谱中的各种技术(碰撞诱导电离、电子转移解离和电子捕获解离等技术)。因此,发展更为精确和灵敏的生物颗粒质谱仪也就成为生物、物理和化学领域的新挑战。特别是近年来出现了多种新型致病病毒,它们的迅速传播给全球的社会秩序和经济发展带来了严重影

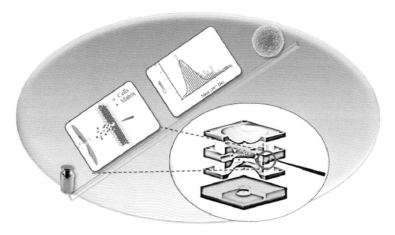

图 5-17 颗粒质谱仪用于细胞质量的快速分析[23]

响,所以在公共场所进行快速的现场检测,对这些微小生物颗粒进行灵敏检测,以及对有毒物质成分进行在线实时分析,对阻止传播、减小威胁,甚至应对恐怖攻击,显得非常必要。

5.3 蛋白质组学技术发展与应用研究

5.3.1 蛋白质组学概念和定量技术

蛋白质研究比核酸研究要相对复杂和困难得多,不仅其氨基酸残基的种类远多于核苷酸残基的种类,而且蛋白质还有着丰富多样的翻译后修饰。蛋白质组是特定状态或时间内由一个基因组或一个细胞、组织、器官表达的所有蛋白质的总称。蛋白质组学是指从整体层次大规模研究蛋白质性质,包括蛋白质表达水平、蛋白质-蛋白质相互作用、蛋白质翻译后修饰等。蛋白质组作为一个复杂的蛋白质混合体系,必须经过充分地分离后才能被有效地进行分析。总体来说,对蛋白质组进行分离分析的方法主要有两大类,一类是早期的二维凝胶电泳法(two-dimensional gel electrophoresis,2-DE),另一类是后来逐渐发展成熟的液相色谱－质谱联用法(liquid chromatography－mass spectrometry,LC-MS)。

蛋白质组学定量技术可分为靶向定量蛋白质组学（targeted quantitative proteomics）和非靶向定量蛋白质组学（untargeted quantitative proteomics）。靶向定量蛋白质组学的主要方法有选择反应监测（selective reaction monitoring，SRM）技术、多重反应监测（multiple reaction monitoring，MRM）技术和平行反应监测（parallel reaction monitoring，PRM）技术等。选择反应监测（SRM）技术和多重反应监测（MRM）技术本质上是一样的，即在做质谱鉴定的时候，人为选取部分一级质谱中的母离子和二级质谱中的子离子作为离子对，特异地鉴定离子对的信号，从而极大地提高了信噪比和灵敏度。PRM 技术与 SRM 技术、MRM 技术的原理基本一样，不同的是，PRM 技术采用的是高分辨率高精度的 Orbitrap 作为二级的质量分析器，对母离子产生的所有碎片离子同时进行扫描，可以实现更高的选择性、灵敏度和通量。

非靶向定量蛋白质组学可分为两大类，一类是非标记定量（label-free quantitation，LFQ），另一类是稳定同位素标记定量（stable isotope labeling quantitation）。非标记定量目前主要有两种方法，一种是基于匹配的二级谱图数的定量，另一种是基于一级质谱峰面积的定量。非标记定量方法的最大优势就在于其成本低廉且操作简单。质谱在分析肽段混合物时，某一肽段被鉴定到的概率大致与其丰度成正比，即丰度越高的蛋白质最终匹配上的二级谱图数就越多，基于这一原理进行定量的方法就是谱图数定量法。这一方法在数据处理上最为简单便捷，不过其定量精确度相比其他方法则略显粗糙。Chelius 等提出在质谱检测中，每条酶解肽段的质谱信号强度与其浓度相关，所以通过比较一级谱图中离子的信号强度或峰面积就可以对肽段（蛋白质）进行相对定量。基于峰面积的非标记定量目前已得到广泛应用，如 MaxQuant 等软件能够很好地处理非标记定量的数据。不过与标记定量相比，非标记定量更需要保持仪器的信号稳定性，以保证样品与样品间的数据可比性。

稳定同位素标记定量主要是对实验组和对照组分别进行不同的稳定同位素标记，将两者混合后一起进行质谱分析，从而通过标记后质谱里检出的质量差来识别肽段的来源。同一时间进入质谱并被扫描到的化学性质完全相同的肽段，理论上具有相同的离子化效率和碎裂模式，因此比较不同的同位素标记物的信号强度即可得到不同样品中蛋白质的相对含量。通过标记来进行定量的优势在于避免了样品前处理存在的各种误差以及质谱仪的信号和状态的波动对定量带来的干扰。从标记物引入的方式来分类的话，目前的标记定量主要分为体内标记定量技术和体外标记定量技术。

目前最主流的体内标记定量技术是稳定同位素氨基酸细胞培养（stable-isotope labelling by amino acids in cell culture，SILAC）技术。SILAC 技术的基本原理是向细胞培养基中加入轻、重同位素标记的必需氨基酸（主要是精氨酸和赖氨酸），通过充分培养传代后，胞内新合成的蛋白质中的氨基酸几乎全部被替换为标记的氨基酸。制备样品时将两种细胞等量混合后一起处理，根据质谱中两种同位素标记肽段的信号强度或峰面积的比即可对蛋白质进行定量，如图 5-18 所示。

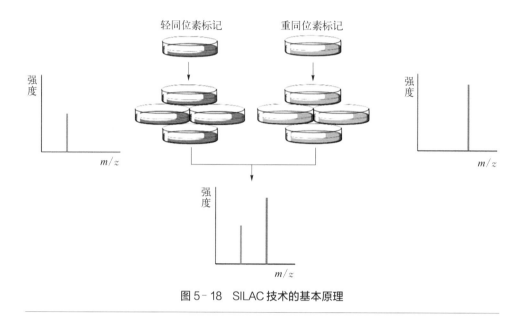

图 5-18 SILAC 技术的基本原理

SILAC 技术最大的优势就在于引入标记是在代谢的水平上的，可以最真实地反映生理条件下的蛋白质表达情况，且样品在蛋白质水平上进行了混合，最大限度地避免了样品处理包括酶解、除盐等过程带来的误差。但是比起各种体外标记方法，SILAC 技术标记周期较长、成本较高，且只能标记可以培养传代的样品对象（如细胞）。

体外标记定量技术多数是通过化学衍生方法在蛋白质或肽段水平引入标记，大致分为基于一级质谱的同位素标记亲和标签（isotope-coded affinity tag，ICAT）技术和二甲基化标记（dimethyl labeling）技术，以及基于串联质谱的同位素标记相对和绝对定量（isobaric tags for relative and absolute quantitation，iTRAQ）技术和串联质谱标签（tandem mass tag，TMT）技术。

ICAT 技术是用含有稳定同位素的亲和标签标记样品蛋白质样品中的半胱氨酸以实现蛋白质相对定量的技术。同位素亲和标签由三个部分组成：生物素部分、连接子和反应基团。由于不同类型同位素标记的同一条肽段在质谱鉴定时几乎同时出峰,其相对分子质量差为 8 Da,根据质谱检测到的离子强度可得到该肽段在两组样品中丰度的差异,从而实现蛋白质水平的相对定量。但 ICAT 技术只适用于含半胱氨酸的肽段,这限制了其应用范围。二甲基化标记技术是通过甲醛或氘代甲醛对肽段的活性氨基进行标记,从而通过一级谱图中肽段的信号强度对蛋白质进行定量的方法。二甲基化标记技术是在肽段水平进行的标记,其主要优势是快速、高效且廉价。北京大学张布雨等在利用定量蛋白质组学研究志贺氏菌转录因子 SlyA 的调控蛋白中就采用了二甲基化标记技术,共检测到 1 400 多个细菌蛋白,从中发现并证实了 SlyA 通过直接调控谷氨酸脱羧酶 GadA 的表达水平而介导志贺氏菌的抗酸能力。

基于串联质谱的同位素标记技术一般是通过二级或三级质谱中报告离子的强度对肽段和蛋白质进行定量。iTRAQ 技术是 2004 年美国应用生物系统公司开发的用同位素试剂对蛋白质酶解后的肽段进行标记并使用串联质谱定量的技术。该同位素标签通常由三个部分构成(图 5-19):① 反应基团,与肽段的活性氨基反应把标签接在肽段上;② 报告基团,在二级谱图中被检出并根据其强度定量;③ 平衡基团,调节标签分子量使各组样品在一级质谱中具有相同质量。目前 iTRAQ 技术可同时对 8 组样品进行定量,大大提高了分析的通量。在使用二级谱图定量时,因为样品的复杂度很高,同时碎裂的其他离子所产生的报告基团可能影响目标离子所产生的报告基团的强度,使得定量结果不准确。针对这一问题,目前发展出了利用三级谱图中报告基团的强度进行定量的方法(将二级谱图中高强度离子进一步碎裂),以避免共碎裂离子的干扰。TMT 技术由美国赛默飞世尔科技公司开发,原理和 iTRAQ 基本一样,都是通过在肽段的游离氨基上反应,接上标签基团,而不同组中的标签基团在二级质谱中会得到不同相对分子质量的报告离子,通过报告离子的强度对蛋白质进行定量(图 5-19)。目前的 TMT 技术已经发展到十重标记,在蛋白质组学分析的通量上有较为显著的优势。

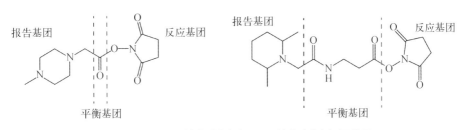

图 5-19 iTRAQ 技术(左)与 TMT 技术(右)标记分子

5.3.2　蛋白质组学应用研究

鉴于蛋白质组学在复杂蛋白质混合物大规模定性定量、蛋白质-蛋白质相互作用网络、蛋白质翻译后修饰解析等方面有无可比拟的技术优势，基于质谱的蛋白质组学在当今生物医学研究中的应用非常广泛，已成为解决一些重要科学问题的突破口。北京大学刘小云课题组长期致力于发展并运用高通量蛋白质组学方法来解决病原菌感染领域有重要意义、但传统生物学方法严重受限的一些科学问题。近年来该课题组紧密围绕着病原菌与宿主相互作用的分子机制，主要取得了以下三个方面的重要进展：① 发展胞内细菌定量蛋白质组学技术，阐明了病原菌适应宿主的分子机制；② 利用高通量细菌分泌蛋白质组学，发现了全新的三型分泌系统效应蛋白；③ 建立高精度质谱分析方法，解析了一系列细菌效应蛋白质所介导的全新翻译后修饰。

1. 定量蛋白质组学绘制感染中细菌蛋白质动态表达全景图

在感染过程中，细菌及宿主细胞蛋白质表达水平在一定时空范围内均发生改变，系统地研究这些变化有助于从整体层面了解病原细菌适应宿主的分子机制以及宿主细胞的防御机制。目前细菌蛋白质组学研究主要集中于体外培养的细菌，而胞内细菌蛋白质组分析却鲜有报道。由于感染细胞内细菌数量通常较低，少量的细菌与大量的宿主细胞蛋白质共存给胞内细菌蛋白质组研究带来巨大的挑战。该课题组在前期工作中发展了一种选择性裂解细胞，进而分离获得高纯度细菌的方法[24]。结合凝胶电泳分离与液质联用技术，将胞内细菌蛋白质组分析的覆盖率从先前的不到 10% 提高到40%，率先实现了感染中细菌蛋白质水平的深度测量。该课题组的刘艳华等利用该分析策略，以沙门氏菌感染海拉细胞为模型，绘制了感染不同阶段的胞内细菌代谢通路全景图，为在分子水平研究胞内细菌存活与增殖的机制奠定了坚实的基础。该研究发现发现沙门氏菌在感染后 1 h（成功入侵）到 6 h（增殖初期），上调最显著的蛋白质均与铁离子的摄取相关，说明沙门氏菌在感染细胞中面临缺铁的挑战。细菌应对铁匮乏的一种重要机制是分泌大量的铁载体（高亲和性铁螯合剂），代谢组学进一步发现感染细胞内铁载体的水平显著上升。此外，铁吸收关键基因的敲除导致沙门氏菌体外生长及侵染宿主的能力均受到严重抑制[25]。而在感染后 18 h，宿主内沙门氏菌整体代谢通路则发生了明显重塑（图 5-20）：细菌有氧及无氧呼吸通路均发生下调，主要通过葡萄糖酵解以及核酸分解获取碳源，同时以混合酸发酵的形式进行呼吸作用。

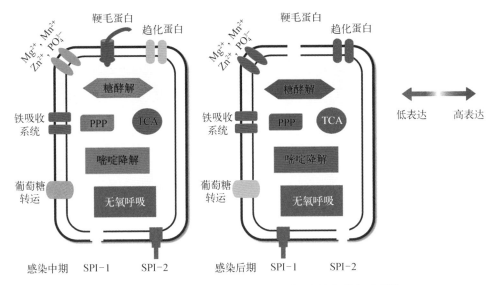

图 5-20　沙门氏菌感染宿主上皮细胞过程中的代谢全景图[25]

PPP—戊糖磷酸化通路；TCA—三羧酸循环；SPI-1—沙门氏菌毒力岛 1；SPI-2—沙门氏菌毒力岛 2

以上研究发现为进一步深入理解和认识代谢过程在病原菌感染中所起的重要作用提供了全新的视角，同时也为设计以特定代谢通路为靶点的新型抗感染小分子药物提供了新思路和理论基础[26]。此外，该课题组刘艳华等进一步利用胞内细菌蛋白质组学揭示了沙门氏菌通过转录因子 YdcR 调控细菌毒力的一种新机制，该研究中所建立的定量蛋白质组学与细菌遗传学结合的新型分析策略也为研究转录因子或其他未知功能基因提供了一种重要的新途径[27]。

2. 分泌蛋白质组学发现全新细菌三型效应蛋白

病原菌感染领域最核心的科学问题仍然是围绕着细菌毒力蛋白（或效应蛋白）展开的。鉴定效应蛋白的一种经典方法是依赖于荧光信号检测的 β-内酰胺酶报告系统。该方法将候选效应蛋白与 β-内酰胺酶融合表达，通过对 β-内酰胺酶的检测实现效应蛋白的鉴定。因此，从本质上来说这是一种基于假设的验证策略，无法实现对潜在效应蛋白的大规模筛选。而高通量细菌分泌蛋白质组学可实现这一目标，但该方法面临的一个重要挑战是背景蛋白质信号的干扰。由于在培养过程中部分细菌的死亡裂解，造成大量的胞浆蛋白泄漏至细菌培养基上清，严重干扰了细菌分泌效应蛋白的检测与识别。为解决这一困难，北京大学刘小云课题组程森等构建了三型分泌系统缺陷的细菌突变株作为阴性对照,通过稳定同位素标记的定量质谱方法实现了背景蛋白(胞浆蛋白)与分泌效应蛋白的高效区分(图 5-21)。运用该细菌分泌蛋白质组分析策略,成功筛选并鉴定到一个全新的沙门氏菌毒力蛋白 SopF[28]。SopF 基因敲除的沙门氏菌突变株在感染巨噬细胞和小鼠过程中的毒力均明显减弱,表明 SopF 在细菌感染中可能具有重要的生物学功能。近期该课题组程森与北京生命科学研究所邵峰实验室紧密合作,在该全新效应蛋白的生物学功能及其与宿主相互作用的分子机制探索中取得了突破性进展,发现 SopF 通过 ADP 核糖基化修饰抑制宿主细胞的异源自噬通路激活[29]。

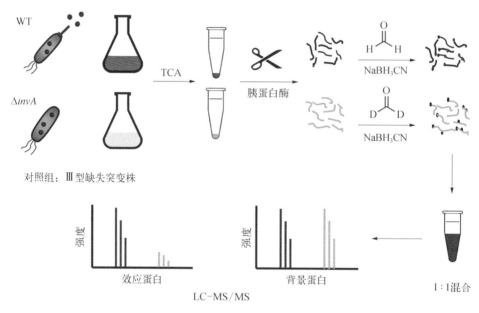

图 5-21　高通量分泌蛋白质组学大规模筛选细菌三型效应蛋白[28]
WT—野生型;ΔinvA—invA 缺失株;TCA—三氯乙酸

3. 高精度质谱解析细菌效应蛋白催化的蛋白质翻译后修饰

细菌效应蛋白经由分泌系统被转运至宿主细胞内,通常作用于特定的宿主靶蛋白(或称底物蛋白),进而实现对宿主一些生命过程的调控。这些效应蛋白通常是一些具有生化活性的酶,它们可通过蛋白质翻译后修饰来改变其底物蛋白的生物学功能,从而实现对宿主细胞某些重要信号通路的操控,最终达到促进细菌入侵及增殖的目的。

作为效应蛋白调控其靶蛋白功能的一种分子机制,感染过程中的蛋白质翻译后修饰是近年来病原菌领域内的一个研究热点。这其中的一个经典案例是嗜肺军团杆菌通过Ⅳ型分泌系统转运多个效应蛋白对宿主关键蛋白 Rab1 进行多种可逆性化学修饰(图 5-22)。北京大学刘小云课题组在前期工作中建立起蛋白质未知化学修饰的高精度质谱分析方法,并成功鉴定到一种全新的由军团杆菌所介导的蛋白质磷酸胆碱修饰[30]。该病原菌在感染中可向宿主细胞分泌 300 多个效应蛋白,但目前生物学功能研究较为清楚的不到十分之一。前人工作发现效应蛋白 SetA 在酵母中高表达时有很强的细胞毒性,能够干扰宿主细胞正常的囊泡运输过程。这些表型均依赖于该蛋白所具有的葡萄糖转移酶活性,然而其酶活底物至今仍未被发现。鉴于酶与底物间瞬时、弱的相互作用,传统免疫沉淀方法很难捕捉到该蛋白复合物。该课题组王珍等通过化学交联结合定量质谱方法克服了这一技术难点,成功鉴定到宿主小 G 蛋白 Rab1 为 SetA 的互作底物。通过一系列生化及细菌感染实验,他们证明了 SetA 在感染中可直接对 Rab1 进行糖基化修饰,该修饰抑制了 Rab1 的 GTP 水解酶活性及与 GDP 解离抑制因子 GDI1 的结合。进一步的高精度质谱分析表明 Rab1 主要的糖基化位点位于其高度保守的 Switch Ⅱ 结构域中的 Thr 75(图 5-23)。这些发现不仅从分子水平阐明了效应蛋白 SetA 在军团杆菌感染中的毒理机制,同时该研究中建立的交联质谱互作组分析方法为大规模筛查鉴定效应蛋白的宿主靶蛋白提供了重要的新途径[31]。

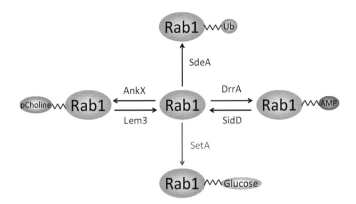

图 5-22　军团杆菌运用 4 种共价修饰精准调控宿主小 G 蛋白 Rab1 功能[30]

此外,该课题组也充分利用技术优势与国内外病原微生物实验室开展合作研究。该课题组郁凯文与美国普渡大学生物科学系罗招庆实验室合作,在军团杆菌效应蛋白 SdeA 与宿主互作的分子机制研究中取得了突破性进展。SdeA 氨基酸序列分析表明

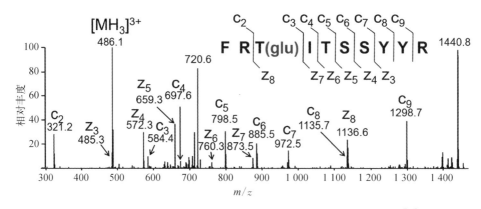

图 5-23 肽段 $F_{73}RTITSSYYR_{82}$ 在电子转移解离模式下的二级质谱图[31]

该蛋白是潜在的 ADP 核糖基转移酶,但大量的体外酶促反应尝试却无法证实该酶活的存在。高精度质谱分析则发现 SdeA 具有一种全新的泛素连接酶活性,可泛素化修饰宿主蛋白 Rab1[32]。该课题组刘艳华也与浙江大学生命科学研究院朱永群实验室合作,在细菌毒素介导的蛋白质新型脂化修饰方面取得重要进展[33]。综上所述,这些研究中所建立的高精度质谱解析策略在新型蛋白质化学修饰的发现与鉴定过程中均发挥了不可替代的决定性作用,而这些共价修饰的破译与解析也成为许多重要生物学问题的关键突破口。

5.4 展望

尽管质谱在方法学、仪器硬件以及应用研究方面都有了长足的进步,但面对一些复杂的分析体系,仍然存在不少的问题,亟须下一代的突破性进展或变革性技术。比如单细胞分析一直是化学测量学中一个极具挑战的领域,目前单细胞基因组(或转录组)分析很大程度领先于单细胞蛋白质组学(和代谢组学)。当然这其中最重要的一个本质原因是蛋白质(或代谢物)的检测过程中缺乏与 PCR 类似的信号扩增技术,因此在单细胞的水平测量蛋白质(或小分子)比核酸要困难得多,可以说对检测灵敏度提出了极限需求。然而单从灵敏度的角度考虑,质谱方法似乎又逊色于荧光类的检测手段,毕竟荧光信号一般具有非常低的背景,而质谱作为一种广谱检测器,背景干扰则相对较高。此外,基于质谱的蛋白质组学目前在覆盖率和重现性上仍然有较大的提升空间,因此在今后相当长的一段时期内,质谱技术的提升仍然是本领域最重要的一个目标。而在现阶段已有质谱技术平台下,如何在兼顾科学问题重要性的同时扬长避短,选择合适的研究体系,可能是我们从事方法学开发与应用研究时要关注的一个问题。

参考文献

［1］ Gaskell S J. Electrospray：principles and practice［J］. Journal of Mass Spectrometry，1997，32(7)：677 – 688.

［2］ Xu S T，Ma W，Bai Y，et al. Ultrasensitive ambient mass spectrometry immunoassays：Multiplexed detection of proteins in serum and on cell surfaces［J］. Journal of the American Chemical Society，2019，141(1)：72 – 75.

［3］ Ma W，Xu S T，Nie H G，et al. Bifunctional cleavable probes for *in situ* multiplexed glycan detection and imaging using mass spectrometry［J］. Chemical Science，2019，10(8)：2320 – 2325.

［4］ Sun J，Liu H H，Zhan L P，et al. Laser cleavable probes-based cell surface engineering for *in situ* sialoglycoconjugates profiling by laser desorption/ionization mass spectrometry［J］. Analytical Chemistry，2018，90(11)：6397 – 6402.

［5］ Chen R，Xu W J，Xiong C Q，et al. High-salt-tolerance matrix for facile detection of glucose in rat brain microdialysates by MALDI mass spectrometry［J］. Analytical Chemistry，2012，84(1)：465 – 469.

［6］ Chen R，Chen S M，Xiong C Q，et al. N –(1 – naphthyl) ethylenediamine dinitrate：A new matrix for negative ion MALDI – TOF MS analysis of small molecules［J］. Journal of the American Society for Mass Spectrometry，2012，23(9)：1454 – 1460.

［7］ He Q，Chen S M，Wang J N，et al. 1 – naphthylhydrazine hydrochloride：A new matrix for the quantification of glucose and homogentisic acid in real samples by MALDI – TOF MS［J］. Clinica Chimica Acta：International Journal of Clinical Chemistry，2013，420：94 – 98.

［8］ Liu H H，Chen R，Wang J Y，et al. 1，5 – Diaminonaphthalene hydrochloride assisted laser desorption/ionization mass spectrometry imaging of small molecules in tissues following focal cerebral ischemia［J］. Analytical Chemistry，2014，86(20)：10114 – 10121.

［9］ Zhan L P，Xie X B，Li Y F，et al. Differentiation and relative quantitation of disaccharide isomers by MALDI – TOF/TOF mass spectrometry［J］. Analytical Chemistry，2018，90(3)：1525 – 1530.

［10］ Chen S M，Chen L，Wang J N，et al. 2，3，4，5 – tetrakis(3′，4′ – dihydroxylphenyl) thiophene：A new matrix for the selective analysis of low molecular weight amines and direct determination of creatinine in urine by MALDI – TOF MS［J］. Analytical Chemistry, 2012, 84(23): 10291 – 10297.

［11］ Wang J N, Sun J, Wang J Y, et al. Hexagonal boron nitride nanosheets as a multifunctional background-free matrix to detect small molecules and complicated samples by MALDI mass spectrometry［J］. Chemical Communications, 2017, 53 (58): 8114 – 8117.

［12］ Wang J N, Qiu S L, Chen S M, et al. MALDI – TOF MS imaging of metabolites with a N – (1 – naphthyl) ethylenediamine dihydrochloride matrix and its application to colorectal cancer liver metastasis［J］. Analytical Chemistry, 2015, 87(1): 422 – 430.

［13］ Huang X, Zhan L P, Sun J, et al. Utilizing a mini-humidifier to deposit matrix for MALDI imaging［J］. Analytical Chemistry, 2018, 90(14): 8309 – 8313.

［14］ Chen S M, Xiong C Q, Liu H H, et al. Mass spectrometry imaging reveals the sub-organ distribution of carbon nanomaterials［J］. Nature Nanotechnology, 2015, 10 (2): 176 – 182.

［15］ Xue J J, Liu H H, Chen S M, et al. Mass spectrometry imaging of the *in situ* drug release from nanocarriers［J］. Science Advances, 2018, 4(10): eaat9039.

［16］ Peng W P, Chou S W, Patil A A. Measuring masses of large biomolecules and bioparticles using mass spectrometric techniques［J］. The Analyst, 2014, 139(14): 3507 – 3523.

［17］ Zhu Z Q, Xiong C Q, Xu G P, et al. Characterization of bioparticles using a miniature cylindrical ion trap mass spectrometer operated at rough vacuum［J］. The Analyst, 2011, 136(7): 1305 – 1309.

［18］ Xiong C Q, Zhou X Y, Chen R, et al. Characterization of column packing materials in high-performance liquid chromatography by charge-detection quadrupole ion trap mass spectrometry［J］. Analytical Chemistry, 2011, 83(13): 5400 – 5406.

［19］ Xiong C Q, Xu G P, Zhou X Y, et al. The development of charge detection-quadrupole ion trap mass spectrometry driven by rectangular and triangular waves［J］. The Analyst, 2012, 137(5): 1199.

［20］ Xiong C Q, Zhou X Y, Wang J N, et al. Ambient aerodynamic desorption/ionization method for microparticle mass measurement［J］. Analytical Chemistry, 2013, 85 (9): 4370 – 4375.

［21］ Xiong C Q, Zhou X Y, Zhang N, et al. Quantitative assessment of protein adsorption on microparticles with particle mass spectrometry［J］. Analytical Chemistry, 2014, 86(8): 3876 – 3881.

［22］ Zhang N, Zhu K, Xiong C, et al. Mass measurement of single intact nanoparticles in a cylindrical ion trap［J］. Analytical Chemistry, 2016, 88(11): 5958 – 5962.

［23］ Xiong C Q, Zhou X Y, He Q, et al. Development of visible-wavelength MALDI cell mass spectrometry for high-efficiency single-cell analysis［J］. Analytical Chemistry, 2016, 88(23): 11913 – 11918.

［24］ Liu X Y, Gao B L, Novik V, et al. Quantitative proteomics of intracellular *Campylobacter jejuni* reveals metabolic reprogramming［J］. PLoS Pathogens, 2012, 8 (3): e1002562.

[25] Liu Y H, Zhang Q F, Hu M, et al. Proteomic analyses of intracellular *Salmonella enterica* serovar typhimurium reveal extensive bacterial adaptations to infected host epithelial cells[J]. Infection and Immunity, 2015, 83(7): 2897 – 2906.

[26] Liu Y H, Yu K W, Zhou F, et al. Quantitative proteomics charts the landscape of *Salmonella* carbon metabolism within host epithelial cells [J]. Journal of Proteome Research, 2017, 16(2): 788 – 797.

[27] Liu Y H, Liu Q, Qi L L, et al. Temporal regulation of a *Salmonella* typhimurium virulence factor by the transcriptional regulator YdcR [J]. Molecular & Cellular Proteomics, 2017, 16(9): 1683 – 1693.

[28] Cheng S, Wang L, Liu Q, et al. Identification of a novel *Salmonella* type Ⅲ effector by quantitative secretome profiling[J]. Molecular & Cellular Proteomics, 2017, 16(12): 2219 – 2228.

[29] Xu Y, Zhou P, Cheng S, et al. A bacterial effector reveals the V – ATPase – ATG16L1 axis that initiates xenophagy[J]. Cell, 2019, 178(3): 552 – 566.e20.

[30] Mukherjee S, Liu X Y, Arasaki K, et al. Modulation of Rab GTPase function by a protein phosphocholine transferase[J]. Nature, 2011, 477(7362): 103 – 106.

[31] Wang Z, McCloskey A, Cheng S, et al. Regulation of the small GTPase Rab1 function by a bacterial glucosyltransferase[J]. Cell Discovery, 2018, 4(1): 53.

[32] Qiu J Z, Sheedlo M J, Yu K W, et al. Ubiquitination independent of E1 and E2 enzymes by bacterial effectors[J]. Nature, 2016, 533(7601): 120 – 124.

[33] Zhou Y, Huang C F, Yin L, et al. N$^\varepsilon$ – Fatty acylation of Rho GTPases by a MARTX toxin effector[J]. Science, 2017, 358(6362): 528 – 531.

MOLECULAR SCIENCES

Chapter 6

第 6 章

基于核磁共振波谱学的
化学测量学

6.2 核磁共振动力学研究新技术

6.3 细菌砷酸还原酶体系的动态结构与功能关系
研究

6.4 细菌外源基因沉默因子的 DNA 识别及结合机
制研究

6.5 展望

夏斌，金长文

北京大学化学与分子工程学院，北京分子科学国家研究中心

6.1 绪论

核磁共振波谱学是分析化学中常用的主要仪器分析技术,是鉴定物质的化学组分和空间构象的重要手段,被广泛应用于化学、生命科学、医学、食品以及材料科学等领域。目前,核磁共振技术最重要的应用方向之一,是对生物大分子(蛋白质、核酸和多糖等)的原子分辨率三维空间结构解析以及结构与功能关系的研究。

核磁共振技术是现有的能够在原子水平上研究生物大分子三维空间结构的三种实验技术之一,与 X 射线晶体衍射技术和低温冷冻电镜技术相比,核磁共振技术的特点是能够在接近生理环境的条件下测定生物大分子三维空间结构和相互作用[1, 2],从而有效地研究生物大分子结构与功能的关系,同时在生物大分子结构的动态特性研究方面具有得天独厚的优势[3]。

蛋白质等生物大分子的三维空间结构不是静止不变的,而是动态的,始终处于不同的能级构象之间相互转化的动态平衡过程,并会从稳态构象跃迁到具有较高能级的瞬态构象[4]。同时,蛋白质在生命过程发挥作用的根本在于蛋白质之间或与其他生物分子之间的相互作用,其中亲和力较弱的蛋白质相互作用是一种结合与解离的动态过程[5]。这些动态特性和过程与蛋白质的生物学功能及生命过程调控密切相关。

随着生物大分子三维空间结构解析技术的不断突破和创新,对于蛋白质稳态空间结构的解析及其与功能关系的理解日益加深。相比而言,目前对于蛋白质动态结构的研究还远远不够。蛋白质的动态特性不仅包括从化学键振动到局域构象改变,乃至整体折叠方式的变化等过程,还包括相互作用的解离常数 $K_d > 10^{-6}$ mmol/L 量级时,蛋白质之间的动态相互作用[6]。蛋白质结构的动态特性的空间尺度跨越 3 个以上数量级,其时间尺度跨越 10 个以上数量级。对于蛋白质机器的动态结构的研究,不仅需要在空间尺度上去表征和解析蛋白质的空间构象,还需要在时间尺度上去探究其各个层面动态性质的时间规律。

核磁共振技术在蛋白质的动态结构研究方面有得天独厚的优势,从特定的核磁共振实验数据中可获得具有原子分辨的跨越皮秒到秒时间尺度的动力学数据,还可以获得低丰度激发态构象及瞬态蛋白质复合体的结构信息,这些都是其他结构生物学和生物化学研究手段所无法比拟的[1]。目前,蛋白质动态结构的核磁共振研究,在国内外尚处于起步阶段,相应研究技术和分析方法还有很多不足,严重制约了对蛋白质动态结构与功能关系的研究和阐明,亟须在研究技术和方法上有所发展和突破。

利用核磁共振技术不仅可以在接近生理环境的条件下解析生物大分子的原子分辨率三维空间结构,还可以基于原子核自旋的弛豫效应在原子水平的分辨率上研究蛋白质的内在动力学性质,可以同时对多个位点进行检测,可以研究从皮秒-纳秒,到微秒-毫秒,直至秒乃至天的时间尺度上的蛋白质动态特性。同时,核磁共振技术是目前少有的可以检测生物大分子瞬态构象的实验技术。生物大分子的瞬态构象的特点是丰度极低和存在时间极短(微秒～秒),属于传统的结构生物学实验中的"不可见"构象[7]。此外,核磁共振技术能够检测到很弱的瞬态相互作用,对于相互作用界面和位点的检测能够达到原子水平精度[8]。这些都是其他结构分析研究手段所无法比拟的。

近年来,对蛋白质机器动态结构的研究一直是国际上生物大分子核磁共振领域的一个热点。目前,前沿研究聚焦于两个方面的创新和突破:一是蛋白质动态结构的核磁共振研究方法和技术;二是应用核磁共振技术阐明蛋白质机器结构动态特性与其功能关系的分子机制。

在方法技术方面,通过测定蛋白质主链 ^{15}N 原子核的 R1、R2、hNOE 等弛豫参数,以分析得到蛋白质的微观运动参数的研究方法,已经被较普遍地应用在蛋白质动力学研究上。基于 CPMG 脉冲技术的弛豫扩散(relaxation dispersion,RD)方法在酶蛋白动力学研究中得到了非常广泛的应用。通过测量在不同弱取向的介质中的残余偶极耦合(residual dipolar coupling,RDC)数据和 R1rho 旋转坐标系弛豫(rotating frame relaxation)实验数据,可以对蛋白质结构的动态特性进行比较准确的表征。这些技术被应用于二氢叶酸还原酶 DHFR、核酸酶 RNase A、脯氨酸顺反异构酶 CypA 等酶蛋白的动力学研究,阐明了这些酶分子结构的动态特性与其催化功能的关系[9]。

此外,近期发展起来的基于电子自旋顺磁标记的顺磁弛豫增强(paramagnetic relaxation enhancement,PRE)效应和赝接触位移(pseudo contact shift,PCS)效应的核磁共振研究方法,以及化学交换饱和转移(chemical exchange saturation transfer,CEST)和 ZZ 交换(ZZ exchange)实验技术,可以灵敏地检测蛋白质低丰度(<5%)瞬态结构信息或蛋白质瞬态相互作用复合体的构象[7,8]。相关技术被应用于葡萄糖激酶、过氧化物歧化酶、HIV‐1 蛋白酶等重要的疾病相关蛋白质体系中,揭示了这些蛋白质是如何通过变换其构象来行使特定的功能的。

本章主要介绍了北京分子科学国家研究中心在利用核磁共振技术研究生物大分子结构及其动态性质方面的一些工作。主要包括:(1)核磁共振动力学研究新技术;(2)细菌砷酸还原酶体系的动态结构与功能关系研究;(3)细菌外源基因沉默因子的

DNA 识别及结合机制研究。

6.2　核磁共振动力学研究新技术

1. 一维选择性 CEST 实验技术

蛋白质在溶液中主要以系综状态存在,通过系综中各种不同结构状态之间的转换来行使多样的生物学功能。对于占系综主要成分的构象,其结构可以通过传统的结构生物学方法,如 X 射线晶体学、液体核磁共振等方法得到;而对于占系综比例 10% 以下的瞬态构象,目前的还没有很好的方法得到其结构。当前核磁共振实验技术中的化学交换饱和转移(CEST)实验可以对瞬态构象进行观测。传统的 CEST 实验是通过记录一系列二维核磁共振谱图实现的,记录一套数据一般需要几天的时间。此外,对于不同的蛋白质来说,在进行 CEST 实验时并没有合适的、统一的实验参数,而往往需要对实验温度、缓冲液条件、相关的核磁参数(B_1,T_{ex}等)分别进行优化以确定最合适的实验条件。这一系列的实验参数优化过程传统上都是通过二维 CEST 实验来完成的,仅优化阶段就需要耗费一两周甚至更长的时间。另外,重要的蛋白质机器分子的样品制备通常成本较高,能够获得的样品浓度也受到各种条件的制约;同时,一个蛋白质机器中最关键的活性部位的残基,其运动特性往往相对特殊,在核磁共振谱图上经常表现为信号较弱、衰减较快。因此,当研究对象的蛋白质样品量和浓度有限,且关注的残基信号较弱时,应用传统的二维 CEST 实验将需要累加大量的扫描次数,极大地延长实验时间,而且并不能够有效获得高质量的谱图。

金长文课题组将 Hartmann - Hahn 极化转移技术与 CEST 实验技术相结合,建立了一套针对主链 ^{15}N 原子和 ^{13}Cα 原子的一维选择性 CEST 脉冲序列。该实验技术通过 Hartmann - Hahn 极化转移将可激发的频率限定于特定的范围内,有效过滤其他频率的信号,实现了高度的选择性;同时,将二维谱转变为一维谱,对特定的氨基酸残基进行一维实验测量,可以在数小时内通过累加足够的扫描次数获得高信噪比的 CEST 谱图。该技术应用于实验参数优化阶段,可以有效提高优化效率;而应用于信号较弱的关键残基的研究方面,则能够突破传统二维实验在时间限制上的缺陷,在合理的实验时间内获得高精度的数据,从而使得对"激发态"构象的分析能够达到更高的准确性。

2. 一维选择性 CPMG 弛豫扩散实验技术

基于 CPMG 脉冲技术的弛豫扩散（CPMG relaxation dispersion，CPMG RD）是另一项可以用来检测低比例存在的瞬态构象的核磁共振实验技术。

传统的 CPMG 弛豫扩散实验也是通过采集一系列二维核磁共振谱图实现的，它在具体应用的时候面临着以下局限。（1）由于实验测量的是蛋白质在横向的弛豫速率 R_2，若希望采集到较为理想的弛豫扩散数据，那么希望构象交换横向的弛豫速率 R_2 的贡献 R_{ex} 尽可能的大；但 R_{ex} 大的话，则意味着核磁共振图谱上对应峰的灵敏度会降低，导致数据的质量降低。传统的二维实验为了解决这个问题只能采用增加扫描次数的办法，但一套二维 CPMG 弛豫扩散实验本身就需要二到三天的时间，增加扫描次数往往会导致实验时间过长，甚至无法实现。（2）传统的二维 CPMG 弛豫扩散实验对于位于谱边缘的残基会有偏离共振的效应（off resonance effect），导致数据点的波动，严重时会影响对数据的准确分析。传统实验方法为解决该问题，只能通过改变谱图中心来重新采谱的方式，这样导致整体实验时间极大地延长。

金长文课题组同样引入 Hartmann - Hahn 极化转移技术，将二维 CPMG 弛豫扩散实验转变为针对特定残基信号的一维 CPMG 弛豫扩散实验。通过理论计算和实验证明，这种方法的优点在于：（1）对于那些 R_{ex} 较大的残基信号，这种一维 CPMG 弛豫扩散实验方法可以在相同的实验时间内获得信噪比数倍优于传统二维实验的数据，能有效帮助我们对蛋白质机器中那些关键的、具有显著构象交换的残基进行准确的测量，从而实现对"激发态"构象的高精度表征；（2）由于选择性 CPMG 弛豫扩散实验本身就是将频率锁定在观测的目标信号上，因此不存在偏离共振的效应，非常适合用来采集二维谱图上位于边缘的残基的数据，相比于通过改变二维 CPMG 实验的谱图中心来矫正偏离共振效应，该方法可以省省大量的实验时间。

3. 二维选择性 CEST 和 CPMG 弛豫扩散实验技术

一维选择性实验在降低谱图复杂性、提高数据信噪比方面具有很大的优势，但它对谱图中谱峰重叠严重区域则具有一定的局限性。仅仅依靠 Hartmann - Hahn 极化转移技术无法完全地屏蔽附近其他信号的干扰，从而影响数据测量。为了解决这一问题，在一维选择性实验的基础上，又发展了二维选择性实验方法，并将其应用在 CEST 和 CPMG 弛豫扩散实验中。该方法仅对谱图的一个谱峰重叠区域进行激发，在间接维进行标记，仅需采集少量的间接维点数即可将重叠区域内的信号很好地区分。二维选择性

CEST 和 CPMG 弛豫扩散实验更大地拓展了在蛋白质机器动态研究中的应用范围。

6.3 细菌砷酸还原酶体系的动态结构与功能关系研究

　　砷在自然界中普遍以五价砷酸盐和三价亚砷酸盐的形式存在,两者均能被细胞错误地摄取而产生毒性。许多生物体因此发展出了特定的代谢途径以避免砷中毒。在细菌中,砷代谢途径主要由定位在质粒或染色体上的 Ars 操纵子介导,其中 ArsC 基因编码的砷酸还原酶(ArsC)蛋白行使催化五价砷,将其还原为三价砷的功能。产生的三价砷可以通过由 ArsB 基因编码的 ArsB 转运系统排出细胞膜外,完成解毒过程[10]。革兰氏阴性和阳性细菌的 ArsC 蛋白是两类功能相似、结构和机理不同的砷酸还原酶家族。其中革兰氏阴性细菌的 ArsC 蛋白通过其上游的谷氧还蛋白(Glutaredoxin,Grx)和谷胱甘肽(GSH)体系相偶联而获得电子,而革兰氏阳性细菌中的 ArsC 则选择性地与硫氧还蛋白(Thioredox,Trx)相偶联。枯草芽孢杆菌的 ArsC 蛋白是一个典型的 Trx 偶联家族成员,它含有三个不可缺少的活性半胱氨酸残基,通过一系列的分子内与分子间二硫键传递反应实现对砷酸还原反应的催化[10, 11]。近年来,金长文课题组利用液体核磁共振技术对枯草芽孢杆菌 ArsC 蛋白在催化反应不同阶段的动态结构进行了系统研究(图 6-1),阐明了该酶蛋白构象动态变化与催化反应进程的相互关联的分子机制。

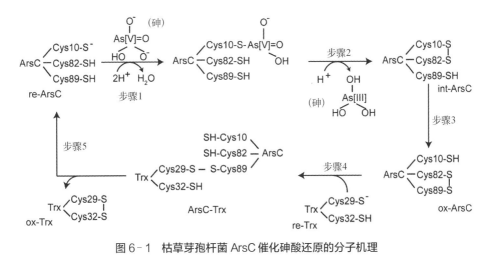

图 6-1　枯草芽孢杆菌 ArsC 催化砷酸还原的分子机理

2005年，金长文课题组应用液体核磁共振技术分别解析了枯草芽孢杆菌ArsC蛋白在还原态（活性态）和氧化态（非活性态）下的高分辨率溶液结构，在体外监测到该酶蛋白催化砷酸还原反应，以及通过上游Trx蛋白发生自身重新活化全部过程的蛋白质构象的可逆转化[12]。该课题组进一步通过核磁共振自旋弛豫技术对ArsC蛋白在两种不同活性状态下的主链动力学性质进行了初步研究。通过测定蛋白质上各氨基酸残基的主链^{15}N动力学特性，观察到在还原态中酶蛋白活性区域在微秒到毫秒的时间尺度上，也正是酶催化相应的时间尺度范围上，发生显著的构象交换，表明这一区域不仅存在能够用传统生物物理学方法捕捉到的基态构象，还同时存在占比较低的激发态构象。而在氧化态中则没有这一现象，蛋白质活性中心表现出相对稳定的构象。这些结果说明结构柔性对于酶蛋白催化活性可能具有关键作用。

随后，该课题组对ArsC与上游蛋白Trx在电子传递级联反应中瞬时形成的Trx-ArsC复合物结构进行了研究[13]。为了能够获得稳定的复合物样品，通过定点突变技术构建了阻断后续反应的蛋白质突变体，形成了通过分子间二硫键相连的复合物，应用液体核磁共振技术解析了其高分辨率溶液结构。这一结构的解析提供了ArsC与Trx相互作用界面的重要信息，发现了ArsC蛋白活性中心附近的一个肽段形成了相互作用界面的核心，且该肽段在还原态与氧化态的结构中具有显著的区别。该肽段在氧化态中呈现一个无规的loop环结构，而在经由Trx的还原作用形成还原态后则转变为一个短的α-螺旋构象。与两者皆不同的是，在Trx-ArsC复合物结构中这一区段表现出介于前两者之间的"过渡状态"的构象，表现出loop还向螺旋结构转变的中间形态（图6-2）。

为了更系统、定量地获得ArsC蛋白在催化反应各个阶段的动态结构，特别是通常实验方法难以检测的激发态构象的信息，金长文课题组进一步应用^{15}N原子核CPMG弛豫扩散与CEST液体核磁共振实验技术对ArsC和Trx在催化反应不同阶段的结构动态性进行了测量，这其中包括还原态和氧化态的ArsC蛋白、还原态和氧化态的Trx蛋白，ArsC在催化砷酸还原过程中形成的自身分子内二硫键中间体，以及Trx-ArsC复合物[14]。研究结果表明，还原态ArsC作为催化反应起始的活性状态，其活性中心结构区域具有多于两态的复杂运动特性，特别是在结合底物类似物之后表现出更多的构象状态（图6-3）。当完成砷酸还原的反应步骤，ArsC形成了自身分子内二硫键的中间体状态时，蛋白质整体稳定性降低，大

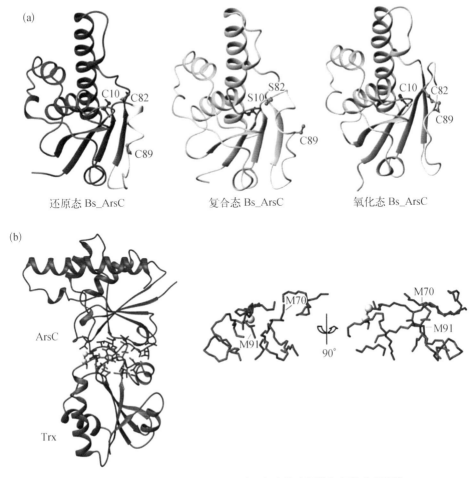

(a)

还原态 Bs_ArsC　　　　复合态 Bs_ArsC　　　　氧化态 Bs_ArsC

(b)

图 6-2　枯草芽孢杆菌 ArsC 还原态、复合物中间体和氧化态的溶液
结构（a）以及 Trx‑ArsC 复合物中的相互作用界面（b）

量氨基酸残基参与至少两个时间尺度上的构象交换。同时,活性位点区域与附近一个螺旋的运动呈现出明显的相关,使得该螺旋由基态构象向激发态构象转化的速率比其在还原态中提高了大约 10 倍,大大加快了局部结构的重塑,促使下一步反应中的活性半胱氨酸残基能够高效地克服空间阻碍,发起亲核进攻。当反应至形成氧化态时,ArsC 蛋白不再具有微秒至毫秒时间尺度的构象交换,而是形成了一个稳定的基态构象。最后,形成 Trx‑ArsC 共价复合体之后,ArsC 蛋白的活性中心周围再次表现出很强的构象交换,且活性位点处的运动特性通过残基侧链间的相互作用网络与 Trx 蛋白的活性位点形成协同运动,促进反应

向下一阶段进行（图6-4）。

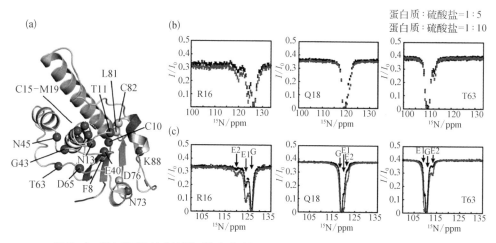

图6-3 ^{15}N CEST技术检测到结合硫酸根时还原态ArsC中存在复杂的构象交换

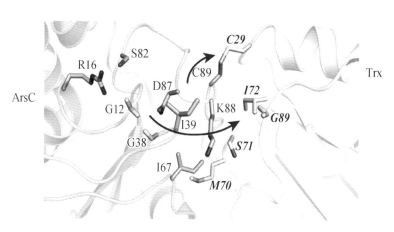

图6-4 Trx-ArsC复合物结合界面上通过相互作用
网络促成分子间协同运动的关键残基

基于以上结果，该课题组提出了枯草芽孢杆菌ArsC蛋白动态结构与催化反应进程的关系（图6-5），揭示了蛋白质的激发态构象，尤其是蛋白质分子内或分子间关键活性区域构象交换的协同作用对推动化学反应进程所起的作用，深入阐明了蛋白质分子内和分子间巯基二硫键级联传递反应的分子机理。

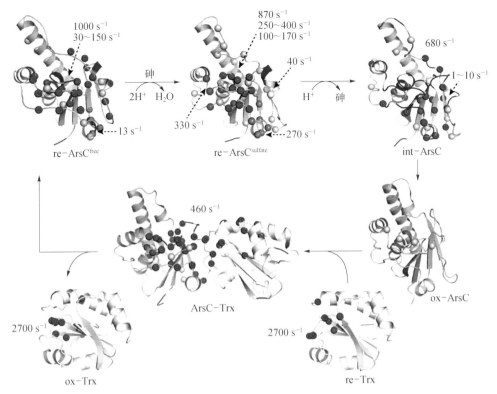

图 6-5 ArsC 催化砷酸还原反应过程中各阶段酶蛋白的动态结构

（图中以小球表示存在构象交换的残基，同种颜色的小球表示存在协同运动的残基）

6.4 细菌外源基因沉默因子的 DNA 识别及结合机制研究

基因水平转移在细菌进化过程中发挥重要作用。细菌可以利用基因水平转移从环境中获取外源基因，提升其潜在的生存竞争力。但新获取的外源基因不受控制的表达往往会对细菌造成不利影响。因此，细菌利用外源基因沉默因子识别外源基因并抑制其表达，为细菌进化出合适的调控机制提供缓冲时间[15]。已被发现的外源基因沉默因子从蛋白序列上可以分为 4 类：变形杆菌中的 H-NS、放线菌中的 Lsr2、假单胞菌中的 MvaT 和芽孢杆菌中的 Rok。这些外源基因沉默因子可利用 C-端的 DNA 结合结构域识别 AT 碱基含量较高的外源基因，并进一步通过 N-端结构域发生自聚合，改变

DNA结构,阻碍转录[16](图6-6)。近年来,夏斌课题组利用液体核磁共振技术研究这4类细菌外源基因沉默因子的DNA结构域与富含AT碱基的DNA结合的溶液结构,阐明了其识别外源基因的分子机制。

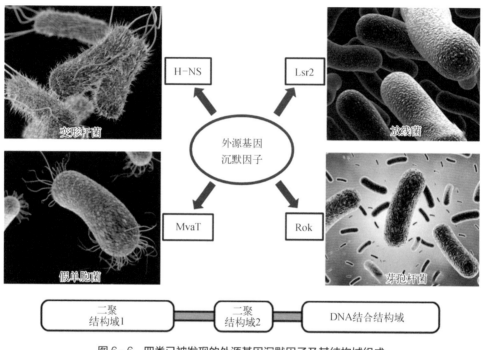

图6-6 四类已被发现的外源基因沉默因子及其结构域组成

2010年,该课题组解析了Lsr2的C-端结构域(66～112号氨基酸残基)的溶液结构[17]。Lsr2的C-端结构域由两个相互垂直的α-螺旋构成,两者之间有一段长的肽段(图6-7)。该课题组进一步利用NMR技术确定了Lsr2的C-端结构域与DNA的相互作用界面。结果表明Lsr2结合DNA的界面主要位于α1螺旋以及邻近的环状结构域上,而DNA上的蛋白结合界面主要位于AT序列区。基于得到的相互作用界面信息,利用分子对接构建了Lsr2的C-端结构域与DNA的复合体结构模型。结果表明连接两个α-螺旋的loop区上的"RGR"残基能够嵌入到DNA的小沟中,两个Arg残基的侧链沿DNA小沟底部向相反方向伸展,覆盖4～5个碱基对。

这个由"RGR"残基构成的钳手状结构与真核生物中HMGA1蛋白的AT-hook结构十分类似。同时,Lsr2对AATT序列具有最强的结合能力,与HMGA1的DNA结合特性相近。HMGA1中的AT-hook功能区通常包含Pro-Arg-Gly-Arg-Pro

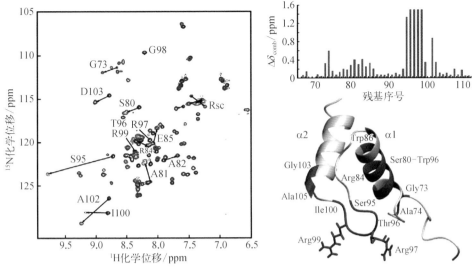

图 6-7　利用核磁滴定方法研究 DNA 分子与 Lsr2 的相互作用界面

序列,两侧还有许多带正电的氨基酸残基[18,19]。所不同的是 HMG-I(Y) 在不结合 DNA 时相应的"RGR"残基没有特定的构象,而 Lsr2 的 C-端结构域在不结合 DNA 时已经形成这种 AT-hook 的构象。Lsr2 中"RGR"残基形成的这种识别 DNA 小沟的结构被命名为 AT-hook-like 模体(motif),这是第一次在原核生物中发现类似真核生物 AT-hook 的 DNA 结合模式。由于 GC 碱基对在 DNA 小沟侧具有 2-NH₂ 基团,对"RGR"残基结合 DNA 小沟构成空间位阻,因而 AT-hook 结构倾向于结合高 AT 碱基含量的 DNA 小沟。Lsr2 的 C-端结构域与 DNA 复合体结构模型揭示了 Lsr2 倾向于结合高 AT 碱基含量 DNA 的分子机理。

　　进而,该课题组又解析了鼠伤寒沙门氏菌及越南伯克霍尔德氏菌中 H-NS 的 C-端结构域(H-NS_ctd)的溶液结构,并对其与 DNA 的相互作用进行了研究[20]。两个 H-NS 的 C-端结构域与 Lsr2 的 C-端结构域在二级结构组成和三维空间结构方面差别很大,但是 H-NS_ctd 中的一个包含"QGR"(鼠伤寒沙门氏菌)或"RGR"(越南伯克霍尔德氏菌)序列的 loop 也具有类似 Lsr2 中 AT-hook-like 模体的构象(图 6-8)。NMR 滴定实验表明,H-NS_ctd 的主要 DNA 结合区域位于"QGR"或"RGR"序列所在的 loop。通过分子对接建模和突变体研究,最终阐明 H-NS 的"QGR"序列形成的 AT-hook-like 结构也同样能够嵌入 DNA 的小沟中,Gln112 和 Arg114 残基的侧链沿小沟向相反方向伸展并覆盖4~5个碱基对(图 6-9)。

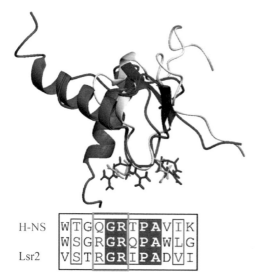

H-NS

Lsr2

图6-8 鼠伤寒沙门氏菌 H-NS、越南伯克霍尔
德氏菌 H-NS 同源蛋白 Bv3F 和结核分
枝杆菌 Lsr2 的 C 端结构域结构比较,
及保守的 DNA 结合 AT-hook-like 模
体的氨基酸序列比对

为了阐明 MvaT 的 DNA 结合机理,
该课题组解析了铜绿假单胞菌中 MvaT
的 C-端结构域(MvaT_{ctd})的自由态和
DNA 结合态的溶液结构[21]。这是第一个
被解析的细菌外源基因沉默因子与 DNA
复合体的实验结构。MvaT_{ctd} 具有与 H-
NS_{ctd} 类似的二级结构组成和折叠,但是不
含有类似 AT-hook 的构象(图 6-9)。
MvaT_{ctd} N 末端的 Arg80 和 loop2 上的
Gly99 和 Asn100 形成的"AT-pincer"结
构插入 DNA 的小沟中,并能够与碱基形
成氢键。另外,MvaT_{ctd} 中存在 6 个赖氨
酸残基构成的"Lysine-network"与 DNA
的脱氧核糖磷酸骨架存在静电相互作用。
体外和体内的突变研究表明,"AT-

pincer"和"Lysine-network"对 MvaT 结合 DNA 的亲和力和转录抑制功能都是十分
重要的。"AT-pincer"对 DNA 碱基的 base readout,以及"Lysine-network"对 DNA
脱氧核糖磷酸骨架的 shape readout,共同构成了 MvaT 识别高 AT 含量 DNA 的机理。
MvaT 利用序列上不连续的"R-GN"结构(AT-pincer)插入 DNA 小沟,6 个赖氨酸残
基与 DNA 的磷酸骨架之间存在静电相互作用,稳定结合(图 6-9)。AT-pincer 结构
对于 GC 碱基对的插入有一定的容忍性。蛋白的结合需要 DNA 构象的改变,因而柔
性较高的 TpA 序列更有利于结合,而刚性的 A-tract 序列会降低蛋白与 DNA 的结
合力。

利用核磁共振技术还解析了枯草芽孢杆菌 Rok 的 C-端结构域自由态及与 DNA
[d(CTAATAACTAGTTATTAG)_2]结合态的溶液结构[22]。Rok 利用 C-端的 winged
helix 结构域结合在 DNA 分子的小沟,α3 螺旋和 Wing 1 结构单元在 DNA 结合过程中
起到主要作用。位于 α3 螺旋 N-末端的 N154、T156 以及 Wing 1 上的 R174 残基侧链
通过氢键及疏水相互作用插入 DNA A_6T_7C_8T_9A_{10} 区域的小沟。四个赖氨酸残基侧链
通过静电相互作用与两侧的磷酸基团结合,稳定蛋白与 DNA 复合体的结构(图 6-9)。
该课题组利用核磁共振技术及等温量热滴定方法分析了结合界面上重要残基的突变

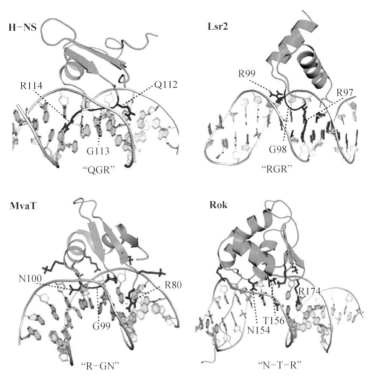

图 6-9　H-NS 和 Lsr2 C-端结构域与 DNA 分子的结合模型以及 MvaT 和
Rok C-端结构域与 DNA 分子的复合体溶液结构

对于蛋白和 DNA 结合力的影响,验证了这些残基在 DNA 结合过程中发挥的作用。虽
然 Rok 整体上亦倾向于结合 AT 碱基含量较高的序列,但 N154、T156 及 R174 残基与
碱基的相互作用使得 Rok 对于 T/AACTA 序列具有较强的结合能力,这种序列特异性
未见于 H-NS、Lsr2 或 MvaT。此外,与 MvaT 相比,Rok 与 DNA 结合会导致 DNA 分
子的构象发生更大程度的改变,如弯曲、小沟增宽,因而 Rok 对于柔性 TpA 序列具有
更强的偏好性,而难以与 A-tract 序列结合。相对应的是,含有 *Rok* 基因的芽孢杆菌
的基因组(AT 含量为 52%～59%)中富含 A-tract 序列,而 T/AACTA 序列的含量很
低。因而,Rok 可以高效地识别与基因组特征不同的外源基因,并同时避免沉默内源
基因的表达。而基因组 AT 含量高于 60% 的芽孢杆菌中 T/AACTA 序列含量较多,这
些细菌则均不含 *Rok* 基因。该发现进一步证明了外源基因沉默因子在细菌基因组进
化过程中发挥着重要作用。

　　综上,H-NS 和 Lsr2 的序列和空间结构差异很大,两者却都采取了 AT-hook-
like 的 DNA 结合机理;而 MvaT 与 H-NS 的空间结构和功能类似,两者却采取了不同

的 DNA 结合机理。Rok 的 C-端结构域利用了一种不同于 H-NS、Lsr2 或 MvaT 的新的 DNA 结合机制识别 AT-rich DNA，其 winged helix 结构域与 DNA 分子的结合方式在 winged helix DNA 结合蛋白中亦是首次被发现。

6.5　展望

对生物大分子结构和相互作用的动态过程及其与功能关系的研究和阐明，是理解生命活动机理、解决人类疾病相关重大问题、进行药物开发研究的必要基础。利用核磁共振技术研究生物大分子动态结构及瞬态相互作用这一研究领域，目前仍然处于发展阶段，还需要在更多不同的复杂生物大分子体系中加以应用，根据不同研究体系结构动态性质的特殊性，从样品制备、数据采集、数据分析和数据应用等多方面，对现有技术和方法进一步发展和优化，提高检测效率并拓展适用性，从而推动生物大分子动态结构的核磁共振研究领域的发展，进一步深入探究生物大分子动态结构与功能的关系。

参考文献

[1]　Kay L E. New views of functionally dynamic proteins by solution NMR spectroscopy[J]. Journal of Molecular Biology，2016，428(2 Pt A)：323-331.

[2]　Wright P E, Dyson H J. Intrinsically disordered proteins in cellular signalling and regulation[J]. Nature Reviews Molecular Cell Biology，2015，16(1)：18-29.

[3]　Barrett P J，Chen J，Cho M K，et al. The quiet renaissance of protein nuclear magnetic resonance[J]. Biochemistry，2013，52(8)：1303-1320.

[4]　Bu Z，Callaway DJ. Proteins move! Protein dynamics and long-range allostery in cell signaling ［J］. Advances in Protein Chemistry and Structural Biology，2011，83：163-221.

[5]　Vinogradova O，Qin J . NMR as a unique tool in assessment and complex determination of weak protein-protein interactions[J]. Topics in Current Chemistry，2011，326(326)：35-45.

[6]　Shapiro Y E. NMR spectroscopy on domain dynamics in biomacromolecules[J]. Progress

in Biophysics and Molecular Biology, 2013, 112(3): 58 - 117.

[7] Clore G M. Seeing the invisible by paramagnetic and diamagnetic NMR[J]. Biochemical Society Transactions, 2013, 41(6): 1343 - 1354.

[8] Liu Z, Gong Z, Dong X, et al. Transient protein-protein interactions visualized by solution NMR[J]. Biochimica et Biophysica Acta, 2016, 1864(1): 115 - 122.

[9] Bhabha G, Biel J T, Fraser J S. Keep on moving: Discovering and perturbing the conformational dynamics of enzymes[J]. Accounts of Chemical Research, 2015, 48(2): 423 - 430.

[10] Messens J, Silver S. Arsenate reduction: Thiol cascade chemistry with convergent evolution[J]. Journal of Molecular Biology, 2006, 362(1): 1 - 17.

[11] Bennett M S, Guan Z, Laurberg M, et al. *Bacillus subtilis* arsenate reductase is structurally and functionally similar to low molecular weight protein tyrosine phosphatases[J]. Proceedings of the National Academy of Sciences of the United States of America, 2001, 98(24): 13577 - 13582.

[12] Guo X R, Li Y, Peng K, et al. Solution structures and backbone dynamics of arsenate reductase from *Bacillus subtilis*: Reversible conformational switch associated with arsenate reduction[J]. The Journal of Biological Chemistry, 2005, 280(47): 39601 - 39608.

[13] Li Y, Hu Y F, Zhang X X, et al. Conformational fluctuations coupled to the thiol-disulfide transfer between thioredoxin and arsenate reductase in *Bacillus subtilis*[J]. The Journal of Biological Chemistry, 2007, 282(15): 11078 - 11083.

[14] Zhang W B, Niu X G, Ding J N, et al. Intra- and inter-protein couplings of backbone motions underlie protein thiol-disulfide exchange cascade[J]. Scientific Reports, 2018, 8: 15448.

[15] Singh K, Milstein J N, Navarre W W. Xenogeneic silencing and its impact on bacterial genomes[J]. Annual Review of Microbiology, 2016, 70: 199 - 213.

[16] Perez-Rueda E, Ibarra J A. Distribution of putative xenogeneic silencers in prokaryote genomes[J]. Computational Biology and Chemistry, 2015, 58: 167 - 172.

[17] Gordon B R G, Li Y F, Wang L R, et al. Lsr2 is a nucleoid-associated protein that targets AT-rich sequences and virulence genes in *Mycobacterium tuberculosis* [J]. Proceedings of the National Academy of Sciences of the United States of America, 2010, 107(11): 5154 - 5159.

[18] Huth J R, Bewley C A, Nissen M S, et al. The solution structure of an HMG-I(Y)-DNA complex defines a new architectural minor groove binding motif[J]. Nature Structural Biology, 1997, 4(8): 657 - 665.

[19] Fonfría-Subirós E, Acosta-Reyes F, Saperas N, et al. Crystal structure of a complex of DNA with one AT-hook of HMGA1[J]. PLoS One, 2012, 7(5): e37120.

[20] Gordon B R G, Li Y, Cote A, et al. Structural basis for recognition of AT-rich DNA by unrelated xenogeneic silencing proteins[J]. Proceedings of the National Academy of Sciences of the United States of America, 2011, 108(26): 10690 - 10695.

[21] Ding P F, McFarland K A, Jin S J, et al. A novel AT-rich DNA recognition

mechanism for bacterial xenogeneic silencer MvaT[J]. PLoS Pathogens，2015，11 (6)：e1004967.

[22] Duan B，Ding P F，Hughes T R，et al. How bacterial xenogeneic silencer rok distinguishes foreign from self DNA in its resident genome[J]. Nucleic Acids Research，2018，46(19)：10514－10529.

Chapter 7

基于扫描探针显微镜的
高分辨表面分析技术

周雄[1]，程方[2]，黄恺[3]，王永锋[4]，邵翔[5]，吴凯[1]

[1] 北京大学化学与分子工程学院，北京分子科学国家研究中心
[2] 南京邮电大学材料科学与工程学院，有机电子与信息显示国家重点实验室培育基地
[3] 广东以色列理工学院化学系
[4] 北京大学电子系，纳米器件物理与化学教育部重点实验室
[5] 中国科学技术大学化学物理系

7.1 绪论

表面化学主要研究物质固体界面上发生的化学过程。表面化学过程涉及原子、分子和离子在表面的吸附、活化、迁移、反应以及脱附等过程，主要研究表面热力学、动态学、表面结构、表面电子性质、表面机械性质、表面吸附、表面反应等。现代表面科学技术的发展为表面化学的研究提供了技术手段。超高真空(ultra-high vacuum，UHV)技术发展于 1950 年代，此后出现了一批在高真空条件下研究表面的新方法，检测表面性能的实验技术有了突破性进展，可以对表面组成、表面结构、表面电子性质及其他物理化学性质在微观层次进行表征，为深入研究表面反应过程提供了十分强大的技术方法。

1981 年，Binnig 和 Rohrer 在苏黎世 IBM 实验室发明了世界上第一台扫描隧道显微镜(scanning tunneling microscope，STM)[1]，使人类首次实现了实空间的原子分辨观测，真正实现了对单个原子和分子的表面物理化学性质的检测，标志着人类对微观世界的认识进入一个全新的阶段。Binnig 和 Rohrer 由于发明了扫描隧道显微镜而获得了 1986 年的诺贝尔物理学奖。由 STM 衍生的原子力显微镜(atomic force microscope，AFM)、磁力显微镜、静电力显微镜、扫描近场光学显微镜等，统称扫描探针显微镜(scanning probe microscope，SPM)。自发明以来，SPM 技术发展迅速，极大地推动了表面科学的迅猛发展。除了形貌表征，SPM 又陆续开发出了其他功能，比如扫描隧道谱(scanning tunneling spectroscopy，STS)和非弹性电子隧穿谱(inelastic electron tunneling spectroscopy，IETS)，使之具有元素或物种分析能力。此外，还有原子分子操纵技术和分子磁性的表征能力。这些技术的发展大大拓展了 SPM 的应用范围，使其成为表面科学、材料科学和生命科学等研究领域不可或缺的研究手段。

在应用范围拓展的同时，SPM 分辨能力也得到极大提高。在空间分辨能力上，SPM 技术已不仅可以对表面原子进行成像，结合了 IETS 的 STM 成像技术[2,3]以及 q-plus AFM 技术[4]还可以直接观测表面分子内部化学键，甚至分子之间的氢键和卤键等弱相互作用。同时，基于 SPM 的纳米红外光谱和针尖增强拉曼光谱等技术突破了光学衍射极限，极大地提高了红外和拉曼光谱的空间分辨能力。目前，纳米红外空间分辨能力可达 10~20 nm[5]，而针尖增强拉曼光谱已经可以进行单分子拉曼成像，空间分辨能力达到 0.1 nm[6]。基于 SPM 的自旋极化扫描隧道显微镜（spin polarization-scanning tunneling microscope，SP - STM)[7]和磁交换力显微镜（magnetic exchange force microscope，MExFM)[8]实现了表面单原子单自旋的检测。基于 SPM 的全电子设备泵浦扫描隧道谱极大地提高了 SPM 的时间分辨能力，可达 120 ps①[9]。基于 SPM 的这些高分辨表面技术的发展，大大提高了 SPM 的表面分析能力，为表面化学的研究带来了巨大的进步。

本章将简要介绍扫描探针显微镜以及基于扫描探针显微镜的其他高分辨表面分析技术，主要内容包括：(1) 扫描探针显微镜的发展；(2) 基于 SPM 的高空间分辨光谱；(3) 基于 SPM 的高空间分辨表面自旋检测；(4) 基于 SPM 的高时间分辨泵浦扫描隧道谱。

7.2 扫描探针显微镜的发展

7.2.1 扫描隧道显微镜

STM 的工作原理是基于针尖-样品之间的量子隧穿效应。如图 7 - 1(a)所示，将尖锐的金属探针与被检测的样品表面视为两个电极，当针尖与样品之间的距离非常接近时（通常距离在 Å 量级），在外加电场的作用下，电子以一定概率穿越势垒，在针尖-样品之间形成隧穿电流。通过压电驱动器控制针尖在样品表面进行光栅扫描，同时逐点记录隧穿电流。利用隧穿电流与针尖-样品间距呈指数关系的特征，便可以获得原子级的表面结构信息。

STM 的常见工作模式包括恒流和恒高两种模式。恒流工作模式是在针尖扫描过程中通过电子反馈回路控制隧穿电流恒定来实现的。当压电陶瓷控制针尖在样品的 xy 平面内扫描时，为了维持恒定的隧穿电流，针尖会随样品表面的起伏而在垂直方向发生上下移动。通过记录针尖在 z 方向的位置变化，结合水平平面内的位置就可以绘出表面的形貌，这是 STM 最常用的工作模式。但是，由于电子反馈回路需要一定的响

---

① 1 ps = 10^{-12} s。

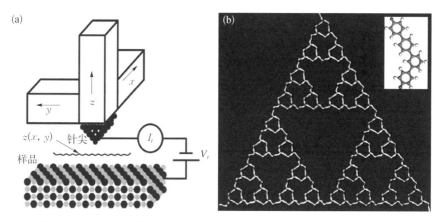

图 7-1　（a）扫描隧道显微镜的结构示意图；（b）B4PB 分子在 Ag（111）
自组装形成的谢尔宾斯基三角分形结构的恒高 STM 图像[10]

应时间，制约了恒流模式的扫描速度。为了实现 STM 的超快扫描，人们往往采用恒高
工作模式。恒高模式是在关闭电子反馈回路的情况下，保持针尖在样品表面的同一水
平高度上扫描，并通过探测隧穿电流随扫描位置的变化来反推出表面形貌。这种工作
模式下，由于电子反馈回路被切断，成像可以较高的扫描速度进行，同时能有效地减少
热漂移和压电陶瓷的滞后现象。但是，该模式仅适用于起伏较小表面的探测；对于起
伏较大的表面，反馈回路的关闭容易造成针尖因撞击到表面而损坏。图 7-1(b)展示
了一个 STM 恒高图像的实例，即 B4PB 分子在 Ag(111)自组装形成的谢尔宾斯基三角
分形结构[10]。总而言之，恒流和恒高这两种工作模式各有优劣，在实际操作中应视具
体情况而选择。

　　在 STM 发明后的短短两年时间内，STM 就帮助解决了当时表面科学领域最具争
议的问题之一：Si(111)-7×7 的表面结构。利用 STM 技术，Binnig 首先观察到了
Si(111)-7×7 表面的顶戴原子[1]。Rohrer 进一步提出可控真空隧穿，为 STM 研究带
来了重大突破。在大气环境中，固体表面不断发生分子的吸附与脱附，难以建立稳定
的隧穿结，为超高空间分辨的成像带来了困难。可控真空隧穿的建立加上针尖制备技
术使得 STM 的原子分辨成像技术得以迅速发展。

　　STM 之所以可以实现超高分辨率的空间成像能力，主要得益于以下几个方面。

　　（1）隧穿电流与隧穿间距之间呈现简单的单调指数关系。隧穿间距每变化 1Å，隧
穿电流改变近 1 个数量级，因此隧穿电流的变化可以反映出垂直方向上的微小表面起
伏。当然，仪器设计中任何垂直方向上的机械振动都会带来对分辨率的影响，因此仪

器减震系统对高分辨率图像的获得至关重要。

（2）隧穿电流具有超短程效应,即隧穿电流仅仅与针尖前端最表层的电子态密度有关,而其下电子态密度的贡献随着距离的变化呈现指数衰减关系。因此,隧穿电流可直接反映样品最表层的拓扑结构和电子态密度,而表层以下的信息干扰可以忽略不计。

（3）针尖-样品间产生的隧穿电流一般在 pA 到 nA 内,可以通过电流放大系统(包括前置放大器和对数放大器)转换为电压信号来实现微弱电流的测量。同时,在测量中还须特别注意减小各种电噪声的干扰,以便得到高分辨率图像。

基于以上分析,为了实现超高空间分辨率,在仪器设计方面主要需要克服机械振动与电噪声两方面的影响。由于在工作状态下针尖-样品的间距在埃（Å）量级,且隧穿电流与隧穿间距呈指数关系,所以 z 方向上的任何微小振动都会带来对 STM 图像分辨率的致命影响。一般地,建筑物的固有振动频率为 $10 \sim 100\,Hz$,实验室工作人员在操作过程中产生的振动一般为 $1 \sim 3\,Hz$。因此,STM 减震系统主要需要考虑减小 $1 \sim 100\,Hz$ 的振动。目前常见的降低噪声干扰的措施是,一方面提高仪器的固有振动频率,另一方面通过振动阻尼使机械振动的振幅减小。设计更为刚性的 STM 扫描头可提高仪器的固有频率。此外,实验室常见的减震方式有减震台、减震沙坑、合成橡胶缓冲层、减震弹簧、磁性涡流阻尼减震系统等。其中,减震台、减震沙坑、合成橡胶缓冲层应用于整台仪器上,以隔离通过地面传递的振动;减震弹簧通常应用于 STM 检测头,以达到阻尼减震的目的;磁性涡流阻尼减震系统则是在对仪器性能要求较高时配合使用的减震方式。

除了机械噪声以外,电子系统产生的噪声也是影响 STM 性能的重要因素。因为从 STM 扫描头输出的隧穿电流是 pA 到 nA 量级的微弱信号,外部电流噪声的混入会大大降低仪器的空间分辨率。除了通过电子控制系统的设计减小噪声以外,仪器的良好接地也是有效避免电噪声的手段。为了避免其他大功率仪器的干扰,最好为 STM 铺设专门的地线,同时地线应该选择电阻率较低的铜辫子以避免地线上电压差的聚集。射频信号也是 STM 电噪声的来源之一,它对高分辨扫描隧道谱（STS）的影响尤为显著。金属超高真空腔体对射频信号具有较好的屏蔽作用,但是从仪器腔体引出电信号的插口引线通常是射频屏蔽较弱的地方。因此,在 STS 测量前最好将这些插口引线套上金属罩以屏蔽射频干扰。

7.2.2 扫描隧道显微镜的超高空间分辨

正是隧穿电流与隧穿间距之间的简单单调变化关系,在克服了早期仪器技术难点以后,扫描隧道显微镜便显示出超高空间分辨能力,被广泛应用到各种导电样品表面的研究中。下面扼要介绍超高分辨 STM 成像的研究例子。

早期 STM 的应用主要集中于对干净的半导体和金属表面的成像,并随之发展到对半导体或金属表面上外延生长过程的研究。随着仪器性能以及低温技术的快速发展,研究者逐步获得了有机分子自组装甚至单个有机分子的高分辨图像。然而,由于 STM 图像反映的是样品表面的局域电子态密度,分子中不同原子之间存在电子态的重叠,导致电子态密度相对离域,而难以清晰分辨出分子中的单个原子或化学键。人们开发了各种各样的方法,来增加 STM 的化学识别能力,加深对化学反应过程的认识。吴凯课题组发展了全电压成像的方法[11],进行表面反应物种的确认。表面图像反映的是检测结构的局域电子态密度,在费米能级各电子能级偏压成像能够反映表面检测物种的化学结构,通过实验与理论的严格对比,可以最终确定表面反应物种。通过全电压像的实验与理论研究(图 7 - 2),2Br - DEB 分子在 Ag(111)表面的非对称反应产物得以确定。

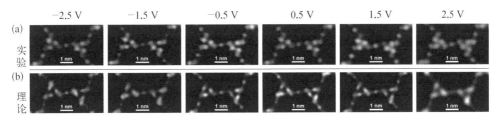

图 7 - 2　2Br - DEB 在 Ag(111)表面反应形成炔-银-炔与炔-银-苯两种有机金属节点共存的双节点二维网格[11]

(a) 双节点网格在 - 2.5 V、- 1.5 V、- 0.5 V、0.5 V、1.5 V 及 2.5 V 偏压下的实验 STM 图像;(b) 相应偏压下双节点网格的理论模拟 STM 图像

2014 年,Ho 研究组开发了一种利用单分子非弹性隧穿探针对有机分子骨架和化学键成像的新手段[2]。他们在 4 K 的低温下将 CO 分子转移至金属针尖上,然后利用 CO 分子的振动模式去探测酞菁钴(CoPc)分子中不同原子之间的化学键。当 CO 分子修饰的针尖在 CoPc 分子表面扫描时,CO 分子特定振动模式的振动能与振动强度会随分子中不同原子和化学键的位置而发生改变。通过记录 CO 特定振动能的二次微分电

导图像就可得到 CoPc 分子的精细结构成像(图7-3)。

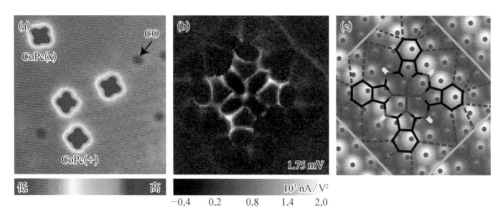

图 7-3 (a) Ag(110) 表面 CoPc 分子的 STM 图像;(b) CoPc 分子的二次微分电导成像;
        (c) CoPc分子在 Ag(110) 表面的结构模型图, 虚线表示分子间的氢键[2]

7.2.3 扫描隧道显微镜的高化学分辨谱图

    虽然 STM 图像能给出导电样品表面的精细原子结构,但是图像的化学分辨能力
却较弱。根据 STM 的基本原理,针尖探测的是表面电子信息,即从费米能级至扫描偏
压之间能量范围内局域电子态密度的积分。在 STM 基础上发展起来的谱图技术——
扫描隧道谱(STS)则能给出某一特定偏压下样品表面的局域电子态密度。通过对样品
STS 的测量可以得到表面的精细电子结构。早在 1966 年,Jaklevic 在金属-氧化物-金
属隧道结中,通过电导的测量得到了隧道结中分子振动的信息。1998 年,Ho 研究组采
用了相似的工作原理,在针尖-真空-样品组成的隧道结中测量了单个分子的振动谱,
并首次提出了非弹性电子隧道谱(IETS)的概念[12]。当隧穿电子的能量大于分子中化
学键的振动能时,就可能激发该化学键的振动模式,在二次微分电导($d^2 I/dV^2$)谱中对
应的能量位置处出现一个峰。图 7-4 为利用 IETS 探测 C_2H_2 分子在 Cu(100) 表面
C—H 键伸缩振动的研究案例。C_2H_2 分子在 IETS 谱中 358 mV 处出现峰值[图 7-4
(b)],氘同位素交换后该谱峰位移至 266 mV,与之前高分辨电子能量损失谱的测量结
果相似。该研究进一步确认了 IETS 检测到的是 C_2H_2 分子 C—H 键的伸缩振动。
IETS 技术弥补了 STM 在化学分辨方面的缺陷,是研究表面单分子化学反应的重要
手段。

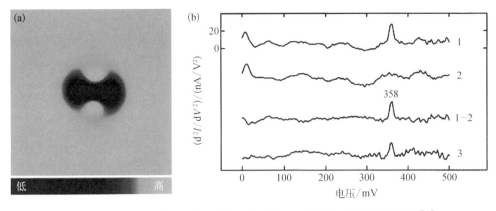

图 7-4 C₂H₂ 分子在 Cu(100) 表面的 (a) STM 图像和 (b) d² I/dV² 谱[12]

7.2.4 原子力显微镜

尽管 STM 在超高空间分辨方面表现杰出,但是该技术却存在一个致命的局限,即被检测样品必须具有导电性,否则针尖-样品之间无法形成隧穿电流,STM 便无法正常工作。在早期 STM 研究中,人们发现当针尖-样品距离在埃量级时,除了隧穿电流以外针尖-样品之间还存在普遍的作用力。于是,Binnig 提出构造一种新仪器通过检测针尖-样品之间的作用力来实现原子分辨的设想。由于针尖-样品之间的作用力不受样品导电性的限制,这种新仪器有可能将超高空间分辨成像技术进一步拓展至对绝缘体样品的分析与检测。在 Binnig、Quate 和 Gerber 的共同努力下,1986 年第一台检测针尖-样品作用力的新型显微技术——原子力显微镜(AFM)问世[13]。前文提到,由于 STM 仅限于对导电样品的检测,清洁的样品表面与稳定隧穿结的形成至关重要,因此大部分活泼金属样品都难以适用于大气 STM 的研究。与此相反,针尖-样品之间的作用力不受样品导电性的影响,所以也不需要对样品表面进行额外的清洁处理,导致 AFM 可适用于任何平整固体表面的检测。得益于 AFM 的广泛适用性,目前研究机构与工业领域 AFM 的购买量已经远大于 STM 的购买量,其中大部分 AFM 都是在大气环境下工作。这些 AFM 仪器被广泛应用于化学、物理、材料学和生物医学等研究领域。

虽然在设计之初 Binnig 就已经预测了 AFM 的原子分辨能力,然而为了获得惰性表面的原子分辨 AFM 图像,研究者们花费了 5 年的时间,而活泼表面的原子分辨

AFM 图像则等待了更长时间。直到 1995 年，Giessibl 才通过动态 AFM 获得了 Si(111)-7×7 的表面原子结构。作为在 STM 基础上发展起来的新型显微技术，AFM 除了将隧穿针尖更换为力传感器以外，两者的主要仪器构造十分相似。即便如此，AFM 获得原子分辨的技术难度仍然远高于 STM，具体原因如下。

（1）由于针尖-样品间的作用力与针尖-样品间距之间不是单调变化关系，所以难以建立简单的电子反馈回路实现对作用力的控制与测量。当针尖-样品间距较大时，作用力为吸引力；而当针尖-样品间距较小时，作用力转变为排斥力。这种非单调变化关系给作用力的检测带来了困难。

（2）长程作用力的贡献为 AFM 原子分辨的实现带来了挑战。在研究中，针尖-样品间的作用力往往不是单一的，而是多种作用力的共同结果。在真空环境下，它主要包括范德瓦耳斯力、化学键力、静电力和磁力等，而在大气环境下除了以上作用力还包括表面张力。然而，为了实现原子分辨，希望被检测的作用力只与在原子尺度上的距离变化相关，而不受长程作用力的干扰。因此，在实验中需要采取适当的手段排除长程作用力的影响，从而提高 AFM 的分辨率。

（3）不同于隧穿电流可以通过电路系统直接测量的特性，针尖-样品间的作用力在 pN 至 nN 内，需要进一步转化为电学信号进行测量。在 AFM 工作过程中，针尖通常粘在一个对力非常敏感的微悬臂上。当针尖在样品表面扫描时，由于针尖-样品间的作用力导致微悬臂发生弯曲，利用传感器将微悬臂的形变信号转换为电信号，再经过电路系统放大和计算机处理成像，最终得到样品表面的信息。由于微悬臂的形变极其微弱，为了对其进行精确测量，研究者尝试了不同的检测方法，包括：隧穿电流测量法（利用隧穿电流对距离的敏感性测量微悬臂形变）、光束偏转法（通过测量经微悬臂反射后的激光光束的偏转来表征微悬臂的形变）、激光干涉法（利用激光干涉仪测量微悬臂的形变），以及压电测量法（将压电材料做成微悬臂，利用压电效应测量微悬臂的形变）等。目前引起广泛关注的 q-plus AFM 就是利用具有压电效应的 q-plus 探针测量微悬臂形变的。

AFM 的主要工作模式分为静态和动态两种模式。静态工作模式，又名接触模式，在扫描过程中，针尖与样品始终保持接触状态，利用两者间作用力引起微悬臂的偏转反映出表面的形貌图。虽然静态工作模式成像的物理原理比较简单，但是该方法存在一些缺点，例如在接触模式下难以避免对样品和探针的损坏；对原子间距敏感的化学键力常常被掩盖在长程范德瓦耳斯力中；接触模式的信噪比较差；等等。

为了解决静态工作模式中存在的这些问题，研究者开发了另一种工作模式——动态模式。在此工作模式下，针尖不接触或间歇性接触样品表面，并且以一定的频率和振幅在表面上方振动。动态工作模式主要分为振幅调制模式和频率调制模式。振幅调制模式，又名轻敲模式，是目前大气AFM技术最常用的工作模式。在振幅调制模式中，微悬臂受压电陶瓷管的驱动以接近于其共振频率 f_0 的恒定频率振动，当针尖靠近样品时，由于两者间的作用力导致微悬臂的振幅发生变化，利用反馈回路调整样品与针尖的间距来控制微悬臂的振幅和相位，并记录下针尖在 z 方向的位置变化来获得样品的表面形貌。振幅调制AFM的时间常数为 $2Q/f_0$，振幅的变化并不能随针尖-样品的相互作用而立即变化。特别是在真空中，由于品质因子 Q 可达十万，振幅调制响应就会变得非常慢。

为了解决在高品质因子下振幅调制AFM响应速度慢的问题，1991年，Albrecht、Grutter 和 Horne 等开发了新的动态模式AFM——频率调制AFM。该模式是通过测量力的梯度 $\left(\dfrac{\partial F}{\partial z}\right)$ 变化引起微悬臂共振频率的改变（Δf）而成像。由于微悬臂共振频率的变化 Δf 与针尖—样品间的力梯度 $\dfrac{\partial F}{\partial z}$ 成正比，而力梯度 $\dfrac{\partial F}{\partial z}$ 又是针尖-样品间距的函数，因此通过反馈电路控制 Δf 恒定，并驱使针尖在样品表面进行光栅扫描便可以得到样品表面的形貌图。由于力梯度发生改变时，共振频率能够迅速发生变化，所以频率调制AFM很好地解决了振幅调制AFM在真空环境下响应时间长的问题。

7.2.5　q‑plus 原子力显微镜的诞生与超高分辨的实现

由于频率调制AFM是利用频率的变化来测量力梯度，因此探针频率的稳定性变得至关重要。石英音叉由于其频率对时间和温度的稳定性好、能耗低，极大地推动了钟表工艺的发展。目前，即使最廉价的石英手表，一周内的时间偏差都不会超过几秒。因此，在AFM发明早期就有许多将石英音叉用于扫描探针显微镜的研究，Lu 等于1998年开发了基于石英音叉的轻敲模式扫描近场光学显微镜[11]。他们将音叉的基部粘在压电陶瓷上，使音叉的两个悬臂自由悬空。这种结构的石英音叉具有很好的对称性，振动时两个悬臂反向对称运动，悬臂上的力互相补偿，内部能量耗散很少，Q 值较高。但是，如果将该结构的石英音叉用作AFM的力传感器，当其与表面靠近时，探针与样品间的作用力将导致两个悬臂的对称性破坏,且成像信号难以进行理论解释。

为了解决此问题,1998 年德国科学家 Giessibl 研制了用于 AFM 的 q‑plus 石英音叉传感器[15]。他们将石英音叉的一个整悬臂固定在蓝宝石基座上,而另一个悬臂悬空并在其前端粘上电化学腐蚀的 W 针尖,这种结构类似于传统 AFM 中的硅微悬臂探针。最初,这种 q‑plus 探针被用于大气环境下对硅片的成像,横向分辨率仅达到 100 nm 左右。随后,他们将研究转移至超高真空环境下进行,并将探针改进成整合在陶瓷片上的新一代 q‑plus 探针,于 2000 年获得了 Si(111)‑7×7 的原子分辨图像,如图 7‑5 所示[16]。

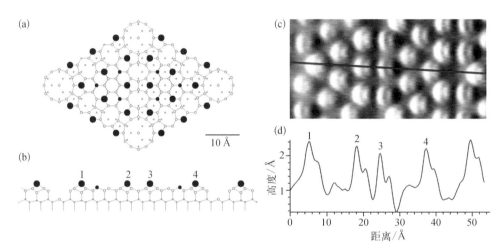

图 7‑5　Si(111)‑7×7 的 DAS 模型的顶视(a)图和侧视(b)图;(c)Si(111)‑7×7 的频率调制 AFM 图像;(d)Si(111)表面的线扫描图(见图 c 中红线)[16]

由于针尖的稳定性是温度的函数,如果将测量温度从室温降低至 4 K,针尖的稳定性将显著提高。通常,在 4 K 的低温下针尖可以持续扫描样品数星期而不发生改变。得益于低温下针尖的高稳定性,研究者常常对针尖进行原位修饰,例如将针尖修饰上 CO 分子,被证实有利于有机分子的高分辨成像。然而 CO 分子修饰的针尖只有在 4 K 或略高于 4 K 的温度下才能持续稳定地扫描,一旦温度升高,CO 分子将难以稳定吸附于针尖尖端。

2009 年,苏黎世 IBM 实验室的研究者 Gross 等发现,将 CO 分子吸附到 q‑plus AFM 的 PtIr 针尖上之后,AFM 图像的分辨率发生显著提高,不仅可以得到并五苯分子的原子分辨图像,甚至连分子中的化学键也清晰可见[图 7‑6(a)][4]。Mohn 等发现将金属针尖修饰上其他惰性气体,同样可以提高 q‑plus AFM 的分辨率。在后续的工作中,研究者获得了多种有机分子的高分辨图像,如六苯并蔻[图7-6(b)]和C60等[17]。此外,通过高分辨 q-plus AFM 图像还可以观察有机分子在表面上的反应过程。图7-6(c)展示了分子的可逆 Bergman 环化过程,二溴蒽分子中一个 C—Br 键先断裂形成单自由基,然后另一个 C—Br 键断裂形成双自由基,最后转化为二炔烃分子[18]。通过对多种反应中间态的高分辨 AFM 表征[图7-6(d)],结合统计分析,为揭示有机反应的机理提供了微观信息[19]。

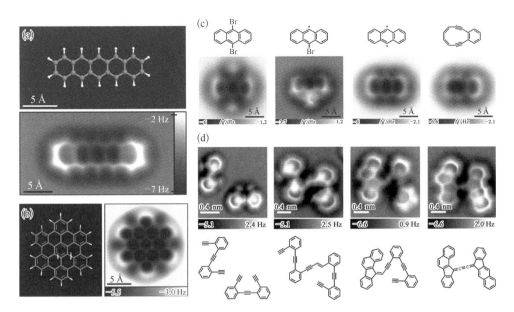

图7-6　(a) 并五苯分子在 Cu(111) 表面的高分辨 AFM 图像[4];(b) 六苯并蔻分子的结构模型图与高分辨 AFM 图像[17];(c) 在 NaCl/Cu(111) 衬底上的可逆 Bergman 环化过程,图的上部分为反应的示意图,图的下部分为对应的 AFM 图像[18];(d) 实验观测到的 Ag(100) 表面上双分子反应的中间态,图的上部分为各中间态的 AFM 图像,图的下部分为对应的分子结构[19]

7.3　基于 SPM 的高空间分辨光谱

7.3.1　红外光谱、拉曼光谱

光谱分析是一种根据物质的光谱来鉴别物质并确定其化学组成、结构和相对含量的方法。光谱分析按照分析原理主要分为吸收光谱、发射光谱和散射光谱三种,按照被测物体的形态主要分为原子光谱和分子光谱两种。红外光谱和拉曼光谱均为分子光谱,但其产生的机理是不同的,它们分别是由分子振动和转动跃迁所引起的。

红外光谱是一种吸收光谱。当用频率连续变化的红外光照射分子时,分子吸收某些频率的光,并由其振动或转动引起偶极矩的变化,产生分子振动或转动能级从基态到激发态的跃迁,使得与这些吸收区域相对应的红外光强度减弱,将测得的吸收强度对入射光的波长或波数作图,就得到红外光谱。

当分子从较低的能级 E_1 吸收一个能量为 hv 的光子,跃迁到较高的能级 E_2 时,整个过程满足能量守恒定律,即 $hv = E_2 - E_1$。hv 一般落在红外区域,这是使用红外光照射分子的原因。一般来说,分子的转动能级差比较小,所吸收的光频率较低,所以分子的纯转动能谱出现在远红外区($25 \sim 300 \ \mu m$)。振动能级差比转动能级差要大得多,分子振动能级跃迁所吸收的光频率要高一些,分子的纯振动能谱一般出现在中红外区($2.5 \sim 25 \ \mu m$)。中红外光谱区($2.5 \sim 25 \ \mu m$)大体上分为特征频率区($2.5 \sim 7.7 \ \mu m$,即 $4\,000 \sim 1\,330 \ cm^{-1}$)以及指纹区($7.7 \sim 16.7 \ \mu m$,即 $1\,330 \sim 400 \ cm^{-1}$)两个区域。其中特征频率区中的吸收峰基本上是由基团的伸缩振动产生的,具有很强的振动特征,因此在鉴定官能团上很有价值。如羰基,不论是在酮、酸、酯或酰胺等类化合物中,其伸缩振动总是使其在 $5.9 \ \mu m$ 左右出现一个强吸收峰。指纹区峰多而复杂,没有强的特征性,主要是由一些单键 C—O、C—N 和 C—X(卤素原子)等的伸缩振动及 C—H、O—H 等含氢基团的弯曲振动,以及 C—C 骨架振动产生。当分子结构稍有不同时,该区的吸收就有细微的差异。指纹区对于区别结构类似的化合物很有帮助。

拉曼光谱是一种散射光谱。当光照射到物质时,光子与分子发生碰撞。在弹性碰撞过程中,光与分子没有能量交换,于是它的频率保持恒定,这叫瑞利散射。而在非弹性碰撞过程中,光与分子有能量交换,光转移一部分能量给散射分子,或者从散射分子中吸收一部分能量,从而使它的频率改变。印度科学家拉曼(Raman)于 1928 年用水银灯照射苯液体时发现了这种入射光频率发生较大改变的散射现象。1930 年,拉曼被授予诺贝尔物理学奖,并以他的名字命名了这种散射效应,即拉曼散射。

拉曼散射中光子转移的能量也只能是分子两定态(振动或转动能级)之间的差值。当光子把一部分能量交给分子时,光子则以较小的频率散射出去,成为频率较低的光,称为斯托克斯(Stokes)线。而当光子从散射分子中获得了能量,则以较大的频率散射,成为频率较高的光,即反斯托克斯(anti-Stokes)线。与红外光谱不同的是,光子频率

的改变量满足 $h\Delta\nu = E_2 - E_1$，该值即为拉曼位移。

利用红外和拉曼光谱可以鉴别和分析样品的化学成分和分子结构，进行未知物质的无损鉴定，进而分析物质相变和化学反应过程等。红外光谱和拉曼光谱技术已成为应用于化学、物理、医药和生命科学等领域常用的谱学手段。在此基础上发展的高空间分辨红外光谱和拉曼光谱技术是解决单分子科学中很多重要科学问题的有力工具，如获取单个分子的形貌，化学键信息，原位动态分子反应过程，免标记、原位、实时和快速获取生物质信息等。

7.3.2　基于 SPM 的高空间分辨红外光谱

早期的红外光谱仪是利用光的色散原理制成的。通过物体后的入射光经棱镜（棱镜式色散型红外光谱仪，第一代）和光栅（光栅式色散型红外光谱仪，第二代）等单色器使光波色散，将复合光分为单色光，并按波长顺序排列到狭缝平面上并由检测器接收其信号，依次对单色光的强度进行测定，即得到样品的吸收光谱图。由于扫描的每一瞬间，只有极窄的一段光波落在检测器上，灵敏度和检测速度均受到限制。1880 年迈克耳孙（Michelson）发明了干涉仪（迈克耳孙干涉仪），由此发展出干涉型红外光谱仪（第三代），又称傅里叶变换红外光谱仪（Fourier transform infrared spectrometer，FTIR）。

迈克耳孙干涉仪主要由固定的定镜、可调动镜和分束器组成。分束器具有半透明性质，位于动镜与定镜之间并和它们呈 45° 角放置。由光源射来的一束光到达分束器时即被分为两束，分别为反射光和透射光，射向可调动镜和固定定镜。经反射后两束光会合在一起射向探测器成为具有干涉光特性的相干光。动镜平稳移动改变光程差，两束光发生干涉，干涉图由红外检测器获得，结果经傅里叶变换处理得到红外光谱图。傅里叶变换红外光谱仪利用迈克耳孙干涉仪，使光谱信号进行多路传输，将干涉信号经傅里叶变换转换成普通光谱信号，因此能在同一时刻收集光谱中所有频率的信息，在一分钟内能对全部光谱扫描近千次，因此大大提高了灵敏度和工作效率。

然而传统傅里叶变换红外光谱仪的分辨率受限制于衍射极限，其空间分辨率只能达到波长范围，无法实现纳米微区的成分分析。随着 STM 和 AFM 为代表的扫描探针显微镜（SPM）技术获得了快速发展及广泛应用，使用 SPM 与红外光谱技术结合从而大幅提高了红外光谱的空间分辨能力。目前常用的方法有红外吸收光热诱导的原子力显微镜-红外光谱技术（AFM-IR）[20] 和基于散射式扫描近场光学显微镜（s-SNOM）

的纳米红外技术(nano - FTIR)[21]。

Hammiche 与 Anderson 研究组于 1999 年构建了 AFM - IR。仪器结构如图 7 - 7 所示,其中主要组成部分为 AFM 测量系统(悬臂以及激光探测器)以及脉冲红外激光源。AFM - IR 基本原理是利用 AFM 探针直接检测样品因红外吸收而产生的热膨胀效应。样品热膨胀引起探针悬臂振荡,其振幅和样品的红外吸收成正比。因此可以通过测定悬臂力学行为的变化来得到探针处样品表面对特定波长红外光的吸收情况。由于 AFM 本身的高空间分辨能力,使得 AFM - IR 能直接测量到纳米尺度样品的红外吸收光谱,从而进行微区化学成分鉴定,其空间分辨率小于 100 nm。

图 7 - 7 AFM - IR 结构示意图[20]

1928 年,Synge[22]为提高传统光学显微镜分辨率,提出近场光学显微镜设计理念:用细小的光学探针(其尖端的孔径远小于光的波长)代替传统光学仪器中的镜头扫描并且收集微区的近场光信号,就可能获得超高分辨率。但由于强光源和小孔探针制造以及探针与样品之间精密距离控制等技术难点,直到 SPM 技术发明之后,纳米级小孔探针的制造、纳米级的定位和步进扫描技术才得以解决。20 世纪 90 年代起,Zenhausern[23]使用硅探针搭建无孔探针 SNOM,即散射式 SNOM(s - SNOM),利用探针周围的散射信息实现近场显微成像。Hillenbrand[5]提出了一系列 s - SNOM 中探针和样品近场相互作用微弱信号进行调制和解调的方法,并使用中红外波段光作为入射光源,与 FTIR 技术相结合,发展成为一种纳米尺度的红外光谱分析技术(nano - FTIR),于 2012 年探测了 PMMA 薄膜上聚二甲基硅氧烷(PDMS)的红外吸收光谱,空间分辨率达到 20 nm。如图 7 - 8 所示,对 Si 表面覆盖 PMMA 薄膜的横截面进行 AFM 成像图[图 7 - 8(a)],其中 AFM 相位图[图 7 - 8(b)]显示在 Si 片和 PMMA 薄膜的界面存在一个 100 nm 尺寸的污染物,但是其化学成分无法从该图像中判断。而使用 nano - FTIR 在污染物中心获得的

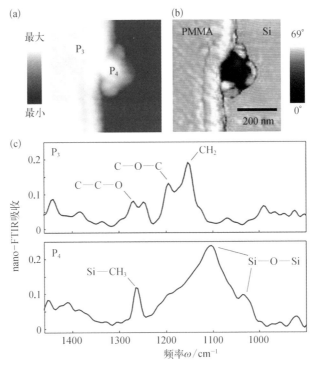

图7-8　（a）AFM 表面形貌图像；（b）机械相位图像；（c）图
（a）中 P3、P4 两个区域的 nano‑FTIR 吸收光谱[5]

红外光谱清晰地揭示出了污染物的化学成分[图 7‑8(c)]。通过对 nano‑FTIR 获得的
吸收谱线与标准 FTIR 数据库中谱线进行比对，可以确定污染物为 PDMS 颗粒。

　　s‑SNOM 基本原理是利用一束激光聚焦到金属涂层的 AFM 探针，通过记录探针扫
描样品过程中的散射光获得近场光学成像。其中 AFM 探针作为散射源，金属涂层用来
加强样品表面附近的近场光场。其近场光学空间分辨率只取决于 AFM 探针尖端曲率半
径，为 10～30 nm，而与照射光波长无关。由于探测器通过自由光路接收散射信号时，其
接收到光学信号中的绝大部分是悬臂和样品等区域散射的背景信号，只有不到 1% 是来
自针尖与样品之间的有效近场信号。只有成功将有效近场信号提取出来，才能获得可靠
稳定的近场光学测量结果。在原理上，利用 AFM 探针的高频振动（tapping 模式），远场
光学信息在傅里叶变换后仅可获得一阶信号；相对地，近场光学信息可以获得一至四阶
不同的信号。通过探测器对高阶信号采集处理，就可实现从背景信号中对有效近场信号
的剥离。如图 7‑9 所示，s‑SNOM 结合 FTIR 技术对提取的近场光学信息进行 FTIR 分
析，即可获得 AFM 探针附近样品微区的红外光谱，即 nano‑FTIR。

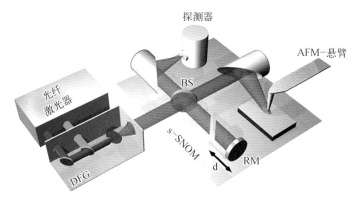

图 7 - 9　nano - FTIR 结构示意图[5]

7.3.3　基于 SPM 的高空间分辨拉曼光谱

自发拉曼散射十分微弱,$10^7 \sim 10^8$ 个入射光子中只有一个光子发生拉曼散射。早期使用的激发光源为水银弧光灯和碳弧灯,其功率密度低,激发的拉曼散射信号非常弱,难以观测研究较弱的拉曼散射信号。19 世纪 60 年代,红宝石激光器被开发出来。由于该激光器单色性好、方向性强、功率密度高,用它作为激发光源大大提高了拉曼散射的激发效率,使拉曼光谱真正成为研究晶体和分子结构的行之有效的光谱检测技术。然而此时的拉曼测试仍需要较多样品,为了提高拉曼光谱的检测极限,各种拉曼增强手段应运而生。

Fleischmann 等于 1974 年从实验中首次观察到了表面拉曼增强现象。1977 年,van Duyne[24] 和 Creighton[25] 两个研究组各自独立发现,吸附在粗糙银电极表面的每个吡啶分子的拉曼信号要比溶液中单个吡啶分子的拉曼信号大约强 10^6 倍,从而指出这是一种与粗糙表面相关的表面增强效应——表面增强拉曼散射(surface enhanced Raman scattering,SERS)。随着 SERS 的发现以及 20 世纪 90 年代激光技术、电荷耦合元件(charge-coupled device,CCD)及纳米制备技术的发展,单分子拉曼光谱成为可能。Nie[26] 于 1997 年发现在 Ag 纳米粒子聚集体上发现拉曼信号 $10^{12} \sim 10^{15}$ 倍的增强,从而实现了单分子罗丹明 6G 的检测。

SERS 的原理目前被普遍接受的是电磁场增强机理和化学增强机理的共同作用。电磁场增强是由于金属纳米粒子的表面等离子体振动引起的局域电磁场增强,从而使吸附或靠近金属纳米粒子表面的分子拉曼信号增强 $10^4 \sim 10^8$ 倍。而在局域曲率较高的地方,尤其是两个纳米粒子之间,表面等离子体激发产生的局域电磁场最大(称为热点)。理论上,当分子处于热点时,由于电磁耦合作用可使电磁场增强因子达到 10^{10} 倍。化学增强是由于分子与载体的化学作用,使得体系的极化率增强,产生 SERS 效应。其中广为接受的是电荷转移模型,即分子与载体形成新的电荷转移激发态,当激发光能量与电荷转移激发跃迁相匹配,体系内发生共振电荷转移跃迁,从而使体系的极化率增强,增强的倍数为 $10\sim10^4$ 倍。

SERS 依赖于粗糙的金属表面或具有合适粒径的金属纳米颗粒。由于这些 SERS基底微观环境的复杂性,表面拉曼光谱信号的解释变得十分复杂。又由于受激光衍射极限的限制,其空间分辨率难以优于激发光的半波长。如何突破光学衍射极限的限制和最大限度地提高其空间分辨率成为拉曼技术发展的技术瓶颈,而与具有高空间分辨能力的 SPM 结合则成为重要的解决思路。2000 年前后,Zenobi、Anderson 和 Kawata分别通过将拉曼光谱和 SPM 联用获得了针尖增强拉曼光谱(tip enhanced Ramanspectroscopy, TERS)[27]。TERS 与 nano‐FTIR 类似,也是利用了 s‐SNOM 技术,从而大幅提高了拉曼光谱的空间分辨能力。

TERS 系统一般由激光光源、显微镜、光路系统、STM/AFM 工作平台、电荷耦合元件(CCD)和监测及数据处理平台构成。其测量原理如图 7‐10 所示:通过 SPM 控制系统将 SPM 探针控制在和样品保持非常近的距离,然后将合适波长的激光以恰当的方式照射在针尖的最尖端处,尖端金属被激光激发而产生局域表面等离子体共振效应,从而使样品的拉曼信号大大增强。通过 SPM 操纵针尖在样品上方扫描,同时收集被针尖散射到远场的光谱信号,就可以在获得样品表面形貌的同时提取对应纳米局域内的样品拉曼光谱信息。

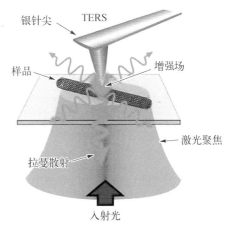

图 7‐10 TERS 结构示意图[27]

TERS 技术同时具备了 SPM 的空间分辨率和拉曼光谱的物性表征功能,是 SPM与传统拉曼光谱技术的巧妙结合。目前的理论预测 TERS 增强从 10^3 倍到 10^9 倍,取决于针尖的曲率半径、样品和针尖间的距离以及所用的材料,而实验上已报道的增强因子为 $10^3\sim10^6$。由于 TERS 中增强的电磁场是高度局域化的,它只能使那些处于针尖正下方的物体的拉曼信号得到增强,因而可以得到与针尖曲率半径相近或更小的空间分辨率。早期的 TERS 研究使用 AFM 并基于室温大气条件，其空间分辨率与纳米红外光谱类似，一般为 10～20 nm，主要取决于 AFM 针尖尖端的曲率半径。

　　然而与纳米红外光谱技术不同的是，SPM 探针除了成为近场信息提取的散射源，还起到了增强样品拉曼信号的作用。这是红外光谱所不具备的，使得其与 STM 结合成为可能（STM 针尖的曲率半径远小于 AFM 探针），并有可能进一步提高拉曼光谱的空间分辨率。从 2007 年开始，Pettinger 小组[28]基于 STM 搭建了首套超高真空 TERS 系统，其空间分辨率为 15 nm。2013 年，侯建国课题组[29]使用基于低温超高真空 STM 的 TERS 系统，实现了单个卟啉分子的拉曼空间成像，是世界上首次实现亚纳米分辨的单分子光学拉曼成像，空间分辨率达到前所未有的 0.5 nm（图 7 - 11）。2016 年，van Duyne 研究组[30]使用基于室温超高真空 STM 的 TERS，对分子不同构型进行测量，获得了 0.26 nm 空间分辨率。2017 年，Apkarian 课题组[6]利用低温 STM - TERS 测量 Au(111)表面的四苯基卟啉钴，达到了 0.1 nm 的空间分辨率。

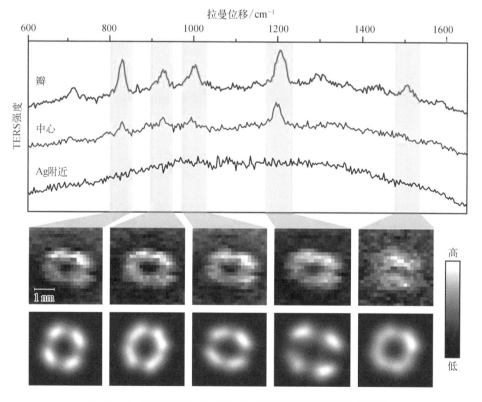

图 7 - 11　利用 TERS 技术实现的单分子卟啉光学拉曼成像[29]

由于传统的电磁场拉曼增强效应局限于几纳米到十几纳米的空间范围,已不足以解释实验获得的亚纳米级的超高空间分辨率。目前的解释是来源于 TERS 中的非线性效应:STM 针尖与金属衬底之间形成纳腔,通过频谱共振调控纳腔等离激元共振,使入射光激发和分子拉曼光子发射发生双重共振的频谱匹配,从而实现三阶非线性受激拉曼散射过程。这不但大大提高了探测灵敏度,使测量所需的入射激光强度大幅降低,保证了被测分子的稳定性,而且由于激光产生的纳腔等离激元场起着类似拉曼探测光源的作用,其空间上的高度局域性使得成像空间分辨率得到显著改善。

7.4 基于 SPM 的高空间分辨表面自旋检测

表面的磁学性质检测是表面科学中的重要研究方向,是自旋电子学、分子自旋电子学和量子计算等众多学科的基础。当磁性物质吸附在表面上时,由于其自旋磁矩、轨道磁矩以及自旋轨道相互作用在表面上发生改变,使得其磁性发生变化。X 射线磁性圆二色性谱是表征表面自旋态的有力工具,但它是表面大量信号的统计平均结果,空间分辨率低。1998 年,人们首次使用 STM 检测了金属表面磁单原子。基于 STM 的表面顺磁自旋态检测主要是通过探测导电电子对磁杂质自旋屏蔽的近藤效应、自旋交换导致的非弹性自旋激发以及未配对电子与超导库珀对产生的束缚态来实现的。而对于表面的铁磁与反铁磁态的单原子尺度检测主要是通过自旋极化扫描隧道显微镜[7]和磁交换力显微镜[8]进行的。各种文献综述与图书章节对顺磁性已经有详尽的论述,这里将重点阐述 SP - STM 和 MExFM。

1990 年,Wiesendanger 等[7]第一次使用铁磁性 CrO_2 针尖,测量了表面局域自旋度 P。由于磁性物质在费米能级附近,不同自旋方向的局域电子态密度存在着不同,因而 SP - STM 所测隧道电流是由非极化电流与极化电流两部分组成。非极化电流反映样品形貌与电子态信息,而极化电流部分则反映表面自旋态信息。SP - STM 隧道电流表达式为

$$I = I_0 + I_P \qquad (7-1)$$

式中,I_0 为非自旋极化电流;I_P 为自旋极化电流。I_P 满足如下关系:

$$I_P \sim P_S P_T \cos\theta \qquad (7-2)$$

式中，P_S 为样品的自旋极化率；P_T 为针尖自旋极化率；θ 为样品自旋与针尖方向夹角。

当表面的磁化方向和针尖磁化方向平行时，自旋极化电流所占贡献最大，其反平行时，对减弱电流的减弱最为明显；当两者垂直时，自旋极化电流部分为零，隧穿电流均为非极化电流。微分电导谱可以突出自旋极化电流的贡献，这是实验中最常采用的手段。制备出能产生自旋极化电流的磁性针尖是进行表面自旋极化测量的关键。目前 SP-STM 针尖包括惰性 CrO_2 针尖、磁性金属针尖或磁性薄膜包裹的针尖等几种，其中惰性 CrO_2 针尖的优点在于外界环境对针尖自旋极化影响小，信噪比高；缺点是针尖不够尖锐，并且难以制备。磁性金属针尖或磁性薄膜包裹的针尖，磁化方向便于调控，可操纵性强，从而在研究中被广泛使用。

德国 Wiesendanger 研究组使用自旋极化探针研究了 Pt(111) 表面单个 Co 原子的磁化曲线以及单个 Co 原子与单层 Co 带状岛间的磁相互作用[31]，如图 7-12 所示。他们发现单个 Co 原子在 Pt 表面表现出顺磁性的磁化曲线，并且在不同温度下有不同的

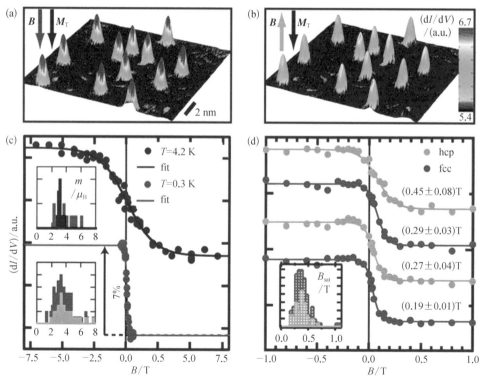

图 7-12 （a）、（b）不同自旋极化方向扫描得到的样品地形图；
（c）、（d）吸附原子在不同温度下的磁化曲线[31]

饱和磁场强度。进一步研究表明,这是由于隧穿电流引起的磁性反转所导致的。

　　SP‐STM 的局限性在于只能探测导电材料。通过测量力的大小获得磁学性质的显微镜可用于任何样品,与其电导率无关。磁力显微镜尤其适合探索铁磁畴结构。然而,由于尖端和样品之间的长程静磁力,磁力显微镜无法实现原子分辨率。磁交换力显微镜(MExFM)通过使用具有磁性尖端的原子力显微镜,检测尖端和样品自旋之间的短程磁交换力,实现了单原子尺度的磁性表征。

　　磁交换力显微镜基于非接触式原子力显微镜(noncontact atomic force microscope,NC‐AFM),通过磁性探针,探测针尖与样品的磁交换力即通过测量与电子固有方向相反的自旋来得到原子间量子能级的相互作用力差值进行测量(图 7‐13)。磁交换作用力是短程力,测试结果可以达到原子级分辨率。

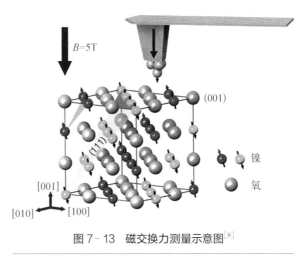

图 7‐13　磁交换力测量示意图[8]

　　MExFM 中针尖‐样品之间作用力的表示如下,

$$F_{ts} = F_{vdW} + F_{el} + F_{chem}^{mag} + F_{chem}^{non\text{-}mag} \tag{7-3}$$

式中,F_{vdW} 为范德瓦耳斯力;F_{el} 为静电力;F_{chem}^{mag} 和 $F_{chem}^{non\text{-}mag}$ 分别为磁性化学键合力和非磁性化学键合力,均为化学键合力。化学键合力中的磁性力即磁交换作用力,是指原子磁矩(或自旋)之间相互作用。具体而言,保持针尖样品间距离恒定,当探针针尖顶端原子磁极与磁场方向一致时,探针与表面原子自旋磁交换的作用力最大;当探针针尖顶端原子磁极与磁场方向相反时,探针与表面原子自旋磁交换的作用力最小。最大作用力和最小作用力的差值即为所需测试的磁交换作用力。

　　磁交换作用力是原子间量子能级的相互作用力的差值。它和化学键合力一样都是短程力,探针尖端原子和表面原子自旋方向的变化以及样品材质的变化,都会导致力的大小有很大不同。相关研究人员使用 MExFM 检测了反铁磁性绝缘体氧化镍 NiO(001) 的表面原子及其自旋排列[8],检测结果如图 7‐14 所示。

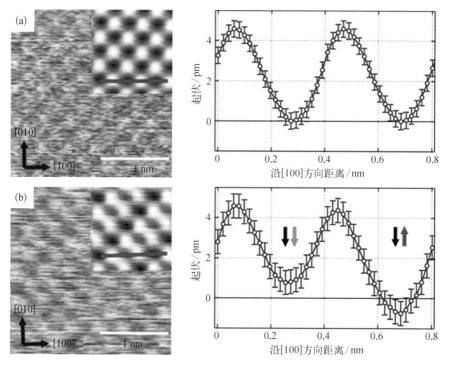

图7‑14　利用磁交换作用力定量地区分自旋相反原子[8]

　　图中黑色箭头代表针尖的自旋方向，可以显著区分氧化镍 NiO(001) 的表面自旋同向以及自旋反向原子：自旋反向时测得的相互作用力明显小于自旋同向时的相互作用力。MExFM 既拥有 NC‑AFM 的原子级分辨率，也具有测量单个原子的自旋灵敏度。当使用弹性系数小的探针，在超低温环境和超高真空环境下时，可以有效提高力探测灵敏度。

　　以往的表面自旋检测主要局限于表面结构的顺磁、铁磁和反铁磁性质，与化学反应关联较少。近年来，相关研究人员意识到可以通过自旋检测确定表面分子是否处于自由基态或带电态，这可以帮助理解有磁性变化的化学反应过程。吴凯课题组通过磁场下自旋激发谱的测量确定了单分子磁体双夹板 DyPc$_2$ 分子在 CuO 薄膜表面单层自组装结构[图7‑15(a)]中分子的电荷态[32]。通过在磁场 $B=0$ T 和 8 T 下，对组装结构中 A、B、C 分子及孤立分子 D 在费米能级附近的微分电导谱的测量[图7‑15(b)]，确认了 A 和 B 处于中性态，C 和 D 处于正离子态。DyPc$_2$ 分子在大环上有一个未配对电子，在磁场下由于塞曼效应[图7‑15(c)]，发生能级分裂。如果能在谱中观察到这种能级分裂，就说明分子处于中性态；否则，就处于带电态。具体带正电还是带负

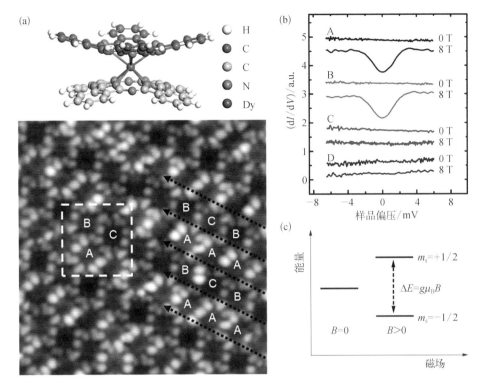

图 7-15　（a）单分子磁体双夹板 DyPc₂ 分子的结构示意图及其在 CuO 薄膜表面单层组装的 STM 图像，该组装结构由两列交替排列而成，包含 A、B、C 三类分子；（b）在磁场 $B=0\,T$ 和 $8\,T$ 下，组装结构中 A、B、C 分子及孤立分子 D 在费米能级附近的微分电导谱（A 和 B 处于中性态，C 和 D 处于正离子态）；（c）塞曼分裂示意图[32]

电,则通过与中性态分子电子态对比进行了确认。表面自旋态检测与化学反应的结合将会对量子生物学与自旋化学的发展起到促进作用。

7.5　基于 SPM 的高时间分辨泵浦扫描隧道谱

扫描隧道显微镜具有原子级的空间分辨率,但其时间分辨率较差,原因如下。(1) STM 依赖压电陶瓷管对固体表面进行扫描成像,其扫描速度受限于压电扫描管的本征机械振动(本征弯曲频率为几千赫兹),需数分钟采集一帧图像(如 256 像素×256 像素)。新型的快速 STM 采用更为紧凑的扫描头结构,因而具有较高的本征振动频率,成像已实现"电影速率",即 1～100 秒/帧。(2) STM 依赖对隧穿电流的测量,涉及信号放大与噪声过滤的复杂电子电路系统,受其带宽制约。因此,STM 在显微成像上的速率一般不超过 100 Hz,在谱学上的速率一般不超过 100 kHz,传统上仅适用于研究平衡态体系或较慢的非平衡态(动力学)过程。

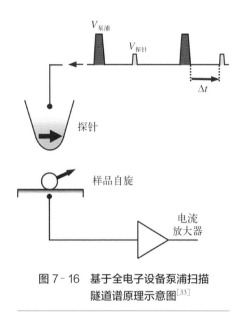

图 7 - 16 基于全电子设备泵浦扫描隧道谱原理示意图[33]

2010 年,美国 IBM 研究所 Loth 等发明了一种新型的扫描隧道谱,即基于全电子设备泵浦扫描隧道谱(all-electronic pump-probe scanning tunneling spectroscopy)[33],取得了时间分辨率的重大突破。该技术借鉴了超快光谱领域成熟的泵浦(pump-probe)探测技术,即使用两束相互关联的电脉冲,对固体表面的磁性原子的自旋激发与弛豫过程进行原位观测,其时间分辨至纳秒量级。该技术的原理如图 7 - 16 所示。

在该技术中,两束矩形电压脉冲阵列通过高频电缆线直接引至隧穿结:第一束脉冲阵列(图 7 - 16 中红色区域)具有较高的偏压,通过隧穿电子的非弹性散射对表面的 Fe - Cu 二聚体进行自旋激发;第二束脉冲阵列(图 7 - 16 中黄色区域)较第一束脉冲在时间上滞后 Δt,其偏压低,用于检测自旋弛豫至该时刻所对应的本征信号。需要特别指出的是,该技术采用的是两束脉冲阵列,可视为不断重复的脉冲对,对该自旋体系进行多次时滞为 Δt 的激发/弛豫检测循环;不同脉冲对之间的时滞 ΔT,则可以控制在较长的范围,确保体系在循环之间得以充分弛豫。若 ΔT 小于 STM 的电子电路响应时间,所检测的隧穿电流是其在电路响应频率上的平均值,正比于自旋弛豫至 Δt 所对应的本征信号 $I(\Delta t)$。

在该研究工作中,IBM 团队通过测量电流信号 $I(\Delta t)$,与不同 Δt 的关系曲线,进行简单的指数拟合,成功地推算出该 Fe - Cu 二聚体的弛豫寿命为(87 ± 1)ns。该团队还通过对照实验,如对磁性针尖/非磁性双聚体或非磁性针尖/磁性双聚体体系重复测量,并未发现弛豫信号,佐证了所测量的弛豫寿命(87 ± 1)ns 确实对应于自旋过程。进一步地,该团队还使用这项技术对多个二聚体逐一进行自旋弛豫测量,能够甄别细微的表面微环境对其动力学过程的影响。在后续工作中[33],Loth 等将该技术引入表面一维磁性原子链的原位研究中,系统地研究了非弹性隧穿电子激发诱导的 Neels 态转化过程。该过程的转化速率对激发电子的能量非常敏感:在 7～500 meV 的狭小诱导能量区间内,其转化速率(10^{-2}～10^8 s^{-1})跨越近 10 个数量级。该技术在保留了 STM 的原子级空间分辨率的同时,还利用了关联电压脉冲阵列的泵浦过程,从而巧妙地突破了 STM 电流检测电路的带宽局限,取得了时间分辨率的重大突破。

2016 年,加拿大阿尔伯塔大学 Wolkow 教授课题组将基于全电子设备的泵浦扫描隧道谱引入到硅(001)的表面研究上[34],对亚表层单掺杂原子以及氢化表面的硅悬挂键所涉及的多种电荷过程进行了系统的动力学研究。在 Loth 等早期工作的启发下,Wolkow 课题组进一步丰富了该技术的种类,开发了基于全电子设备的泵浦扫描隧道谱的两种新方法。简介如下。

第一种方法是脉冲 $I(V)$ 谱,其技术关键在于检测脉冲阵列的电压值并非恒定值,而是在所关注区间线性变化。该方法首先进行背景测量,即在有检测而无激发脉冲的条件下[图 7-17(a)],其结果等效于 STM 的传统 I-V 谱[图 7-17(b)]。其次,激发与检测这两束相关脉冲阵列(时滞 $\Delta t = 10$ ns)被同时引入,其测量结果等效于体系弛豫至 $\Delta t = 10$ ns 时刻所对应的 I-V 谱[图 7-17(b)]。通过两次测量的对比,Wolkow

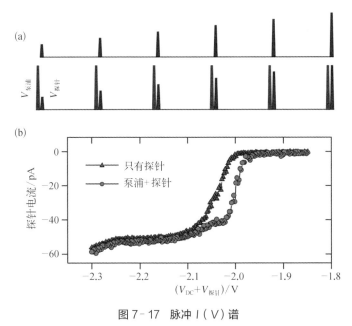

图 7-17 脉冲 $I(V)$ 谱

(a) 原理示意图;(b) 对 Si(001)亚表面掺杂电子结构的平衡态(红色)与非平衡激发态(蓝色)的能级结构测量[34]

课题组成功得到结论：Si(001)的亚表层掺杂激发态在弛豫 10ns 时所对应的瞬时(非平衡态)电子能级结构较平衡态平移了约 0.1 eV。[34]

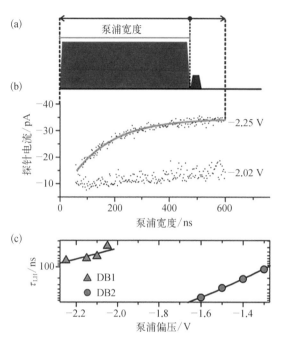

图 7 - 18　脉冲宽度可调的泵浦扫描隧道谱

（a）原理示意图；(b) 对 Si(001)亚表面掺杂电子激发速率测量(激发电压分别为 - 2.25 V 与 - 2.02 V)；(c) 两个不同的表面位置上测得的亚表面掺杂电子激发速率与激发电压的关系[34]

第二种方法是脉冲宽度可调的泵浦扫描隧道谱，即在固定两束相关脉冲阵列时滞的条件下，通过改变激发脉冲宽度来对激发过程进行研究，其技术原理如图 7 - 18(a)所示。在该方法中，每个脉冲对内的激发与检测脉冲间的时滞固定，通过测量电流信号与激发脉冲宽度的变化[图 7 - 18(b)]，来测量激发过程的速率。如图 7 - 18(c)所示，激发速率(不同于弛豫过程)与激发脉冲的电压呈指数相关，与经典的隧穿离子化模型相符，且对表面微环境敏感。

在后续工作中，Wolkow 课题组使用该技术对 Si(001)表面悬挂键所呈现的负微分电阻效应进行了细致研究[35]。负微分电阻效应特指一类反常的电压-电流响应，即在某一电学区间，某器件的通过电流与施加电压呈负相关关系，在电路工程领域有着极大的应用。为了满足电子器件微型化的发展需求，研究者们一直致力于在原子层面上构建具有负微分电阻效应的器件。早期，该方向的研究着眼于分子/固体表面体系，受到其稳定性较差的限制；而氢原子端基化的半导体材料，如 Si(001)—H，得益于其稳定的 Si—H 共价键，是负微分电阻领域的近期研究热点。Wolkow 课题组通过 STM 的原子操纵技术，可控地在该表面选择脱氢而形成孤立的硅悬挂键。传统 I-V 谱测量发现其在 - 1.5～ - 1 V 的样品偏压下展现出负微分电阻效应，而脉冲形式的 $I(V)$ 谱能够解析其激发与弛豫过程中的动力学过程。该研究的亮点是脉冲 $I(V)$ 谱与 STM 显微学的联用，即在每个像素点上进行脉冲 $I(V)$ 谱测量，再对测量结果进行实空间上叠加，其结果如图 7 - 19 所示。该测量可视为在时间(ns 量级)与空间(pm 量级)两个层次上对硅悬挂键所呈现的负微分电阻进行解析,其结果被阐释为硅悬挂键从全充满态(＋/0)到半满态(0/－1)的弛豫:在弛豫初期,体系状态更接近(＋/0)态,是一个类氢点电荷,其电荷密度更为集中;随着弛豫时间增长,体系状态向(0/－1)态逼近,更为离域,因而在中心出现暗区。

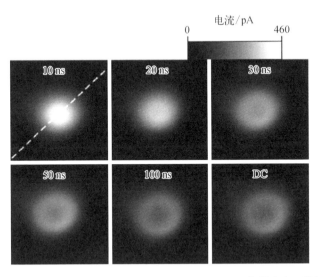

图7-19 联用脉冲 I(V)谱与STM的显微学对硅悬挂键所呈现的负微分电阻进行测量,该测量可视为在时间(ns量级)与空间(pm量级)两个层次上的解析[35]

毋庸置疑,基于全电子设备的泵浦扫描隧道谱大大提高了STM技术的时间分辨率(迄今最佳为 120 ps)[9],且硬件要求较低,对传统STM仪器进行简单升级就可以实现。该技术的时间分辨率受到电子电路的制约,现阶段很难取得进一步突破。此外,该技术需对观测体系做重复的激发——弛豫循环,要求该体系高度可逆,而无法对单次动力学行为(如化学键断裂等)进行研究。

7.6 展望

SPM的发展仅有数十年的历史,但已经广泛应用于纳米科技、材料科学、物理、化学和生命科学等领域,发挥了非常重要的作用。它作为桥梁缩短了人们认识和探索微观世界的距离,使得微观世界可以直观地呈现在人们眼前。SPM 不仅能够对纳米结构进行表征,而且能够通过对原子、分子的操纵实现纳米结构的构筑和对纳米电子学、表面化学等的研究,还可以与其他表征技术相结合,极大地提高了相应技术的空间分辨能力。

此外,SPM 对于工作环境没有特别高的要求,既可以在真空中工作,又可以在大气中、低温、常温、高温,甚至在溶液中使用,从而使得 SPM 具有原位研究催化反应、溶液体系的能力。已有的大量研究成果充分展示了这一技术在分子原子尺度的科学研究中的巨大威力。

当然,SPM 也存在自身的一些问题,比如:由于其工作原理是控制探针进行扫描成像,因此成像速度较慢;对样品表面的粗糙度有较高的要求;定位和寻找特征结构比较困难等。但随着机械、电子等技术的提升,纳米科技的飞速发展,SPM 技术也正在不断创新和发展,以适应新时代的要求,这些问题也在逐渐得以解决或缓解。可以预见,在广大科学工作者的共同努力下,SPM 及其相关技术必将在人类认识和改造微观世界的进程中发挥越来越大的作用。

参考文献

[1] Binnig G，Rohrer H，Gerber C，et al. 7 × 7 Reconstruction on Si(111) resolved in real space[J]. Physical Review Letters，1983，50(2)：120‐123.

[2] Chiang C L，Xu C，Han Z M，et al. Real-space imaging of molecular structure and chemical bonding by single-molecule inelastic tunneling probe[J]. Science，2014，344(6186)：885‐888.

[3] Han Z M，Czap G，Chiang C L，et al. Imaging the halogen bond in self-assembled halogenbenzenes on silver[J]. Science，2017，358(6360)：206‐210.

[4] Gross L，Mohn F，Moll N，et al. The chemical structure of a molecule resolved by atomic force microscopy[J]. Science，2009，325(5944)：1110‐1114.

[5] Huth F，Govyadinov A，Amarie S，et al. Nano‐FTIR absorption spectroscopy of molecular fingerprints at 20 nm spatial resolution[J]. Nano Letters，2012，12(8)：3973‐3978.

[6] Lee J，Tallarida N，Chen X，et al. Tip-enhanced Raman spectromicroscopy of Co(Ⅱ)-tetraphenylporphyrin on Au(111)：Toward the chemists' microscope[J]. ACS Nano，2017，11(11)：11466‐11474.

[7] Wiesendanger R，Güntherodt H，Güntherodt G，et al. Observation of vacuum tunneling

of spin-polarized electrons with the scanning tunneling microscope[J]. Physical Review Letters, 1990, 65(2): 247 - 250.

[8] Kaiser U, Schwarz A, Wiesendanger R. Magnetic exchange force microscopy with atomic resolution[J]. Nature, 2007, 446(7135): 522 - 525.

[9] Saunus C, Raphael Bindel J, Pratzer M, et al. Versatile scanning tunneling microscopy with 120 ps time resolution[J]. Applied Physics Letters, 2013, 102(5): 051601.

[10] Shang J, Wang Y F, Chen M, et al. Assembling molecular Sierpiński triangle fractals[J]. Nature Chemistry, 2015, 7(5): 389 - 393.

[11] Liu J, Chen Q W, Cai K, et al. Stepwise on-surface dissymmetric reaction to construct binodal organometallic network[J]. Nature Communications, 2019, 10: 2545.

[12] Stipe B C, Rezaei M A, Ho W. Single-molecule vibrational spectroscopy and microscopy [J]. Science, 1998, 280(5370): 1732 - 1735.

[13] Binnig, Quate, Gerber. Atomic force microscope[J]. Physical Review Letters, 1986, 56 (9): 930 - 933.

[14] Tsai D P, Lu Y Y. Tapping-mode tuning fork force sensing for near-field scanning optical microscopy[J]. Applied Physics Letters, 1998, 73(19): 2724 - 2726.

[15] Giessibl F J. High-speed force sensor for force microscopy and profilometry utilizing a quartz tuning fork[J]. Applied Physics Letters, 1998, 73(26): 3956 - 3958.

[16] Giessibl F J, Hembacher S, Bielefeldt H, et al. Subatomic features on the silicon (111)- (7 × 7) surface observed by atomic force microscopy[J]. Science, 2000, 289(5478): 422 - 426.

[17] Gross L, Mohn F, Moll N, et al. Bond-order discrimination by atomic force microscopy [J]. Science, 2012, 337(6100): 1326 - 1329.

[18] Schuler B, Fatayer S, Mohn F, et al. Reversible Bergman cyclization by atomic manipulation[J]. Nature Chemistry, 2016, 8(3): 220 - 224.

[19] Riss A, Paz A P, Wickenburg S, et al. Imaging single-molecule reaction intermediates stabilized by surface dissipation and entropy[J]. Nature Chemistry, 2016, 8 (7): 678 - 683.

[20] Dazzi A, Prater C B. AFM-IR: Technology and applications in nanoscale infrared spectroscopy and chemical imaging[J]. Chemical Reviews, 2017, 117(7): 5146 - 5173.

[21] Centrone A. Infrared imaging and spectroscopy beyond the diffraction limit[J]. Annual Review of Analytical Chemistry (Palo Alto, Calif), 2015, 8: 101 - 126.

[22] Synge E H. XXXVIII.A suggested method for extending microscopic resolution into the ultra-microscopic region [J]. The London, Edinburgh, and Dublin Philosophical Magazine and Journal of Science, 1928, 6(35): 356 - 362.

[23] Zenhausern F, O'Boyle M P, Wickramasinghe H K. Apertureless near-field optical microscope[J]. Applied Physics Letters, 1994, 65(13): 1623 - 1625.

[24] Jeanmaire D L, van Duyne R P. Surface Raman spectroelectrochemistry: Part Ⅰ. Heterocyclic, aromatic, and aliphatic amines adsorbed on the anodized silver electrode [J]. Journal of Electroanalytical Chemistry and Interfacial Electrochemistry, 1977, 84 (1): 1 - 20.

[25] Albrecht M G, Creighton J A. Anomalously intense Raman spectra of pyridine at a silver electrode[J]. Journal of the American Chemical Society, 1977, 99(15): 5215 - 5217.

[26] Nie S M, Emory S R. Probing single molecules and single nanoparticles by surface-enhanced Raman scattering[J]. Science, 1997, 275(5303): 1102 - 1106.

[27] Verma P. Tip-enhanced Raman spectroscopy: Technique and recent advances [J]. Chemical Reviews, 2017, 117(9): 6447 - 6466.

[28] Steidtner J, Pettinger B. High-resolution microscope for tip-enhanced optical processes in ultrahigh vacuum[J]. The Review of Scientific Instruments, 2007, 78(10): 103104.

[29] Zhang R, Zhang Y, Dong Z C, et al. Chemical mapping of a single molecule by plasmon-enhanced Raman scattering[J]. Nature, 2013, 498(7452): 82 - 86.

[30] Chiang N H, Chen X, Goubert G, et al. Conformational contrast of surface-mediated molecular switches yields angstrom-scale spatial resolution in ultrahigh vacuum tip-enhanced Raman spectroscopy [J]. Nano Letters, 2016, 16(12): 7774 - 7778.

[31] Meier F, Zhou L H, Wiebe J, et al. Revealing magnetic interactions from single-atom magnetization curves[J]. Science, 2008, 320(5872): 82 - 86.

[32] Zhang Y J, Wang Y F, Liao P L, et al. Detection and manipulation of charge states for double-decker $DyPc_2$ molecules on ultrathin CuO films[J]. ACS Nano, 2018, 12(3): 2991 - 2997.

[33] Loth S, Etzkorn M, Lutz C P, et al. Measurement of fast electron spin relaxation times with atomic resolution[J]. Science, 2010, 329(5999): 1628 - 1630.

[34] Rashidi M, Burgess J A J, Taucer M, et al. Time-resolved single dopant charge dynamics in silicon[J]. Nature Communications, 2016, 7: 13258.

[35] Rashidi M, Taucer M, Ozfidan I, et al. Time-resolved imaging of negative differential resistance on the atomic scale[J]. Physical Review Letters, 2016, 117(27): 276805.

Chapter 8

大数据分析与化学测量学

邵学广

南开大学化学学院

8.1 大数据的定义与发展现状

随着数字时代的到来,人类对自然和社会的认识进一步加深,人类的活动空间得到进一步扩展。高度数字化的生活使得人类在科学研究、工业生产、商务活动等诸多领域均出现了大规模的数据增长,大数据(big data)时代已经来临。与传统的数据集合相比,大数据可以通过挖掘和应用创造出巨大的价值,因此迅速发展成为工业界、学术界甚至世界各国政府高度关注的热点。大数据以其颠覆性的技术对国家治理模式、企业决策、组织和业务流程以及个人生活方式等都产生了巨大的影响。

虽然大数据已经广为人知,其重要性也得到各行各业的一致认同,但对大数据本身至今尚没有确切统一的定义。最为普遍的观点认为,大数据具有"4V"特征,即:(1) 数据体量(volume)巨大,达 TB 级,甚至 PB 级;(2) 数据种类(variety)繁多、来源复杂、格式多样,除了结构化数据,还有半结构化和非结构化数据;(3) 数据价值(value)密度低,但蕴含着很高的价值,在大量的数据中,有价值的数据比例并不高,例如在连续监控视频中,有用数据可能仅为 1~2 min,甚至 1~2 s,但是大数据中蕴藏的信息非常丰富,可挖掘价值很高;(4) 数据速度(velocity)快,即数据的产生和增长速度很快,因此对数据处理的速度也要快。也有观点认为真实性(veracity)是大数据的一个重要特征,即第五个"V"。大数据也被认为是一种信息资产,即大数据是无法在一定时间范围内用常规软件工具进行捕捉、管理和处理的数据集合,是海量、高增长率和多样化的信息资产。近年来,还出现了数据科学(data science)的概念,并认为"数据密集型的科学发现"将成为科学研究的第四范式,大数据分析将成为科学发现的主要驱动力。

作为一个新兴的概念,大数据问题得到了学术、工商甚至于管理等领域的密切关注。*Nature* 杂志于 2008 年推出了大数据专刊——*Big Data*,*Science* 杂志于 2011 年推出了大数据专刊——*Dealing with Data*,围绕着科学研究中大数据的问题展开讨论,从互联网技术、互联网经济学、超级计算、环境科学、生物医药等多个方面讨论了大数据处理面临的各种问题,说明了大数据对于科学研究的重要性。2012 年,美国发布了"大数据研究和发展倡议",投资 2 亿美元启动了"大数据研究和发展计划"。这一计划使大数据上升到了国家战略层次,使之成为各国关注的热点,之后与大数据相关的研究成果呈现出飞跃式增长,2012 年也因此被称为大数据元年。2012 年中国科学院启动了"面向感知中国的新一代信息技术研究"战略性先导科技专项,其任务之一就是研制用于大数据采集、存储、处理、分析和挖掘的未来数据系统。2013 年,中华人民共和国科学技术部正式启动国家高技术研究发展计划"面向大数据的先进存储结构及关键技术"并同时启动了多个大数据研究课题。

当前,诸多行业都遇到大数据问题。例如,商业领域利用大数据关联分析了解消费者的行为模式变迁并进而发现新的商机、库存和物流供需矛盾的优化、预算与开支的控制、服务质量的提高等。在医疗领域,大数据分析被用于复杂疾病的早期诊断、心血管病的远程治疗、器官移植、HIV 抗体研究等,已经取得了一定的研究成果。在生命科学领域,大数据技术被用于基因组学、生物医学、生物信息学等的研究。大数据技术还被用于温室气体排放的检测、政府机构的信息管理等公共安全与服务领域。

在化学测量学研究与应用领域,大数据问题越来越受到重视。随着化学测量技术和仪器的发展,一个样品的测试数据将在 GB 量级,对于多个样品的测试将得到 TB 量级的测试数据。这样的数据规模在大数据领域可能并不算大,但对于分析化学工作者来说,已经难以使用常规的统计分析方法直接进行处理。分析化学工作者正在努力采集更多不同来源(不同测量原理的分析仪器)的分析数据,大数据分析技术显得越来越重要。近几年大数据与深度学习方法在化学测量数据处理中的应用得到了迅速发展,在组学数据、单细胞 DNA 测试数据、组织或体层影像数据、荧光成像数据以及功能近红外光谱(functional near infrared spectroscopy,fNIR)数据等分析中得到了成功应用[1-3],在弱信号、高噪声信号、非特征信号等分析中发挥了重要作用。用于大数据分析的化学计量学方法得到发展,建立了针对高维数据、时间序列数据的分析方法。针对大数据的展示问题,发展了基于压缩的可视化技术,使大量的数据在有限的空间中得以展现。同时,基于拓扑的数据分析方法在化学测量大数据的分析中也得到发展。

8.2　大数据处理与分析流程

一般认为,大数据的处理与分析过程包括数据的采集、数据预处理、数据存储、数据处理与分析、数据展示/数据可视化、数据应用等步骤。通常,一个好的大数据系统要有大的数据规模、快的数据处理速度、精确的数据分析与预测算法、优良的可视化图表展示以及简练易懂的结果解释。

8.2.1 数据采集

数据采集是大数据处理流程中最为基础的一步,即使用传感器收取、射频识别(radio frequency identification,RFID)、搜索引擎、条形码识别等数据采集技术,从外界获取数据。在大数据平台下,数据源具有非常复杂的多样性,数据采集的形式也变得复杂而多样,不同场景的数据采集可能完全不同。数据采集过程中需要针对具体的场景对数据进行一定的处理,例如数据过滤、格式转换与数据规范化、数据替换等,以保证数据的完整性。在数据收集过程中,数据源会影响大数据的真实性、完整性、一致性、准确性和安全性。大数据的"大",原本就意味着数量多、种类复杂,因此,通过各种不同的方法获取数据信息便显得格外重要。大数据另一个特点是其多样性,这个特点决定了经过各种渠道获取的数据种类和结构都非常复杂,给数据分析处理带了极大的困难。

化学测量学领域的大数据主要来源于化学测量或分析测试,大多是分析仪器的响应数值(电流、电压等),数据类型和数据结构相对比较简单。但数据中也会包括样品的外观、种类或性质的定性描述,因此化学测量学大数据也具有数据类型和结构的多样性。随着分析仪器的迅速发展,单次测量产生的数据量可达 MB 甚至 GB 量级,在线监控或实时分析仪还可以实现对生产或反应过程的连续监测。多维、多模分析仪器以及分析仪器的联用也使化学测量数据的结构和类型变得复杂多样。另外,随着化学传感新原理的不断涌现,数据所承载的化学信息也具有多样化的特点,对化学测量大数据的分析也提出了更高要求。

很多分析测试仪器都可用于产生化学大数据,特别是在生物和生命分析化学领域。基于色谱的联用技术及多维色谱技术在化合物的检测、定量和鉴别中已经发挥了重要作用。高分辨检测器和分离技术的联用产生了很多高性能的分析方法,例如光二极管阵列检测器、荧光光谱、核磁共振、质谱、傅里叶变换红外光谱等与气相或液相色谱的联用。色谱与色谱的联用产生了多维色谱技术。这些联用仪器往往产生多变量甚至巨量变量(mega-variate)的数据。高分辨和多维光谱/质谱仪器也可以有很高的数据产生能力。高分辨质谱每秒可产生 10 万以上的谱峰数据,时间飞行质谱、傅里叶变换质谱以及联用质谱每秒可产生一百万个谱峰数据,而质谱成像(mass spectrometry imaging,MSI)仪器的峰容量可达十亿量级。高光谱成像(high spectrometry imaging,HSI)在化学、医药、食品、农业、环境等监测中已得到应用。HSI 数据是一个超立方体

(hyperspectral cube)，包含有空间(x，y)和光谱信息(λ)。近红外、傅里叶红外、拉曼和质谱等都有高光谱成像仪。因此，化学测量学的大数据时代已经来临，基于大数据的数据分析方法在化学测量学研究和应用领域将发挥越来越重要的作用。

8.2.2　数据预处理与集成

大数据通常源于多个数据源，易受到噪声数据、缺失数据的影响，甚至会发生数据间的冲突。因此一般需要对收集到的大数据集合进行预处理，保证大数据分析与预测结果的准确性与可靠性。大数据的预处理主要包括数据清理、数据集成、数据归约与数据转换等。数据清理有时也称为"数据清洗"，主要包括噪声的滤除、一致性检测、数据的过滤与修正等，以保证大数据的一致性、准确性、真实性和可用性。常用的方法是在数据处理的过程中设计一些数据过滤器，通过聚类或关联分析对无用或错误的数据进行识别并滤除，防止其对最终数据分析的结果产生不利影响。数据的转换与归约主要是在不损害数据准确性的前提下降低数据集规模，使之简化并实现数据的统一。数据集成是将多个数据源的数据进行整合，形成集中、统一的数据库，有利于提高大数据的完整性和一致性。通过数据处理与集成，将结构复杂的数据转换为单一或便于处理结构的数据，为数据分析打下良好基础。目前主要的方法是针对特定种类的数据建立专门的数据库，将这些不同种类的数据信息分类存放，以减少数据查询和访问的时间，提高数据提取速度。

8.2.3　大数据的存储

大数据具有巨大的数据量并且数据类型多样，对于机器的硬件及计算方法都是严峻的考验。随着数据量的不断增加，单台机器在性能上已经无法满足分析和处理的需要。大数据的类型和存储形式决定了其所采用的数据处理系统，而数据处理系统的性能优劣直接影响大数据质量的价值性、可用性、时效性和准确性。大数据处理需要根据大数据类型选择合适的存储形式和数据处理系统，以实现大数据质量的最优化。为了实现对大数据进行分析，一般采用并行计算和分布式的存储与管理，即云技术。

云技术主要由分布式文件系统、分布式数据库、批处理技术以及开源实现平台四大部分组成。分布式文件系统是基于分布式集群的大型分布式处理系统，通过数据分块、追加更新等方式实现海量数据的高效存储,为批处理技术计算框架提供低层数据存储和数据可靠性的保障;分布式数据库通过多维稀疏排序表以及多个服务器实现对大数据的分布管理。批处理技术是云技术的核心,即通过批处理的方法实现对大数据的分析。首先将用户的原始数据源进行分块,然后分别交给不同的任务区进行处理,最后通过对不同的任务区的计算结果进行处理得到最终结果。开源实现平台(Hadoop)是一个由Java编写的云计算平台,通过Hadoop可以将传统的数据分析技术以及专门针对大数据的分析技术编写成基于批处理技术计算框架的程序,实现对大数据的分析。云技术使得各类分析方法能够在实际应用中得到实现,对于大数据分析具有十分重要的意义。近年来,出现了大量针对云技术的研究与应用,如新的数据库及管理系统、新的并行计算方法等。对开源实现平台的改进并将其应用于各种场景的大数据处理更是成为新的研究热点。

随着计算能力的发展,分子模拟软件的数据产生能力飞速发展,而对应的数据存取和分析则可能成为制约其发展的瓶颈之一。因此我们建立了一个针对分子模拟的数据分析和管理系统旨在解决目前分子模拟中针对大体量数据存储和分析的短板。该系统利用了目前关系数据库管理系统专业且高效的数据查询和管理接口,实现了对数据的大体量存取和查询。

8.2.4 大数据处理与分析

数据分析是整个大数据处理流程中最为核心的部分,通过正确的数据分析才能发现数据的价值。大数据分析主要包括数据的统计分析和数据挖掘,分析技术包括聚类与分类、关联分析、深度学习等,通过挖掘大数据集合中数据的关联性,形成对事物的描述模式或属性规则,并通过构建机器学习模型和大量的训练数据提升数据分析与预测的准确性。数据分析是大数据处理与应用的关键环节,根据大数据的应用需求选择合适的数据分析技术,才能获得大数据分析的可用性、价值性和准确性。

大数据仍是数据,传统的数据处理分析方法,包括聚类分析、因子分析、相关分析、回归分析等仍可用于对大数据分析。但这些方法在处理大数据时也存在着许多问题。首先,传统数据分析方法大多数都是通过对数据样本进行分析,寻找特征和规律,最大的特点是通过复杂的算法从有限的样本空间中获取尽可能多的信息。由于大数据的数据量极大,巨大的数据量对机器硬件以及算法都是严峻的考验和挑战。其次,大数据的应用具有实时性的特点,算法的准确性不再是大数据应用的最主要指标,很多实际应用过程中算法需要在处理的实时性和准确率之间取得一个平衡,传统的分析方法需要根据应用的需求加以调整。最后,当数据量增长到一定规模以后,可以从小量数据中挖掘出有效信息的算法并不一定适用于大数据。由于这些局限性,传统的分析方法在对大数据进行分析时必须进行调整和改进。

为了更好地对大数据进行分析,出现了许多专门针对大数据的分析方法。大数据分析方法与传统分析方法的最大区别在于分析的对象是全体数据,而不是数据样本,其最大的特点在于不追求算法的复杂性和精确性,而追求可以高效地对整个数据集进行分析。针对大数据处理的计算模型主要有分布式计算框架、分布式内存计算系统、分布式流计算系统等,其中分布式计算框架是一种分布式批处理技术,可对海量数据进行并行分析与处理,适合于各种结构化、非结构化数据的处理。分布式内存计算系统可有效减少数据读写和移动的开销,提高大数据处理性能。分布式流计算系统则是对数据流进行实时处理,以保障大数据的时效性。一些大数据处理方法已得到发展,如散列法、布隆过滤器(Bloom filter)、Trie 树等。针对不同类型的大数据,也提出了不同的分析方法,如对文本进行分析的自然语言处理技术、对 Web 进行分析的 Page Rank 法和 CLEVER 法、对多媒体进行分析的摘要系统以及对社交网络进行分析的概率法和线性代数法等。

8.2.5　大数据的可视化

大数据分析的目的是应用,因此我们最关心的并非数据分析的过程,而是对大数据分析结果的解释与展示。在一个完善的大数据分析流程中,数据结果的解释步骤至关重要。若数据分析的结果不能得到恰当的显示,会对大数据使用者产生困扰,甚至误导。传统的数据展示方式是以文本形式下载或在用户终端上显示分析结果,但随着数据量的加大,数据及分析结果的复杂度显著上升,用传统的显示方法不能满足大数据及分析结果展示的需求。

为了提升对大数据的解释和展示能力,数据可视化技术成为解释大数据的最有力方式,得到了广泛的应用和蓬勃的发展。数据可视化是指将大数据分析与预测结果以计算机图形或图像的直观方式进行显示,并可进行交互式处理。数据可视化技术可大大提高大数据分析结果的直观性,便于理解与使用,有利于发现大量数据中隐含的规律性。因此数据可视化是影响大数据可用性和易于理解性的关键技术。通过数据及分析结果的可视化,抽象的数据表现成为可见的图形或图像在屏幕上进行显示,以图形化的方式更形象地向使用者展示数据及分析结果,方便对结果的理解和接受。目前,学术科研界不停地致力于大数据可视化的研究,发展出了基于集合的可视化技术、基于图标的技术、基于图像的技术、面向像素的技术和分布式技术等,商业上也已经有了很多经典成功的可视化应用案例。如网络上用于标示不同标签对象的标签云(tag cloud)技术,用于可视化文档编辑的历史流图(history flow),以及显示全球各网站数据及相互之间的链接关系的互联网宇宙(the internet map)。

8.3 大数据处理与分析方法

8.3.1 化学计量学

作为化学领域中的数据处理学科,化学计量学有着特殊的地位。通过统计学或数学方法对化学体系的测量与体系状态之间建立联系,化学计量学实现了对化学数据的分析与挖掘。化学计量学的方法已经广泛用于化学的各个分支,分析与挖掘各种类型的化学数据。化学测量数据的建模与预测、定量结构-活性关系(quantitative structure-activity relationship, QSAR)、分子模拟、计算机辅助药物设计、虚拟筛选等化学计量学技术推动了化学及相关学科领域的发展,促进了新药物、新材料的研发和创制。理论化学在理解物质结构和性质、解释化学反应机理等方面取得了飞速发展,在结构化学、材料科学和生命科学领域中发挥着不可替代的作用。由于多元校正及模式识别技术的发展,近红外光谱技术得到了广泛应用,已成为复杂体系分析、产品质量评价与控制、环境检测与控制、生命与健康等领域的关键技术之一。同时,复杂信号和高维分析化学信号的解析技术推动了化学测量学的发展,大大增强了解决实际问题的能力。

针对不同类型的分析数据和数据分析的不同目标,已经建立了各种化学计量学方法[4,5]。这些方法可大致分为多元统计、多元校正与建模、多元分辨与模式识别等。在实际应用过程中,这些方法往往与信号处理、变量选择、优化算法、数据融合等方法联合使用,用于相关分析、定量预测、聚类分析与判别分析等。多元统计常用于数据的方差分析和相关性分析,对于大数据分析非常重要。多元校正和建模一般用于建立测试数据与性质之间的定量模型,除组分含量的定量模型外,定量结构-活性关系(QSAR)模型在挖掘化学数据内在规律方面也发挥着重要作用。除多元线性回归(multiple linear regression,MLR)法、主成分回归(principal component regression,PCR)法、偏最小二乘回归(partial least squares regression,PLS)法外,许多机器学习算法,如人工神经网络(artificial neural network,ANN)、支持向量机(support vector machine,SVM)等,也常被用于化合物活性预测、计算机辅助分子设计或材料设计。多元分辨常用于混合复杂信号的解析,从多组分重叠且含有噪声和背景干扰的复杂信号中获得单组分的贡献。从早期的化学因子分析(chemical factor analysis,CFA)法,到多元曲线分辨-交替最小二乘(multivariate curve resolution-alternating least squares,MCR-ALS)法,再到免疫算法、高维数据分析方法(PARAFAC 和 ATLD)等,化学计量学工作者建立了大量数据分辨的方法,在色谱、光谱等复杂体系的化学测量信号解析中获得了很多成功应用。模式识别用于研究类属关系问题,如聚类分析、判别分析等,在产品质量评价与控制、生产过程的监控等具体应用中发挥了积极作用。主成分分析、系统聚类分析(hierarchial-cluster analysis,HCA)、模糊 c 均值聚类(fuzzy c-menas,FCM)、自组织神经网络、偏最小二乘判别分析、支持向量机、k 最近邻分析、随机森林、分类/决策树等方法都可以用于此类研究。在这些方法中,某些方法用于揭示数据本身的结构,无须训练集样本,称为无监督方法,而另一些方法则需要采用已知的训练集样本数据进行训练或学习,得到一个预测函数或模型用于位置样本的预测,此类方法称为有监督方法。

随着化学测量仪器及计算机技术的发展,化学测量和理论计算的数据呈指数增长趋势,许多数据分析的过程出现了"大数据化"的特征,而相应的方法也随着数据量的增大而随之发展。例如,主成分分析(PCA)是最常用的数据降维方法,用少量潜变量的线性组合尽可能多地描述数据中的主要信息,常用于特征信息提取和简化数据结构。偏最小二乘(PLS)回归是最常用的建模方法,用于建立测量数据与预测目标值之间的定量模型。在大数据分析中,除数据量巨大以外,数据的多样性往往会导致数据采集不完全、维数不一致甚至有缺失数据的现象。因此需要对原来的算法进行改进或提出新的计算方法。

主成分分析法和偏最小二乘法的核心是在方差或协方差最大化的条件下得到尽可能少的所需要的潜变量。从原始数据得到潜变量的计算可以理解为投影计算,投影模型就是原始变量空间的投影子空间。有两种方案应对特大数据集的投影计算,其一是建立快速的近似算法,其二是建立一类算法不需要所有数据都保留在计算机的内存中。考虑到大数据具有不断产生并且产生速度很快的特征,第二种方案似乎更加有效。幸运的是我们可以采用化学计量学家先前提出的基于核函数变换的算法进行计算,即主成分分析和偏最小二乘的递归算法和核变换算法[6,7]。这种算法利用"核矩阵"代替原始数据进行 PCA 或 PLS 计算。对于一个 $N \times K$ 的测量数据矩阵 X 和一个 $N \times M$ 参考值矩阵 Y,N 为样本数,K 为变量数,M 为参考值个数,可以得到核矩阵 $X^T X (K \times K)$、$X^T Y (K \times M)$、$Y^T Y (M \times M)$ 和 $X^T Y Y^T X (K \times K)$。当 N 很大时,采用这些核矩阵进行 PCA 或 PLS 计算可以大大加快计算速度。更重要的是,当有新的测量数据不断增加时,可以通过下面的公式进行更新,不需要再采用所有的数据重新进行计算:

$$XX_t = XX_{t-1} + X_t^T X_t \qquad (8-1)$$

式中,XX_t 表示 $X^T X$。对于其他核矩阵也可以类似地进行更新。对于高速产生的数据,也可以在更新的过程中增加一个"遗忘因子 λ",λ 的数值可以是 $0 \sim 1$ 的任何数值,数值越小,新增加的数据的权重越大。

$$XX_t = \lambda XX_{t-1} + X_t^T X_t \qquad (8-2)$$

当然,这种算法对变量数较大的数据来说并不十分有效,仍需要在提高算法运算速度方面继续努力。此外,针对大数据 PCA 和 PLS 的计算还有其他对应策略,例如多模块方法或层次模型方法,基于部分采样或聚类分析等降低样本数量也可以提高大数据分析的效率。此外,针对大数据的奇异样本、数据质量较低以及缺失数据等问题,也已经开展了大量研究工作,建立了相应的计算方法。

聚类分析是数据挖掘的基本技术之一,用于数据分割(segmentation)、样品或数据的分类等。常用的聚类分析方法有决策树、贝叶斯(Bayes)、人工神经网络、支持向量机、k 均值法(k-means)、k 最近邻法(k - nearest neighbor,kNN)等。对于常规的数据分析,这些方法的计算需求并不大。但在大数据分析中,数据量的增加使这些算法难以在有限的时间内完成计算。比如,kNN 方法选择与预测样本邻近的 k 个训练集样本,然后根据 k 个训练集样本的主要类别决定预测样本的类别。这就需要计算每一个预测样本与所有训练样本之间的距离(或相似性),计算的复杂性随样本量的增加迅速提升。为了使 kNN 方法可以用于大数据分析,相关研究人员开展了各方面的研究工作。例如,提高寻找近邻样本的计算速度或者寻找代表性的近邻样本,通过对训练集样本"分布密度"的考察扣除一些相似的样本,降低训练集样本的数量。也可以通过对近邻样本的选择加以限制,只选择符合一定条件的训练集样本。这些方法均可以在不同程度上加快邻近样本的寻找速度或减低数据的维度,从而提高整体算法的计算效率。也有文献报道了分步进行 kNN 计算的方法,即在训练之前首先对训练集样本进行聚类分割,训练时只选择与预测样本近邻的类别,在预测阶段再采用所选类别的样本进行计算。该算法大幅度降低了邻近样本选择的计算效率,并成功地应用于医疗图像的大数据分析[8]。

大数据的特点之一是数据量巨大,由于单台计算设备在处理器、内存或存储等方面的限制,使计算难以在一台计算设备上完成,所以一般采用分布式的系统来完成大数据分析。但数据或计算结果在多台计算设备之间的通信速度就变得非常关键。为了减少计算设备之间的通信,可以将计算任务分配到不同的计算节点上,每个节点的计算只随机地读取大数据中训练集的一部分,计算完成后将计算结果进行汇集,采用"共识(consensus)"策略形成最终的计算结果。采用这种方式进行计算时,各计算节点的训练样本不同,计算结果可能带来偏差,因此如何实现最终结果的"共识"以保证其正确性十分关键。有文献报道了"共识蒙特卡洛"算法,通过每个节点计算时训练集数据的"后验分布(posterior distribution)"决定该计算结果在最终结果中的权重。

8.3.2　深度学习与卷积神经网络

人工智能简称 AI,即 artificial intelligence,是指使机器以与人类智能相似的方式对事物进行处理并做出反应的方法与技术领域,包括机器人、语言识别、图像识别、自然语言处理等。机器学习(machine learning)是人工智能领域的重要组成部分,主要研究内容是利用计算机模拟或实现人类的学习行为,获取新的知识或技能,并不断改善自身性能。而深度学习(deep learning)是机器学习研究中的一个新领域,研究模拟人脑进行分析学习的神经网络,模仿人脑的机制来解释图像、声音和文本等数据。

深度学习的基本算法是人工神经网络(ANN)。它从信息处理角度对人脑神经元网络进行抽象,建立一个简单的模型,按不同的连接方式组成不同的网络。人工神经网络模型主要考虑网络连接的拓扑结构、神经元的特征、学习规则等。已有发展了很多神经网络的模型,其中最为广泛应用的有反向传播(back propagation,BP)网络、自组织映射(self-organizing map,SOM)、Hopfield 网络等。20 世纪 80 年代,发展了卷积神经网络(convolutional neural network，CNN)并成为深度学习的代表性方法之一。

CNN 的基本结构可用图 8-1 进行描述，包括可以重复的多个"层"组成。卷积层的本质提取局部信息，卷积层中的每一个神经元是一个滤波器(卷积核)，用于识别一种特定类型的信息。而池化层则仅保留局部信息中的最大值，忽略局部信息中的细节，注重不同类型局部信息之间的相对位置信息。因此，第二次的卷积过程可以提取到更为全局、抽象的信息。通过重复卷积和池化过程，CNN 中高层(远离输入端的层)的神经元反映了可以在全局范围描述输入信息的抽象信息。训练 CNN 的过程就是拟合最能从输入层中提取信息的卷积核的过程。

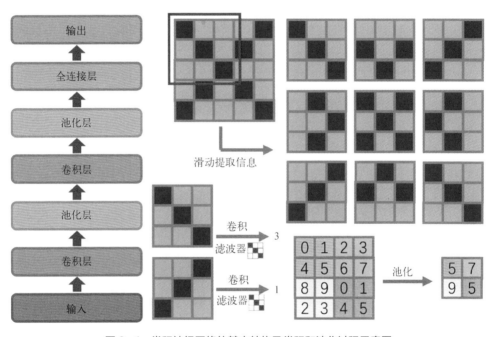

图 8-1　卷积神经网络的基本结构及卷积和池化过程示意图

全连层是 CNN 的重要组成部分，由池化层提取的抽象信息产生输出结果。全连层可以采用传统人工神经网络的任何模型，但最常用的是 BP 模型，如图 8-2 所示。x_1，x_2，$\cdots$，x_n 为输入，x_1'，x_2'，$\cdots$，x_m' 为输出，x_1''，x_2''，$\cdots$，x_p'' 为中间层神经元的输出。图中的圆圈表示神经元，接收上一层的输入，产生下一层的输出。n、p 和 m 分别为输入层、中间层和输出层的神经元数目。任意两个神经元之间通过一条连接弧连接，并赋有一个数值 w_{ij} 作为其权值，称为连接强度或记忆强度，用于描述上一层神经元对下一层神经元的影响。

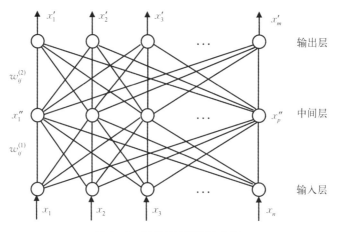

图 8-2 网络连接模型示意图

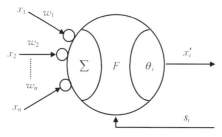

图 8-3 神经元典型结构示意图

神经元是神经网络的基本单元,它同时具有从输入层到输出层传递信息的功能和接受反馈信息的功能。典型的神经元一般具有如图 8-3 所示的结构,它接受输入层的输入信息并向输出层传递输出信息。由输入到输出的过程一般是首先加和所有的输入信息再用一个传递函数产生相应的输出,即:

$$X_i = \sum w_{ij}x_j + s_i \qquad (8-3)$$

$$x'_i = F(X_i + \theta_i) \qquad (8-4)$$

式中,w_{ij} 为由 j 神经元向 i 神经元的连接权重值;x_j 为由 j 神经元向 i 神经元的输入;s_i 为反馈信息;F 为传递函数或激活函数。

许多函数都可以作为传递函数,常用的函数有线性函数、阈值函数、Sigmoid 函数(式 8-5)等。

$$x'_i = \frac{1}{(1 + e^{-X_i})} \qquad (8-5)$$

CNN 的训练或学习过程分为正向传播和反向传播两个过程,由输入数据通过正向传播得到输出结果(预测值),再用根据预测值的偏差,通过反向传播更新每个层的权重。一般采用链式求导算法,计算损失函数对每个权重的偏导,使用梯度下降法对权重进行更新。

对于序列或时序(sequence)数据的分析,循环神经网络(recurrent neural network, RNN)、递归神经网络(recursive neural network,RNN)以及后来发展起来的长短期记忆神经网络(long short-term memory,LSTM)在深度学习方法中得到了广泛应用。在循环神经网络的训练过程中,每一个神经元除了接受来自上一层的信息以外,还会同时接受来自同一层中上一个神经元的权重信息,这样的结构使得同一层神经元的训练过程有了"先后"之分,从而让循环神经网络可以提取到输入中的有序信息。递归神经网络是具有树状阶层结构且网络节点按其连接顺序对输入信息进行递归的人工神经网络,被视为循环神经网络的推广,当递归神经网络的每个父节点都仅与一个子节点连接时,其结构等价于全连接的循环神经网络。长短期记忆神经网络是一种时间递归神经网络,是为了解决递归神经网络中的"梯度消失"(在深层网络训练时梯度越来越小而导致学习速率下降或停止)问题而提出的一种特殊网络结构,适合于处理和预测时间序列中间隔和延迟非常长的重要事件。LSTM 在算法中加入一个判断信息是否有用的"处理器",即输入门、遗忘门和输出门。信息进入 LSTM 网络后,根据规则来判断是否"有用",符合规则的信息会留下,而不符的信息则通过遗忘门被遗忘。

实际应用中,可以通过简单神经网络的组合构成"复杂神经网络架构"来完成更复杂的任务。生成对抗网络(generative adversarial networks,GAN)是一种用于图像生成的复杂网络,它由两个神经网络,即生成器和判别器组成,两者都可以采用任意的神经网络模型。前者负责生成后者的输入(如图像),后者对真实输入和生成的输入进行判别,正确地预测数据源并生成网络的误差。判别器在辨识真实数据和生成数据方面做得越来越好,而生成器努力地生成判别器难以辨识的数据。对两个网络经过反复训练,直到生成器和判别器收敛到对抗中的最优。网络收敛以后,生成器可用于图像生成,而判别器可用于图像识别。

随着神经网络技术的飞速发展,目前已经有大量成熟而完善的深度学习库可供直接使用。这些库大多都采用 C++编写底层算法,并在应用层面提供 Python API。较为著名的深度学习库有 TensorFlow、Keras、PyTorch、Caffe、Theano 等。其中 Keras 具有简单易用的 API,已广泛地得到应用。MATLAB 系统也有类似的算法和工具库(即 toolbox)。按照相关手册上的说明即可自由地搭建所需的网络。

2019 年,*Nature Methods* 发表研究论文介绍了深度学习在图像恢复和超高分辨成像分析中的应用,并讨论了深度学习应用于图像重建的最新研究进展,同时也对深度学习面临的挑战,如训练数据的获取、未知结构发现的可能性、不确定图像细节的推断等进行了评述[9]。在所有的显微镜模式中,获得的图像的分辨率和质量基本上受到光学、分子探针光化学性质和传感器技术的限制,一种克服这些限制的策略是在精心设计实验的同时进行图像的重构,即从原始图像中重建高质量的图像。计算正在越来越多地在成像分析过程发挥作用,算法上的进展不仅可以得到高质量的图像,也可以开辟新成像模式。随着深度学习技术的发展,卷积神经网络在图像生成和图像分析方面得到了应用,如体层摄影图像、磁共振图像以及荧光显微成像,广泛应用于图像修复、卷积与超高分辨率成像、图像着色(染色)、图像分割、聚类分析与表型分析等。

图像恢复或重建需要一个或多个将输入图像映射到一个输出图像的神经网络。卷积神经网络是实现图像到图像转换的方法之一。输入的图像连续不断地向下采样和卷积并进行 CNN 的归一化、非线性变换等操作。在每个步骤中,图像的维数会减少,但图像的(通道)数量增加。重复这个步骤将把图像编码为沿着通道维数的一组抽象变量(称为潜变量)。然后再通过重复的上采样和卷积步骤对图像进行恢复,即解码。这确保了只保留输入图像中最相关的特征,而那些不重要的特征则被丢弃。在某些网络模型中,添加了跳过编码过程的连接,将图像的某些细节直接传递给解码过程,用于恢复图像的精细结构。已经证明,这种网络结构有助于解决网络训练中的"梯度消失"问题。另外,基于生成对抗网络的复杂网络框架在图像恢复中已经发挥了重要作用。

深度学习在光谱数据分析中的应用也已有报道,特别是在荧光成像分析、生物医学光谱数据分析等中的应用。中国科学院化学研究所建立了一种基于卷积神经网络和长短期记忆神经网络结合深度学习方法用于单分子荧光成像光漂白事件计数数据的分析,获得了单分子荧光漂白轨迹(traces),改善了计算效率,提高了分析的准确性,并用于蛋白质复合物化学计量比的自动预测[10]。训练网络使用的数据来自人工合成的数据和人工分析的实验数据为输入,网络结构包括卷积神经网络、长短期记忆神经网络和全连接神经网络,而卷积神经网络由重复的卷积和池化层构成。卷积操作可以识别曲线中阶梯变化,而长短期记忆用于区分漂白和闪烁产生的变动。研究者同样采用卷积神经网络和长短期记忆神经网络相结合建立了一种深度学习方法用于"情感模型"研究[11]。采用功能近红外光谱测量对人脑血流进行无损检测,检测在受到外部刺激时的光谱变化。通过所设计的网络建立光谱变化与自我评价的响应(高、中、低)之间的模型。结果表明,预测结果与血液中氧合血红蛋白(HbO)和脱氧血红蛋白(Hb)的变动具有较高的一致性。还有文献[12]报道了用于建立近红外光谱定量模型的深度学习方法。网络结构包括三个卷积层和一个全连层,并在第二和第三个卷积层中使用了初始模块(inception module),既增加了网络的深度和宽度,又降低了计算的复杂性。将所建立的网络用于四组开放的近红外光谱数据分析,得到了满意的结果。性能上优于普通的 CNN 模型,并且无须数据预处理就可以得到较好的结果。与常用的偏最小二乘、非线性人工神经网络和支持向量机模型相比,计算结果也得到了明显改善。

8.3.3　拓扑数据分析

数据分析的大多关注数据之间的定量关系,即使是聚类与判别分析一般也通过定量数据得以实现。这类分析方法统称为几何数据分析,关注的是样本或数据之间的定量关系,即距离。对于大数据来说,数据量巨大、准确性较差、类型多样、结构复杂,无法采用已有的数学方法计算他们之间的距离。拓扑学采用关系图表达样本或数据之间的相互关系,而不采用距离,特别适合于大数据的分析。因此,拓扑数据分析(topological data analysis,TDA)得到了快速发展[13],在数据分析、图像分析、形状识别、计算机视觉感知、计算生物学等领域中得到了应用。

拓扑学来源于英文的 topology,是研究地形地貌相关的学科。拓扑学是几何学的一个分支,但与通常的平面几何、立体几何不同,其不关心研究对象的长短、大小、面积、体积等,而是关注研究对象间的位置关系。严格地说,拓扑学主要研究"拓扑空间"在"连续变换"下保持不变的性质。欧氏空间中的点集研究一直是拓扑学的重要部分,但也发展了代数拓扑等分支,把拓扑问题转化为代数问题,通过计算来求解。TDA 研究的是与坐标无关的形状,完全不受坐标的限制。这一特性使 TDA 可以整合来自不同平台的数据,尽管数据的结构不太一样。例如,如图 8-4 所示,如果将字母"A"看作是很多数据点构成的图形,它的关键特征可以用五个节点(node)和五条连线(edge)表示,并且图中各种书写形式的字母"A"都可以用它表示。

拓扑数据分析的基本步骤如图 8-5 所示。对于输入的大数据(大量数据点)按照一定度量标准进行测量得到一组新的数据。度量标准可以是任何形式或函数,如距离、主成分得分等。然后对新的数据进行区间切割并对每个区间里的数据进行聚类分析。最后将每一类表示为节点,若两个类之间存在相同的原始数据点则将它们进行连

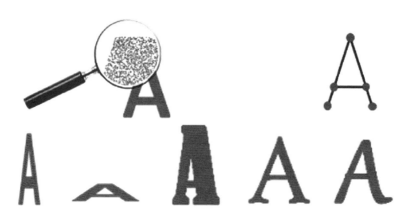

图 8-4　拓扑数据分析的基本特征

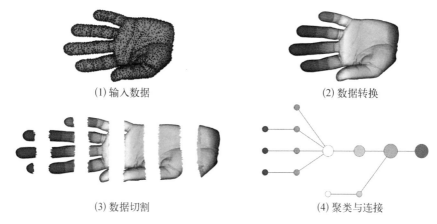

(1) 输入数据　　　　　　　　　　(2) 数据转换

(3) 数据切割　　　　　　　　　　(4) 聚类与连接

图 8-5　拓扑数据分析的基本步骤示意图

接。此例中得到的拓扑结构图形与研究对象的实际形状具有一定的相似性,这只是巧合,一般情况下,拓扑数据分析解释的是数据中隐藏的形状。

　　有文献[14]报道了采用 TDA 方法对单细菌拉曼光谱进行识别分析的研究结果。分别对 4 种细菌(表皮葡萄球菌、荧光假单胞菌、丁香假单胞菌和大肠杆菌)各进行 1 000次单细菌拉曼光谱测量,得到 4 000 条拉曼光谱,将每条光谱作为独立的样本进行聚类分析。图 8-6 是该文献中的一组计算结果,为了进行比较,图中还与主成分分析和系统聚类分析方法进行了比较。可以看出,从原始光谱很难直接看出四种细菌在光谱上的区别,并且光谱中含有较高的基线漂移和噪声干扰。在主成分分析得分图中,四种细菌数据点之间的重叠较为严重,无法清晰地对四种细菌进行区分和识别。原因显然是数据的主要方差与细菌不相关,我们所感兴趣的化学差异可能被荧光干扰所掩盖。

系统聚类分析图中也无法清晰地区分四类细菌。但是,在拓扑网络结构中,我们可以明确地看出四种细菌在光谱上的差别。第一幅图中对四种细菌进行了染色,在其他四幅图中分别对四种细菌进行了染色。可以看出,不仅四种细菌得到了明显的区分,甚至还看出了细菌的亚群(sub-group)。文献中还讨论了实验条件、光谱分辨率、数据预处理(一阶导数光谱和标准正态变量校正处理)等对计算结果的影响,采用数据预处理后,可以得到更加理想的计算结果。采用一阶导数光谱的计算结果中所有细菌的亚群都得到了区分。

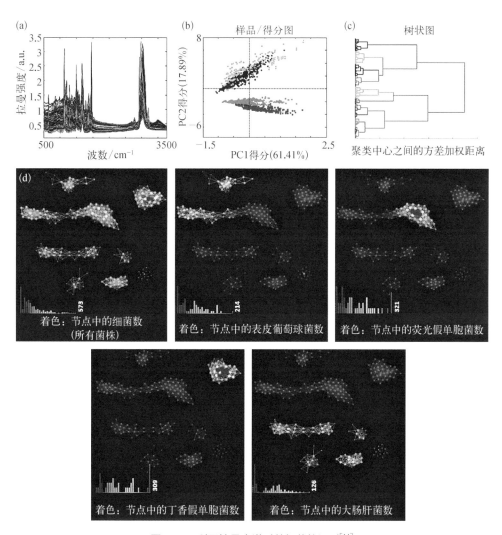

图 8-6　利用拉曼光谱对单细菌的识别[14]

（a）原始光谱；（b）主成分分析得分图；（c）系统聚类分析图；（d）TDA 网络图

8.3.4 可视化方法

数据的可视化对于数据及分析结果的理解具有重要意义,对于大数据来说更加重要。数据可视化是将数据及分析结果以不同形式进行展现,一般是通过创建表格、图像等直观地对数据进行表达。传统的数据可视化方法包括表格、直方图、散点图、折线图、柱状图、饼图、面积图、流程图等。大数据的复杂性和高维度给可视化带来一些困难,如信息的丢失、大型图像的空间限制、高速图像的变换、研究对象之间相互关联的表达等。因此,大数据的可视化一直是大数据分析中的热点和难点问题之一。

针对大数据的复杂性和高维度问题,降维是大数据展示的关键问题之一。主成分分析(PCA)和偏最小二乘(PLS)是最为常用且有效的方法。两者均是基于数据本身潜在的结构,将原始数据通过投影计算表示为几个不同主成分(principal component)或者潜变量(latent variable)的得分,并通过得分图(score plot)展现出来。由于得分图具有直观的表现形式,可以让研究人员很容易发现数据内部的潜在规律。然而,随着数据量的增大,大量样品的得分在传统的得分图上往往由于重叠无法很好地进行观察,这在一定程度上影响到了研究人员从得分图中获得有效信息。同时,数据量的增大也降低了 PCA 与 PLS 的计算速度,对于某些数据而言,其分析计算的速度甚至赶不上数据更新的速度,这些都严重影响到了数据分析的有效性。

压缩得分图(compression score plot,CSP)是文献[15]报道的用于大数据展示的一种方法,对传统的得分图进行改进,使之能够直观地表现大容量和快速更新的化学数据。对于大容量的数据,使用聚类的方法来减少得分图上的数据点数量,以绘制聚类的中心点来代替原始数据点的得分,有效减少了得分图上的数据点数。同时,为了最大限度地保留原始得分图上的信息,对于聚类得到的中心点,以中心点的大小来表示该点中包含原始数据点的多少。为了减少计算的耗时,可以使用并行计算(如基于分布式文件系统的 Hadoop)进行编程,对于更新速度较快的数据,可以采用指数加权移动平均(exponentially weighted moving average,EWMA)的方法进行更新操作,避免对全部数据的重复计算。为了实现快速的得分图更新,还建立了基于"给定方差分布近似(ADICOV)"方法。该方法采用重新生成的数据确定类别的中心,大大加快了计算速度。采用该方法得到的压缩得分图被称为近似压缩得分图(approximation compression score plot，ACSP)。

图8-7是采用PLS-DA得到的某大数据集的原始得分图、压缩得分图、近似压缩得分图以及与二维直方图的比较。图中不同类型的点代表不同类型的样本。在压缩图中，点的大小代表了样本的概率密度。可以看出，图8-7(a)中数据点太多，数据点之间的相互覆盖，难以看清样本之间的关系，但压缩图8-7(b)和图8-7(c)中明显降低了数据点的密度，对样本信息表达得更为清晰。图8-7(b)与图8-7(c)的比较可以看出，两种压缩得分图的结果基本一致，但计算速度明显提高。为了进行比较，图8-7(d)给出了二维直方图，在表达效率方面，压缩得分图具有明显优势。

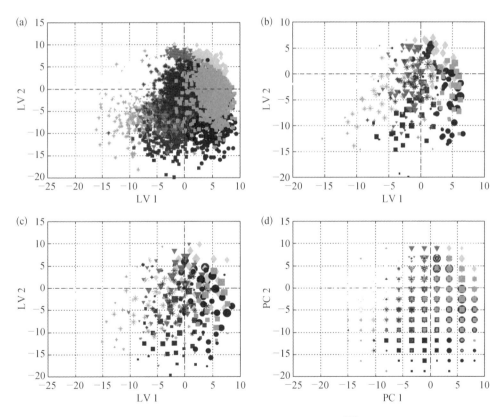

图8-7　大数据PLS-DA得分图的比较[15]

(a) 原始数据；(b) 压缩得分图；(c) 近似压缩得分图；(d) 二维直方统计图

8.4 化学相关学科领域大数据分析与应用

8.4.1 蛋白质结构预测

蛋白质是生命的物质基础,是对蛋白质的结构与功能的预测时重要的研究课题,而了解蛋白质的三维结构是研究其功能的基本前提,也是蛋白质工程和药物设计的基础。然而,实验测定蛋白质的三维结构所需时间较长,且成本较高,难以满足生命科学中对蛋白质结构大数据的需求。因此,亟须一种能够基于蛋白质序列,快速、准确预测蛋白质三维结构的理论手段。

20 世纪 70 年代以来,有大量的蛋白质结构预测算法被提出,如早期的 Chou‐Fasman 方法、GOR 方法等,其中 I‐TASSER server 实现了基于传统算法的在线快速蛋白质结构预测。然而,由于蛋白质序列和其三维结构间存在着复杂的对应关系,传统算法在结构预测的准确度上存在着较大的不足。人工神经网络可以近似地描述任意函数关系,因此基于人工神经网络的机器学习算法被引入到蛋白质的结构预测并取得了不错的效果。

Google 公司旗下的 DeepMind 团队采用最先进的人工智能算法和硬件设施,在蛋白质结构预测方面取得了巨大的进展。在第 13 届全球蛋白质结构预测竞赛中,该团队所开发出的 AlphaFold 在比赛所使用的 43 个蛋白质中成功预测了 25 个,该结果被官方称为"前所未有的突破"[16]。AlphaFold 利用 PDB 数据库中的蛋白质结构信息,分别训练三个神经网络,即:(1)利用卷积神经网络(CNN)局部感知的特点,提取不同蛋白质序列的结构特征,采用数据库中蛋白质序列和蛋白质中任意两个氨基酸间的距离(接触距离矩阵)进行训练,得到描述序列与接触距离矩阵对应关系的模型;(2)利用循环神经网络(RNN)可以学习有序序列信息的特点,学习蛋白质序列与沿序列的蛋白质骨架二面角对应关系;(3)将卷积神经网络用于评估预测的蛋白质结构优劣,即估值网络,理想状况下,给定未知结构蛋白质序列,可以由(1)和(2)预测出蛋白质的折叠矩阵和骨架二面角,然后采用估值网络进行梯度下降得出最终结果[17]。在实际预测中,AlphaFold 还应用了许多传统算法的思想,例如许多情况下可以将蛋白质分解为几个结构域,并对每个结构域分别进行预测。此外,在根据折叠矩阵和骨架二面角生成蛋白质的过程中,AlphaFold 用到了传统的 Rosetta 软件包中的模拟退火算法。

DeepMind 团队的研究表明,采用深度学习加上人类已经掌握的传统知识进行预测,可能是蛋白质结构预测的最优方案。

8.4.2　计算机辅助药物设计

随着大量疾病相关基因和药物作用靶向分子的急剧增加,传统的实验手段已经难以满足人类对新药的需求。在此背景下,计算机辅助药物设计(computer-aided drug design,CADD)在近年来取得了巨大的成功。计算机辅助药物设计的目标是找到能和靶点结合的小分子,并且估计结合能力。传统基于数据库的药物设计流程中,通常先通过结合位点几何形状、疏水性、氢键性质等信息从数据库中初步筛选出可能的分子。然后对初筛出来的分子进行分子对接(docking),判断这些小分子是否能与主体分子匹配,并进行进一步筛选。最后通过分子动力学模拟和自由能计算准确计算出筛选出来的小分子和靶点的结合能力。然而传统的 CADD 方法也存在依赖数据库的容量、初筛和分子对接算法不准确等问题。为改善传统方法的缺陷,基于蛋白质-药物相互作用大数据和人工智能的方法被引入 CADD 领域。

解决数据库容量问题的一种思路是根据一系列已知药物或者筛选所得的分子,推断出其他可能具有药效的分子结构。在基于机器学习的自然语言处理方面,文本生成技术可以基于一系列单词预测下一个单词,与新药设计的思路非常类似。因此可以将文本生成技术应用于新药预测。研究者提出了基于循环神经网络的人工智能框架,该框架将 ChEMBL 生物活性分子数据库作为训练集进行学习,预测其他具有药效的化合物,克服数据库容量的限制[18,19]。采用该框架已成功找出了目前已知金黄色葡萄球菌活性物的 14%(847 种)和已知恶性疟原虫活性物的 28%(347 种)[18]。

为解决分子对接时能量计算不准确的问题,AtomWise 公司利用卷积神经网络直接预测蛋白质小分子复合物是否具有生物活性[20]。通过对数据库中的复合物结构与生物活性的对应关系进行学习,所建模型在多个预测集上得到了远优于传统方法的结果。对所建立的网络进一步分析表明,尽管训练集为直接的复合物结构与生物活性的对应关系,不直接包含人类已有的化学基团性质的信息,但神经网络内部已经可以识别一些化学基团。采用类似的方法也可以直接预测蛋白质与配体之间的结合常数,也得到了比传统方法更好的结果[21]。采用卷积神经网络对蛋白质-配体的作用残基也可以进行准确预测。

8.4.3 人工智能分子力场

分子动力学模拟是理论化学研究的重要手段,分子力场是分子动力学模拟的基础。经典力场通过一系列势能函数计算出给定结构的能量和原子受力情况,可以看作是量子化学计算的近似。然而由于经典力场形式简单,很难描述原子间复杂的相互作用,在准确性方面有明显不足。神经网络理论上可以描述任意复杂的函数形式,被引入分子力场领域代替经典的势能函数,可达到近似量子化学的计算结果。

利用量子化学计算可以得到大量有机分子结构与能量或原子受力的对应关系数据库。利用这样的该数据库对全连接神经网络(FCNN)进行训练可以得到力场参数。这样的力场不需采用任何势能函数形式,而是基于训练的神经网络,利用给定的结构直接预测原子的受力[22]。这类方法理论上可以描述任意复杂的相互作用,解决经典力场在准确性上的不足。除了采用已有的量子化学大数据进行学习外,还可以直接采用量子分子动力学轨迹进行学习,总结出适用于该体系的人工智能力场[23]。该方法可采用回归分析学习量子分子动力学过程中结构与能量或原子受力的对应关系,得到的预测模型虽然不具有可转移性,但是对当前体系有较强的预测能力。目前,基于神经网络的分子力场已经被应用于分子动力学模拟中,并有望在未来得到广泛的应用。

8.4.4 大数据和人工智能在有机化学中的应用

大数据和人工智能方法结合可用于预测有机化学反应产物[24]。首先利用有机化学反应数据库作为训练集,采用有监督分类方法进行学习。训练生成的模型可以将反应分为极性反应、周环反应和自由基反应三个大类。在每个分类下用子数据库中相应的部分再次进行训练,采用机器学习排序技术,预测每个反应中可能产生的不同产物的产量。在类似的方法中加入机器学习中的指纹技术,采用"指纹"表示每个反应物和催化剂,而反应的指纹为反应物和催化剂指纹的加和。该方法增强了不同类反应的区分度,提升了反应分类的准确性。

通过强化学习技术可以优化有机反应条件,从而获得最佳的产率[25,26]。通过不断改变有机反应的条件,得到条件与产率的关系,并用该关系训练循环神经网络。然后再用训练的神经网络预测下一个条件去做实验,得到产率后再重复上述过程以实现对有机反应条件的优化。为进一步增加该策略的效率,可采用已知的数据对循环神经网络进行预训练,使实际操作中神经网络可以快速收敛,达到高效优化有机反应条件的目的。

8.4.5 小分子性质预测

大数据可以反映出分子与性质之间的对应关系。因此通过对大数据的学习,神经网络的回归模型非常适用于预测小分子的各种性质,如原子化能等。通过核岭回归方法可以搭建准确预测小分子原子化能的模型,采用神经网络训练可以建立分子结构与电子性质的对应关系模型,也尝试了采用图卷积神经网络准确预测小分子的毒性、溶解性和电子性质[27,28]。由于神经网络独有的性质,机器学习方法在小分子性质预测中具有极大的应用潜力,在大数据的支持下,该方法有望成为未来小分子性质预测的主流手段。

参考文献

[1] Eraslan G,Simon L M,Mircea M,et al. Single-cell RNA-seq denoising using a deep count autoencoder[J]. Nature Communications,2019,10:390.

[2] Ardila D,Kiraly A P,Bharadwaj S,et al. End-to-end lung cancer screening with three-dimensional deep learning on low-dose chest computed tomography[J]. Nature Medicine,2019,25(6):954-961.

[3] Esteva A,Kuprel B,Novoa R A,et al. Dermatologist-level classification of skin cancer with deep neural networks[J]. Nature,2017,542(7639):115-118.

[4] Tauler R,Parastar H. Big (bio)chemical data mining using chemometric methods:A need for chemists[J]. Angewandte Chemie International Edition,2018,http://dx.doi.org/10.1002/anie.201801134.

[5] Martens H. Quantitative Big Data:Where chemometrics can contribute[J]. Journal of Chemometrics,2015,29(11):563-581.

[6] Dayal B S,MacGregor J F. Recursive exponentially weighted PLS and its applications to adaptive control and prediction[J]. Journal of Process Control,1997,7(3):169-179.

[7] Kettaneh N,Berglund A,Wold S. PCA and PLS with very large data sets[J]. Computational Statistics & Data Analysis,2005,48(1):69-85.

[8] Deng Z Y,Zhu X S,Cheng D B,et al. Efficient κNN classification algorithm for big data[J]. Neurocomputing,2016,195:143-148.

[9] Belthangady C,Royer L A. Applications,promises,and pitfalls of deep learning for

fluorescence image reconstruction[J]. Nature Methods, 2019, 16(12): 1215 - 1225.

[10] Xu J C, Qin G G, Luo F, et al. Automated stoichiometry analysis of single-molecule fluorescence imaging traces via deep learning[J]. Journal of the American Chemical Society, 2019, 141(17): 6976 - 6985.

[11] Zhang X L, Lin T, Xu J F, et al. DeepSpectra: An end-to-end deep learning approach for quantitative spectral analysis[J]. Analytica Chimica Acta, 2019, 1058: 48 - 57.

[12] Bandara, Danushka, Hirshfield, et al. Classification of affect using deep learning on brain blood flow data [J]. Journal of Near Infrared Spectroscopy, 2019, 27 (3): 206 - 219.

[13] Snášel V, Nowaková J, Xhafa F, et al. Geometrical and topological approaches to Big Data[J]. Future Generation Computer Systems, 2017, 67: 286 - 296.

[14] Offroy M, Duponchel L. Topological data analysis: A promising big data exploration tool in biology, analytical chemistry and physical chemistry[J]. Analytica Chimica Acta, 2016, 910: 1 - 11.

[15] Camacho J. Visualizing Big data with Compressed Score Plots: Approach and research challenges[J]. Chemometrics and Intelligent Laboratory Systems, 2014, 135: 110 - 125.

[16] Senior A W, Evans R, Jumper J, et al. Protein structure prediction using multiple deep neural networks in the 13th Critical Assessment of Protein Structure Prediction (CASP13)[J]. Proteins, 2019, 87(12): 1141 - 1148.

[17] Senior A W, Evans R, Jumper J, et al. Improved protein structure prediction using potentials from deep learning[J]. Nature, 2020, 577(7792): 706 - 710.

[18] Segler M H S, Kogej T, Tyrchan C, et al. Generating focused molecule libraries for drug discovery with recurrent neural networks [J]. ACS Central Science, 2018, 4 (1): 120 - 131.

[19] Popova M, Isayev O, Tropsha A. Deep reinforcement learning for de novo drug design [J]. Science Advances, 2018, 4(7): eaap7885.

[20] Wallach I, Dzamba M, Heifets A. AtomNet: A deep convolutional neural network for bioactivity prediction in structure-based drug discovery [J]. Mathematische Zeitschrift, 2015, 47(1): 34 - 46.

[21] Jiménez J, Škalič M, Martínez-Rosell G, et al. K_{DEEP}: protein-ligand absolute binding affinity prediction via 3D-convolutional neural networks [J]. Journal of Chemical Information and Modeling, 2018, 58(2): 287 - 296.

[22] Smith J S, Isayev O, Roitberg A E. ANI-1: An extensible neural network potential with DFT accuracy at force field computational cost[J]. Chemical Science, 2017, 8 (4): 3192 - 3203.

[23] Chmiela S, Sauceda H E, Müller K R, et al. Towards exact molecular dynamics simulations with machine-learned force fields [J]. Nature Communications, 2018, 9: 3887.

[24] Kayala M A, Baldi P. ReactionPredictor: prediction of complex chemical reactions at the mechanistic level using machine learning [J]. Journal of Chemical Information and Modeling, 2012, 52(10): 2526 - 2540.

［25］ Wei J N，Duvenaud D，Aspuru-Guzik A. Neural networks for the prediction of organic chemistry reactions［J］. ACS Central Science，2016，2(10)：725‒732.

［26］ Zhou Z P，Li X C，Zare R N. Optimizing chemical reactions with deep reinforcement learning［J］. ACS Central Science，2017，3(12)：1337‒1344.

［27］ Feinberg E N，Sur D，Wu Z Q，et al. PotentialNet for molecular property prediction［J］. ACS Central Science，2018，4(11)：1520‒1530.

［28］ Xue L，Tang B，Chen W，et al. Prediction of CRISPR sgRNA activity using a deep convolutional neural network［J］. Journal of Chemical Information and Modeling，2019，59(1)：615‒624.

索引

DNA 编码分子　100,102,103

B

靶向多肽　121－124

泵浦扫描隧道谱　181,184,205－209

比率型 DNA 探针　108

C

超痕量　88

传感分析　9,26,27,34,39,47,48,124

磁交换力显微镜　184,201,203

D

大数据　127,213,215－224,229,232－237

蛋白质组学　124,131,133,150,151,
153－156,158,159

电分析化学　51,53,54,60,62,66,68－
70,72－74,80

电喷雾电离　152

电致化学发光　75－77

多肽识别　85,87,121,123,124

多肽自组装　121,125,126

F

反义肽　122,124

非弹性电子隧道谱　188

分子光谱　9,11,12,14,15,18,26,34,194

G

高通量 DNA 测序　115

光谱分析　9,11,12,18,20,26,48,99,
102,193,194,196

光学探针　9,15,26－43,45－48,196

光子晶体　93－95

H

核磁共振　12,163,165－170,174,176,
178,217

核磁共振动力学　163,166,167

核酸适配体　43,44,63,67,136